畜牧兽医类专业适用

畜禽产品加工与贮藏技术

主编　钱忠兰

苏州大学出版社

图书在版编目(CIP)数据

畜禽产品加工与贮藏技术/钱忠兰主编. —苏州：苏州大学出版社，2012.9(2023.7重印)
(畜禽生产新技术丛书)
畜牧兽医类专业适用
ISBN 978-7-5672-0264-1

Ⅰ.①畜… Ⅱ.①钱… Ⅲ.①畜禽-屠宰加工②畜禽-动物产品-贮藏 Ⅳ.①TS251

中国版本图书馆 CIP 数据核字(2012)第 213226 号

畜禽产品加工与贮藏技术
钱忠兰　主编
责任编辑　廖桂芝

苏州大学出版社出版发行
(地址：苏州市十梓街1号　邮编：215006)
广东虎彩云印刷有限公司印装
(地址：东莞市虎门镇黄村社区厚虎路20号C幢一楼　邮编：523898)

开本 787×960　1/16　印张 17.5　字数 340 千
2012 年 9 月第 1 版　2023 年 7 月第 4 次印刷
ISBN 978-7-5672-0264-1　定价：52.00 元

苏州大学版图书若有印装错误，本社负责调换
苏州大学出版社营销部　电话：0512-67481020
苏州大学出版社网址 http://www.sudapress.com

《畜禽生产新技术丛书》编委会

主　　任　张希成
副 主 任　孙　杰
总 主 编　程　凌　何东洋
编　　委　陈光明　杜光波　张洪文　陈　剑
　　　　　罗永光　徐长军　钱忠兰　王　兵
　　　　　孙宝权　李心海　迟　兰　刘明美
　　　　　张林吉　沈　超　林志平　姜正前
　　　　　穆庆道　蒋蓓蕾　戴乐军　文　风

总 序

随着社会主义新农村建设的顺利推进以及现代畜牧业的发展,畜禽养殖不仅逐步走上了规模化、标准化和产业化的道路,而且成为了增加农民收入的重要支柱产业之一。但是,畜禽生产中良种普及率的提高不快、科学养殖方法的普及不广、疫病防治制度的落实不够等问题仍然在一定程度上制约着畜牧业的发展。为此,编者结合多年生产和教学实践经验,从实际、实用、实效出发,本着服务农村、服务农民、服务农业的精神编写了这套畜禽生产新技术丛书。

丛书分为《畜禽营养与饲料利用技术》、《牛高效生产技术》、《禽高效生产技术》、《猪高效生产技术》、《动物防疫与检疫技术》、《宠物疾病防治技术》、《畜禽产品加工与贮藏技术》、《畜禽养殖基础》等分册。丛书编写中吸收和采用了本领域的生产新技术,尤其是根据畜禽养殖的实际生产过程并参照国家相关的职业资格标准,重构了学习内容和编排了学习顺序,以期使学习内容和学习过程更加贴近生产实际,以培养学习者科学组织畜禽生产以及解决生产中实际问题的能力。

丛书的编写遵循项目课程教学的要求,总体上采取了模块化的体例结构,以生产任务引入理论知识,通过案例分析讲解知识,指导实践操作。各分册的体例略有不同,大多附有知识目标、技能目标、单元小结和复习思考题等相关栏目,以便于学习者掌握知识重点、实践操作技能并巩固提高。

丛书的编写充分考虑了学习者的知识背景、学习习惯、认知能力。理论知识的阐述简明扼要,深入浅出,技能培养以养殖生产任务为主线,贴近生产,针对性强,在重要的学习环节穿插了必要的图表,图文并茂,具有很强的实用性、科学性和先进性。

丛书可为各类规模养殖场畜牧兽医技术人员、广大养殖专业户提供生产指导,也可作为职业教育畜牧兽医类专业的教学用书,还可以作为职业农民以及大学生村官的专业培训教材使用。

本书的编写得到了诸多生产企业的生产一线技术专家的热情指导和帮助,在此一并表示感谢。

由于编者的水平与能力有限,不足之处在所难免,敬请指正。

丛书编委会

前 言

《畜禽产品加工与贮藏技术》是依据教育部《关于全面提高高等职业教育教学质量的若干意见》中关于加强学生职业技能培养,高度重视实践和实训教学环节,突出"做中学、做中教"的职业教育教学特色的精神编写的。本书在理论知识阐述上本着"适度、必需、够用"的原则,重点突出以实践、实训教学和技能培养为主导方向的特点,加强实践、实训方面的内容编写,力求做到精练、实用、够用。

《畜禽产品加工与贮藏技术》的编写体例采取了单元与模块式,共分为四个单元(蛋制品加工与贮藏、乳与乳制品的加工、肉与肉制品的加工、畜禽副产品的加工)和一个实训指导。每单元按照"单元概述""知识目标""技能目标""模块""单元小结""单元综合练习"的框架结构编写。全书四个单元相互独立、自成体系,在学习过程中,其顺序可根据教学需要灵活调整。每单元需要掌握的重点技能项目集中在"实训指导"中。

《畜禽产品加工与贮藏技术》在编写过程中考虑了职业院校学生的知识背景、学习习惯、认知能力等特点,理论知识的阐述简明扼要,深入浅出,技能培养以生产任务为主线,贴近生产,针对性强,在重要的学习环节穿插了必要的图例,做到图文并茂,故具有很强的实用性、科学性和先进性。本书不仅可以作为职业教育畜牧兽医类专业的教学用书,也可以作为食品加工专业和相关技术人员的参考或技术培训用书。

本书由淮安生物工程高等职业学校钱忠兰主编,参加编写的人员有戴乐军(连云港生物工程中等专业学校)和穆庆道(连云港金山中等专业学校)。具体编写分工为:单元一和单元二以及实训指导一至八由钱忠兰编写;单元三以及实训指导九至十四由戴乐军编写;单元四由穆庆道编写。

本教材在编写过程中得到了编写人员所在院校的关心和支持,苏州大学出版社也给予了极大的帮助,在此表示衷心的感谢。

由于编者的水平与能力有限,不足之处在所难免,希望广大师生在使用中多提宝贵意见。

编 者

目 录

单元一　蛋制品的加工与贮藏

模块一　蛋的构造 ·· 1
模块二　蛋的化学组成与特性 ·· 4
模块三　蛋的质量标准和品质鉴定 ·· 7
模块四　蛋的贮藏与保鲜 ··· 12
模块五　皮蛋加工 ·· 18
模块六　咸蛋加工 ·· 24
模块七　糟蛋加工 ·· 27
模块八　湿蛋制品加工 ·· 30
模块九　干蛋制品 ·· 34
模块十　其他蛋品加工 ·· 38
单元小结 ·· 39
单元综合练习 ·· 41

单元二　乳与乳制品加工

模块一　牛乳的化学组成及性质 ·· 43
模块二　牛乳的物理性质 ··· 49
模块三　牛乳中的微生物 ··· 52
模块四　异常乳 ··· 56
模块五　原料乳的质量管理 ·· 58
模块六　消毒乳加工 ··· 66

模块七　发酵乳制品加工	70
模块八　乳粉加工	80
模块九　干酪加工	91
模块十　奶油加工	99
模块十一　炼乳加工	102
模块十二　冰淇淋的加工	108
单元小结	114
单元综合练习	115

单元三　肉与肉制品加工

模块一　肉的基础知识与品质鉴别	118
模块二　畜禽的屠宰与分割	130
模块三　肉的贮藏与保鲜	142
模块四　肉品加工辅助材料	147
模块五　腌制品加工	162
模块六　灌制品加工	169
模块七　酱卤制品加工	180
模块八　干制品加工	192
模块九　熏烤制品加工	198
模块十　其他肉制品加工	209
单元小结	211
单元综合练习	214

单元四　畜禽副产品加工

模块一　血液加工	220
模块二　脏器加工	226
模块三　骨骼和油脂加工	229
模块四　畜皮和羽毛加工	231
单元小结	239
单元综合练习	240

实训指导

实训指导一	蛋的新鲜度与品质检验	242
实训指导二	溏心皮蛋加工	245
实训指导三	咸蛋加工	247
实训指导四	卤蛋与五香茶叶蛋加工	249
实训指导五	乳新鲜度检验	250
实训指导六	乳的掺假检验	253
实训指导七	乳脂肪的测定	255
实训指导八	凝固型酸乳加工	256
实训指导九	腊肉加工	257
实训指导十	香肠加工	259
实训指导十一	烧鸡加工	261
实训指导十二	酱牛肉加工	262
实训指导十三	肉松加工	264
实训指导十四	肠衣加工	266

主要参考文献 ……………………………………………………………… 268

单元一

蛋制品的加工与贮藏

 单元概述

本单元共分十个模块,分别为蛋的构造、蛋的化学组成与特性、蛋的质量标准和品质鉴定、蛋的贮藏与保鲜、皮蛋加工、咸蛋加工、糟蛋加工、湿蛋制品加工、干蛋制品及其他蛋制品加工。在简要介绍蛋的结构和化学成分的基础上,对于蛋的质量标准、贮藏过程中蛋的理化指标的变化以及各种蛋制品的加工工艺作了详细描述。通过本单元的学习,要求学生掌握以下目标:

❋ **知识目标**

1. 掌握禽蛋的结构
2. 了解禽蛋的化学成分和特性
3. 掌握蛋的质量标准
4. 了解蛋在贮藏过程中的变化

❋ **技能目标**

1. 能鉴别蛋的新鲜度
2. 掌握蛋的贮藏保鲜方法
3. 掌握松花蛋、咸蛋、糟蛋、干蛋品和湿蛋品的加工工艺

模块一 蛋的构造

蛋是禽类繁殖所产的卵。鲜蛋经过加工可以制成各种蛋制品。蛋制品的主要原料是鸭蛋和鸡蛋。此外,鹌鹑蛋也可作为加工原料。

蛋品是一种营养丰富、易消化吸收的食品,含有蛋白质、脂肪、多种维生素、矿物质等,

特别是其蛋白质中含有多种氨基酸。所以，蛋与蛋制品不仅是人类重要的营养食品，同时也是工业原料和出口物质。

虽然各种禽蛋的大小不同，但其基本结构都相似，主要由蛋壳、蛋白、蛋黄三部分组成。蛋的各部分组成比例见表1-1。蛋的形态构造见图1-1。

表1-1 蛋的组成比例

蛋的品种	蛋壳/%	蛋白/%	蛋黄/%
鸭蛋	11~13	45~58	28~35
鸡蛋	10~12	45~60	26~33

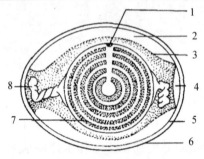

1. 胚盘　2. 浓厚蛋白　3. 稀薄蛋白　4. 气室　5. 蛋壳膜　6. 蛋壳　7. 蛋黄　8. 系带

图1-1 蛋的结构

一、壳外膜

蛋壳表面涂布着一层胶质性物质，叫壳外膜，又称外蛋壳膜。壳外膜的主要成分为黏蛋白，易脱落，在水洗的情况下易消失。其主要作用是保护蛋内容物免受外界微生物的侵害，还有防止蛋内水分的大量蒸发和二氧化碳气体逸出的作用。

二、蛋壳

蛋壳是蛋内容物外面的一层硬壳，具有固定蛋的形状并保护蛋白、蛋黄的作用。蛋壳质脆不耐碰撞或挤压。蛋壳上有许多肉眼看不见的气孔，气孔数量在蛋的大头处（即钝端）分布较多。外界空气可通过气孔进入蛋内，蛋内的水分和气体也可由气孔排出。蛋久存后质量减轻便是此原因。蛋壳具有可透视性，在灯光下透视可检查蛋内的结构。

蛋壳厚度一般为0.2~1.0mm，能经受3MPa压力而不破裂。蛋的纵轴较横轴耐压，因此，在贮运过程中，要把蛋竖放。蛋壳的颜色随蛋的品种、个体、饲料、季节等不同而异。一般深色蛋壳比白色蛋壳坚硬。

三、蛋壳膜

在蛋壳内面、蛋白的外面有一层白色薄膜叫蛋壳膜，又称壳下膜。蛋壳膜分为内、外两层，内层叫蛋白膜，外层叫蛋壳内膜。蛋壳膜是一种能透水和空气的紧密而有弹性的薄膜,不溶于水、酸、碱及盐类溶液。微生物可以直接穿过蛋壳内膜,但不能直接穿过蛋白膜。只有当蛋白膜被蛋白酶破坏后,微生物才能进入蛋白。因此,蛋壳膜具有保护蛋内容物不受微生物侵蚀的作用。

在蛋的钝端,壳内膜和蛋白膜分离而形成一个气囊,称气室。新生的蛋没有气室,当蛋与空气接触后,内容物遇冷收缩,使蛋的内部暂时形成一部分真空,外界空气进入蛋内,形成气室。因为蛋的钝端气孔分布数量最多,孔径也较大,所以外界空气进入的机会最多最快,因此气室一般在蛋的钝端形成。气室的大小是鉴别蛋新鲜度的重要标志之一。

四、蛋白

蛋白是蛋壳与蛋黄之间的一种透明的半流动胶体物质。蛋白以不同浓度分层分布于蛋内。多数学者将蛋白由外向内分为四层,第一、三层为稀薄蛋白,第二、四层为浓厚蛋白。稀薄蛋白约占蛋白总体积的40%,浓厚蛋白约占60%。浓厚蛋白与稀薄蛋白的质量之比称为蛋白指数,鲜蛋的蛋白指数一般为6:4或5:5。

在蛋白中,位于蛋黄两边各有一条向蛋的钝端和尖端延伸的带状扭曲物,称系带。其作用为固定蛋黄的位置,使蛋黄悬在中间,不至于黏靠蛋壳而散黄。系带由浓厚蛋白构成,鲜蛋的系带粗而有弹性,含丰富的溶菌酶。随着蛋存放时间的延长,浓厚蛋白逐渐变稀,溶菌酶也逐渐减少,系带逐渐变细甚至消失,则会造成蛋黄移位而出现黏壳蛋或靠黄蛋。因此,系带存在的状况也是鉴定蛋新鲜程度的重要标志之一。

五、蛋黄

蛋黄位于蛋的中心,呈圆球形,由蛋黄膜、胚胎、蛋黄液所组成。蛋黄外面有一层薄而很有韧性的透明薄膜,称蛋黄膜,其主要作用为保护蛋黄不向蛋白中扩散。

蛋黄表面中心有一个直径为2~3mm的白点,叫胚胎。胚胎的下部至蛋黄中心有一细长近似白色的部分叫蛋黄芯。蛋黄液是一种浓稠不透明的半流动黄色乳状液体,由黄色蛋黄和白色蛋黄交替组成。新鲜蛋打开后,蛋黄凸出,陈蛋则扁平。这是由于蛋白和蛋黄的水分与盐类浓度不一样,两者之间形成渗透压,蛋白中的水分不断向蛋黄中渗透,蛋黄中的盐类以相反方向渗透,使蛋黄体积不断增大,日久呈扁平状。当蛋黄体积大于蛋黄膜所能承受的能力时就破裂而形成散黄蛋。可根据蛋黄的凸出程度计算蛋黄指数,用于判断蛋的新鲜度。蛋黄指数是蛋黄的高度与直径之比,鲜蛋的蛋黄指数最大,随着蛋的贮藏期的延长,蛋黄指数会逐渐变小。

模块二 蛋的化学组成与特性

一、蛋的化学组成

蛋的化学组成受家禽的种类、品种、饲料、产蛋期、饲养管理以及其他因素的影响,变化很大。蛋的化学组成如下表 1-2 所示。

表 1-2 禽蛋的化学组成

种类	水分/%	蛋白质/%	脂肪/%	灰分/%	糖类/%
鸡蛋白	86.6	11.6	0.1	0.8	0.8
鸡蛋黄	49.0	16.7	31.6	1.5	1.2
鸡全蛋(可食部分)	72.5	13.3	11.6	1.1	1.5
鸭全蛋(可食部分)	70.8	12.8	15.0	1.1	0.3
鹅全蛋(可食部分)	69.5	13.8	14.4	0.7	1.6

1. 蛋壳

蛋壳主要由无机物构成,无机物占整个蛋壳的 94%~97%,主要成分为碳酸钙,还有少量碳酸镁、磷酸镁、磷酸钙等。有机物占蛋壳的 3%~6%,主要为色素和蛋白质等。

2. 蛋白

各种禽蛋的蛋白化学组成都是相同的,仅在含量上存在差异。蛋白中的蛋白质有卵白蛋白、卵球蛋白、卵黏蛋白、卵类黏蛋白、伴白蛋白等五种。蛋白中的碳水化合物主要为葡萄糖,含量不多,但与蛋白粉、蛋白片等产品的色泽密切关联。蛋白中的矿物质主要有钾、钠、钙、氯、硼、碘、溴等元素。蛋白中的维生素含量较蛋黄中少,主要有维生素 B_2、维生素 C、泛酸和烟酸。蛋白中的酶主要有溶菌酶、蛋白酶、淀粉酶、磷酸酶、过氧化氢酶等。溶菌酶在一定条件和时间内有杀菌作用。

3. 蛋黄

蛋黄中约有 49% 的干物质。蛋黄有淡黄色蛋黄与黄色蛋黄之分,淡黄色蛋黄约占全蛋黄的 5%,其余为黄色蛋黄。蛋黄中蛋白质主要有卵黄球蛋白、卵黄磷蛋白。维生素有维生素 A、维生素 B_1、维生素 B_2、维生素 C、维生素 D、维生素 E、维生素 H、维生素 K 以及泛酸等。矿物质含量为 1%~1.5%。

蛋黄中的碳水化合物以葡萄糖为主,含量不多。

二、蛋的特性

(一) 蛋的理化性质

1. 蛋的相对密度

家禽种类不同,蛋的相对密度不同;同种禽蛋,部位不同,相对密度也不同。鲜鸡蛋(全蛋)的相对密度为 1.078~1.094,蛋壳为 1.741~2.134,蛋白为 1.039~1.052,蛋黄为 1.028 8~1.029 9。蛋的相对密度随着存放的时间逐渐降低。

2. 蛋的黏度

蛋的各部分黏度均不相同。新鲜鸡蛋的黏度:蛋白为 $3.5~10.5\times10^{-3}$ Pa·s,蛋黄为 0.11~0.250 Pa·s。陈蛋白的黏度会降低,主要是因为蛋白质的分解及表面张力的降低。

3. 蛋的表面张力

新鲜鸡蛋蛋白的表面张力为 56~65 N/m,蛋黄为 45~55 N/m,两者混合后为 50~55 N/m。

4. 蛋的 pH

新鲜鸡蛋蛋白的 pH 为 6.0~7.7,贮藏期间,由于二氧化碳的逸出,pH 逐渐升高,10 天左右可达到 9.0~9.7。新鲜蛋黄的 pH 为 6.32,贮藏期间会有所升高,但变化缓慢。

5. 蛋的渗透性

蛋黄与蛋白之间隔着一层薄膜,两者除有机和无机成分不同外,水分的含量相差很大。因此,水分和盐类之间的互相渗透现象很容易发生。在贮存过程中,蛋黄的水分逐渐增多,无机盐则以相反方向渗透,温度越高,这种渗透变化越快。

6. 热变性和冰结点

蛋的热变性用凝固温度来衡量。新鲜鸡蛋蛋白的热凝固温度为 62℃~64℃,平均 63℃;蛋黄为 68℃~71.5℃,平均 69.5℃;混合蛋为 72℃~77℃,平均为 74.2℃。蛋白的冰点为 -0.45℃~-0.42℃,蛋黄为 -0.59℃~-0.57℃。

7. 蛋的耐压度

蛋的耐压度因蛋的形状、蛋壳厚度和禽的种类而不同。球形蛋耐压度最大,圆筒形最小,椭圆形适中。蛋壳愈厚愈耐压。蛋壳的厚薄与壳色有关,一般色浅的蛋壳薄,耐压度小;色深的蛋壳厚,耐压度大。壳的厚薄与产蛋季节有关,冬季比夏季的蛋壳厚。

(二) 蛋的功能特性

禽蛋有很多重要特性,其中与食品加工密切相关的有蛋的凝固性、乳化性和起泡性。这些特性使蛋在各种食品,如蛋糕、饼干、再制蛋、蛋黄酱、冰淇淋及糖果等的制造中得到广泛应用。

1. 蛋黄的乳化性

蛋黄中含有丰富的卵磷脂。卵磷脂是一种优良的天然乳化剂,因此蛋黄具有较好的乳化性。卵磷脂既具有能与油结合的疏水基,又有能与水结合的亲水基,在搅拌下能形成混合均匀的蛋黄酱。

2. 蛋白的起泡性

当搅拌蛋白时,空气进入并在蛋白液中形成气泡。在搅拌过程中,蛋白中的蛋白质降低了蛋白溶液的表面张力,有利于形成大的气泡表面,溶液蒸气压下降使气泡膜上的水分蒸发减少;气泡的表面膜彼此不立刻融合以及泡沫的表面凝固等作用使蛋白具有起泡性。在起泡过程中气泡逐渐由大变小,数目增多,最后失去流动性,可以通过加热使之固定。蛋白的起泡性取决于其中的球蛋白、伴白蛋白,而卵黏蛋白和溶菌酶则起稳定作用。

3. 蛋的凝固性

蛋的凝固性又称凝胶化,是蛋白质的重要特性,当禽蛋白受热、酸、碱、盐及机械作用,则会发生凝固,蛋的凝固是一种蛋白质分子结构的变化,这一变化使蛋液变稠,由流体变成固体或半固体状态。

(三) 蛋的贮运特性

鲜蛋是鲜活的生命体,时刻都进行着一系列生理生化活动。温度的高低、湿度的大小以及污染、挤压、碰撞等都会引起鲜蛋质量的变化。在运输和贮藏过程中鲜蛋具有以下特点。

1. 孵育性

蛋应存放在 -1 ℃ ~ 0 ℃。因为低温有利于抑制蛋内微生物和酶的活动,使鲜蛋呼吸作用缓慢,水分蒸发减少,有利于保持鲜蛋营养价值和鲜度。在 10 ℃ ~ 20 ℃时就会引起鲜蛋渐变;在 21 ℃ ~ 25 ℃时胚胎开始发育;在 25 ℃ ~ 28 ℃时胚胎发育加快,改变了原形和品质;37.5 ℃ ~ 39.5 ℃时,仅 3 ~ 5 天内,胚胎周围就出现树枝状血管,即使未受精的蛋,气温过高也会引起胚珠和蛋黄扩大。高温还会造成蛋白变稀、水分蒸发、气室增大、质量减轻。

2. 冻裂性

当温度低于 -2 ℃时,蛋壳很容易被冻裂,蛋液渗出;-7 ℃时,蛋液开始冻结。因此,当环境温度过低时,要做好保暖防冻工作。

3. 潮变质性

潮湿也是加快鲜蛋变质的重要因素。雨淋、水洗、受潮都会破坏蛋壳表面的胶质薄膜,细菌容易透过气孔进入蛋内繁殖,从而加快了蛋的腐败。

4. 吸味性

鲜蛋能通过蛋壳上的气孔不断呼吸,故当存放环境有异味时,蛋有吸收异味的特性。

如果鲜蛋在收购、运输、贮存过程中与农药、煤油、化学药品、鱼、药材等有异味的物质放在一起,就会带有异味,影响食用及蛋品质量。

5. 易碎性

蛋在贮运过程中如果受到挤压碰撞,极易使蛋壳破裂,造成裂纹、蛋液流出等,使之成为劣质蛋。

6. 易腐性

鲜蛋含有丰富的营养物质,是细菌最好的天然培养基。当蛋受到禽粪、血污、蛋液等污染时,细菌就会先在蛋壳表面生长繁殖,并逐步从气孔侵入蛋内。在适宜的温度下,细菌繁殖迅速,加速蛋的变质,甚至使其腐败。

模块三 蛋的质量标准和品质鉴定

一、蛋的质量标准

蛋的质量标准直接关系到商品等级、市场竞争力和经济效益,一些国家和地区都制定了各自的蛋的质量指标,并建立了检测机构,定期随机抽样检测。被测定的蛋要具有代表性,被测定的蛋数应不少于50个,且在蛋产出24h内进行测定为宜。

(一)蛋的一般质量标准

1. 蛋形指数

蛋形指数指蛋的纵径与横径之比,用以表示蛋的形状,也有用蛋的横径与纵径之比,以百分率表示该指标的。正常蛋为椭圆形,蛋形指数一般为1.30~1.35或72%~76%,大于或小于正常值都不符合要求。蛋的形状主要取决于输卵管峡部的构造和输卵管壁的生理状态。

2. 蛋重

蛋重是评定蛋的等级、新鲜度和蛋的结构的重要指标。蛋重与家禽种类、品种、日龄、气候、饲料和贮藏时间等因素相关。很多国家以蛋重作为区分等级的标准,鸡蛋的国际标准为58g/只。

3. 蛋壳质量标准

要求壳厚在0.35mm以上,蛋壳完整,无破损,表面清洁、无粪便、无草屑、无污物,具有该品种固有蛋壳颜色,蛋壳相对重为11%~12%,这样的蛋才具有良好的运输和贮藏性。

(二)蛋内部的质量标准

1. 气室高度

气室高度是作为评定鲜蛋等级的重要依据。测定方法是:将蛋的大头放在照蛋器上照视,用铅笔在气室的左右两边划一记号,然后放在气室高度测定规尺的半圆形切口内,读出两边刻度线上的刻度数,进行计算。计算公式是:

$$气室高度(mm) = (气室左边高度 + 气室右边高度) \div 2$$

新鲜蛋的气室很小,蛋存放愈久,气室愈大,蛋愈不新鲜。通常最新鲜蛋气室高度为 3mm 以内,新鲜蛋在 5mm 以内,普通蛋在 10mm 以内。

2. 蛋白指数与蛋黄指数

蛋白指数是指浓厚蛋白与稀薄蛋白重量之比,新鲜蛋的蛋白指数为 6:4 或 5:5。

蛋黄指数为蛋黄高度与直径的比值,蛋黄指数 = $\dfrac{蛋黄高度(H)}{蛋黄直径(D)}$ 或用百分率表示。正常新鲜蛋的蛋黄指数为 0.3 以上,0.38~0.44 为正常。当蛋黄指数小于 0.25 时,蛋黄膜将破裂出现散黄现象。

3. 哈夫单位

哈夫单位是现在国际上对蛋品质进行评定的重要指标和常用方法。它是根据蛋重和蛋内浓厚蛋白高度,按一定公式计算出指标的一种先进方法,用其可以衡量蛋的品质和新鲜高度。其测定方法是先将蛋称重,再将蛋打开放在玻璃平面上,用蛋白高度测定仪(图1-2)测量蛋黄边缘与浓厚蛋白边缘的中点,避开系带,测定三个等距离中点的平均值。按下列公式计算:

$$哈夫单位 = 100\lg(H - 1.7W^{0.37} + 7.57)$$

式中:H 为浓厚蛋白高度(mm);W 为蛋重(g)。

实际计算中,可直接利用蛋重和浓厚蛋白高度,查哈夫单位计算表而得出。据测定,新鲜蛋的哈夫单位在 72 以上,100 最优,中等鲜度在 60~72,60 以下质量低劣,30 时最劣。目前,利用新研制出的蛋鲜度测定仪(图1-3)可以快速测量浓厚蛋白的高度,同时精确计算出哈夫单位值,并自动判断蛋新鲜度等级和蛋黄颜色级别,不仅减少了劳动量,也排除了人为因素的影响,提高了判断的准确度。

图 1-2 蛋白高度测定仪

图 1-3 蛋鲜度测定仪

4. 血斑和肉斑率

血斑和肉斑率是指含血斑和肉斑蛋的蛋数占被检蛋总数的比率,是影响蛋质量的因素之一。

$$血斑和肉斑率 = (血斑蛋和肉斑蛋总数/测定蛋总数) \times 100\%$$

血斑和肉斑的形成是生理现象,不影响食用,但有的国家进口鲜蛋时要求无血斑和肉斑蛋,有的国家规定凡是鸡蛋中含有血斑和肉斑的,不能列入 AA 级、A 级和 B 级,只能做食品工业加工用。

5. 蛋黄色泽

蛋黄色泽是指蛋黄颜色深浅,对蛋的商品价值和价格有影响。消费者喜欢蛋黄的颜色呈金黄色。在制作蛋糕、蛋黄粉、咸蛋等制品时,要求使用深黄色蛋黄的禽蛋。蛋黄色泽对蛋的商品价值和价格有很大影响,国际上通常用罗氏(Roche)比色扇的 15 种不同黄色色调等级比色,出口鲜蛋的蛋黄色泽要求达到 8 级以上。饲料中叶黄素含量是影响蛋黄色泽的主要因素。

6. 内容物的气味和滋味

这是说明蛋的内容物成分有无变化或变化大小的质量指标。质量正常的蛋打开后不应有异味,但有时有轻微的腥味,这与饲料有关,可以食用。若有臭味,则是轻微腐败蛋,而严重腐败的蛋,在壳外面就可以闻到氨和硫化氢的臭味,称为臭蛋。

二、蛋的品质鉴定

进行鲜蛋的品质鉴定,对于鲜蛋的收购、包装、运输、保藏和加工有着重要的意义。常用的品质鉴定方法有感官鉴别法、光照鉴别法、密度鉴别法、荧光鉴别法等。

(一)感官鉴别法

感官鉴别法,即不用任何验蛋工具、设备,仅用眼看、耳听、鼻嗅、手感等方法进行综合鉴别。

"看",就是观察蛋壳颜色是否新鲜、清洁,有无破损或异样。新鲜的蛋壳干净,表面有一层胶质薄膜。如果蛋壳表面颜色不正常、无光泽、有黑点、有粪霉等,即为陈蛋。

"听",就是从敲击蛋壳发出的声音鉴别有无裂损、变质和壳的厚薄程度。通常有两种方法。一是敲击法,即从敲击蛋壳发出的声音来判定蛋的新鲜程度、有无裂纹、是否变质及蛋壳的厚薄程度。新鲜蛋掂在手里沉甸甸的,敲击时声音坚实,清脆似碰击石头;裂纹蛋发声沙哑,有啪啪声;大头有空洞声的是空头蛋,钢壳蛋发声尖细,有"叮叮"响声。二是振摇法,即将禽蛋拿在手中振摇,有内容物晃动响声的则为散黄蛋。

"嗅",就是用鼻嗅蛋的气味。鲜鸡蛋无气味,鲜鸭蛋有轻微腥味,霉蛋有霉味,臭蛋有臭味,有其他异味的为污染蛋。

"感",就是用手捏3～4只蛋,让手指移动蛋,使蛋互相轻轻相碰,听声音检查有无破损。也可凭手的感觉掂蛋的重量,一般新鲜蛋感觉较重,陈蛋感觉较轻。

感官鉴别法是以蛋的结构特点和性质为基础的,有一定的科学道理,也有一定的经验性,需要操作人员有一定经验。但仅用这一种方法鉴定,对于蛋的鲜陈好坏只能大致了解,在生产中,通常与其他鉴定方法结合使用。

（二）光照鉴别法

光照鉴别法是利用禽蛋蛋壳的透光性,在灯光透视下,观察蛋壳结构的致密度,气室的大小,蛋白、蛋黄、系带和胚胎等的特征,对禽蛋进行综合品质评价的一种方法。该法准确、快速、简便,是我国和世界各国鲜蛋经营和蛋品加工时普遍采用的一种方法。按照光源不同可分为日光鉴别法和灯光鉴别法两种。

新鲜蛋在光照时,蛋内完全透明,并呈淡橘红色,气室极小,高度不超过5mm,微微发暗,不移动;蛋白浓厚、澄清,无色,无任何杂质;蛋黄居中,呈朦胧暗影,蛋转动时,蛋黄随之转动,看不出胚胎;系带在蛋黄两端,呈现淡色条带状。通过照验还可以看出蛋壳上有无裂纹,气室是否固定,蛋内有无血丝、血斑、肉斑、异物等。

（三）密度鉴别法

密度鉴别法是将蛋置于一定浓度的食盐水中,观察其浮沉情况来鉴别蛋新鲜程度的一种方法。新鲜蛋的相对密度大,贮藏时间长的蛋相对密度较小,用不同浓度的盐水测定可推断蛋的新鲜度。商业上,常配成相对密度为1.080、1.070、1.060、1.050四种等级的盐水来测定蛋的密度。把蛋放入不同相对密度的盐水中,若蛋下沉,则表明蛋的密度大于该盐水的相对密度,若蛋漂浮于液面,则说明小于盐水密度。一般认为相对密度在1.080以上为新鲜蛋,1.060以上为次新鲜蛋,1.050以上为陈次蛋,1.050以下为腐败变质蛋。

该法操作比较麻烦,容易使蛋破损,且对蛋的贮藏有一定影响,因而使用较少。

（四）其他鉴别法

荧光鉴别法是用紫外线照射禽蛋,使其产生荧光,根据荧光的强度大小来鉴别蛋的新鲜度的方法。新鲜的蛋,荧光强度弱,而愈陈旧的蛋,荧光强度愈强。产蛋1个月左右的变化,据测定,最新鲜的蛋,荧光反应是深红色,渐次由深红色变为红色、淡红色、青色、淡紫色、紫色等。可根据这些光谱变化来判定蛋质量的好坏。

此外,电子扫描等多种方法也在研究中,试图高效率、高准确率地鉴别蛋的新鲜度。

三、鲜蛋的分级标准

我国依据蛋的重量,蛋壳、气室、蛋白、蛋黄、胚胎状况等质量标准进行分级,并参照不同销售对象和用途,制定我国蛋的分级标准。

1. 内销鲜蛋的分级标准

一级:蛋壳清洁、坚固、完整;气室高度<5mm;蛋白浓厚,色泽透明,系带粗而完整;蛋

黄透视不见轮廓,打开后呈半球凸起状,位于中央不移动,胚胎无发育。

二级:蛋壳清洁、坚固、完整;气室高度<7mm,蛋白色泽透明,系带细无力;蛋黄透视时清晰可见,打开后略扁平,稍离中心;胚胎微有发育,未见血环、血丝。

三级:蛋壳坚固、完整、污染面大;气室高度较大,不超过蛋高1/3,有时可移动;蛋白较稀薄,水样蛋白较多,系带不见;蛋黄体积膨大,离中心,打开后平摊无力;胚胎已发育膨大,直径不超过5mm,不允许有血丝、血环。

2. 出口鲜蛋分级标准

随着对外贸易的发展以及国际市场的变化,出口禽蛋的质量分级标准也有所变化,对不同国家和地区的分级标准也有所不同。根据我国进出口商品检验局规定,依据蛋的重量以及蛋壳、气室、蛋白、蛋黄、胚胎状况而分为三级,各级蛋的质量标准如下:

一级:刚产出不久;蛋壳坚固完整、清洁;气室高度<8mm,不移动;蛋白浓厚、透明;蛋黄位于中央,不明显,胚胎不发育。

二级:可以存放一段时间;蛋壳完整、清洁,允许稍带斑迹;气室高度<10mm,不移动;蛋白略稀、透明;蛋黄稍大,明显,允许偏离中央,胚胎不发育。

三级:存放时间较长;蛋壳脆薄,有污迹、斑迹;气室高度>12mm,允许移动;蛋白较稀、透明;蛋黄大而扁平,显著呈红色,胚胎允许稍发育。

禽蛋出口时,除按质量分级外,还经常要按重量分级(表1-3)。

表1-3 出口禽蛋质量分级标准

类别	级别	每箱净重/kg		每千枚净重/kg
鸡蛋	特级	300枚装净重	>16.75	>55.5
	一级	300枚装净重	>15	>50
	二级	300枚装净重	>14	>46.5
	三级	360枚装净重	>15.75	>43.5
	四级	360枚装净重	>13.75	>38
鸭蛋	特级	240枚装净重	>16.75	>70
	一级	240枚装净重	>15.25	>64
	二级	240枚装净重	>13.5	>56.5
	三级	240枚装净重	>12	>50

模块四　蛋的贮藏与保鲜

一、鲜蛋在贮藏过程中的变化

禽蛋在贮藏过程中,由于贮藏方法、环境条件不同,使禽蛋发生一系列物理、化学、生物学和微生物学的变化,这些变化会影响蛋的品质和加工、食用价值。为了做好禽蛋的贮藏保鲜工作,必须了解禽蛋在存放过程中的各种变化,掌握其规律,使这些变化降低至最小程度。

1. 蛋内含水量的变化

鲜蛋在贮藏期间,蛋内水分透过气孔不断蒸发,同时外界空气进入蛋内,使蛋的重量逐渐变轻。水分蒸发的多少与贮藏时间、温度、湿度、空气流速、气孔数量、孔径大小以及蛋壳膜透气性密切相关。由于蛋内水分的蒸发,使蛋在贮藏过程中重量逐渐变轻,内容物的体积缩小,气室增大。由于水分的减少,蛋内无机盐的含量上升,从而造成蛋的冰点下降,同时还会使蛋液凝固点上升。

2. 密度的变化

蛋的密度与蛋的新鲜度有关,新鲜鸡蛋的相对密度为 1.080～1.090,鸭蛋、鹅蛋的相对密度约为 1.085。在贮藏过程中由于水分蒸发,重量减轻,鲜蛋的相对密度也随之下降。如将相对密度为 1.088 的鲜蛋冷藏 3 个月,其相对密度可降至 1.059,5 个月后可降至 1.049,8 个月后可降至 1.036 6。

3. 气室的变化

气室是衡量蛋新鲜程度的标志之一。在贮藏过程中气室逐渐增大。气室的增大是由于水分的蒸发、CO_2 的逸散、蛋的内容物收缩所致。气室的大小和变化的快慢与外界的温度、湿度、蛋壳上气孔的数量、气孔的大小以及贮藏天数有密切关系。当气温在 21℃ 时,气室高度每日增加 0.35mm。若在 4℃ 下存放 3～4 周,其水分蒸发率相当于 21℃ 下存放 1 周的蒸发率。

4. 蛋白层的变化

新鲜蛋的浓厚蛋白与稀薄蛋白区分明显。在贮藏过程中,浓蛋白逐渐减少,外层稀蛋白逐渐增加,内层稀蛋白数是先增后减。蛋白层的组成比例发生显著的变化,最后使蛋黄膜变薄而破裂,蛋白与蛋黄相混。蛋白层的变化主要和温度有关。因此,降低温度是防止浓厚蛋白变稀的有效措施。

5. pH

新鲜蛋黄的 pH 为 6.0～6.4,贮存过程中 pH 会逐渐上升接近中性甚至达到中性。蛋白的变化比蛋黄大。最初蛋白的 pH 为 7.6~7.9,贮存后可升到 9.0 以上。但当蛋接近变质时,则 pH 有下降的趋势。当蛋白的 pH 降到 7.0 左右时尚可食用,若 pH 继续下降则不宜食用。

蛋在贮存期间 pH 上升的原因主要是由于蛋内 CO_2 不断从气孔向外逸散所致。当气室内的 CO_2 与外界空气平衡后就停止下降,此时蛋白 pH 可达 9.0 以上。如果在蛋壳表面涂膜后再贮藏,则 pH 的下降速度可以减缓。

6. 蛋中的含氮量

在贮藏过程中蛋内的蛋白质在微生物的作用下逐渐分解,产生部分氮和含氮化合物,从而使蛋白液内氮含量增加。据检测,鲜蛋中每 100g 蛋黄液含氮 3.4~4.1mg,每 100g 蛋白液含氮 0.4~0.6mg。随着贮藏时间的延长,蛋白液中含氮量逐渐增多。

7. 蛋内微生物的变化

贮藏期间蛋内微生物发生变化,主要是感染了微生物所致。蛋感染微生物的途径有两种:一是母禽体内感染,由于产蛋家禽本身带菌,在蛋形成或产蛋过程中使蛋感染;另一途径是在贮存过程中受到外界微生物的侵入而感染。新鲜蛋的壳外膜能够防止微生物的侵入,蛋内含溶菌酶,也能杀死侵入的微生物。但壳外膜极易脱落,溶菌酶也极易失活。在鲜蛋贮藏过程中,蛋的表面会受到微生物的污染,微生物容易从气孔侵入蛋内,蛋壳表层有 400 万~500 万个细菌,污染严重的可高达 1.4 亿个,在适宜的温度下,微生物会迅速繁殖和蔓延,尤其是经过长期贮存和洗涤过的蛋,微生物更容易侵入蛋内,在蛋内酶的作用下,使蛋白分解,系带断裂,致使蛋黄发生移位,变成靠壳蛋、贴壳蛋。

二、蛋保鲜的基本原理和条件

1. 蛋保鲜的基本原理

通过闭塞蛋壳气孔,降低贮藏温度,防止微生物进入蛋内,减弱微生物的繁殖能力和降低蛋内一切生物化学反应过程,以达到蛋保鲜的目的。

2. 蛋保鲜的基本条件

(1)保证蛋具有高度的清洁状态,防止微生物污染。

(2)防止微生物侵入。设法闭塞蛋壳气孔,防止微生物进入蛋内,并增加蛋内二氧化碳的浓度,减弱蛋生理活动的消耗。

(3)贮藏的蛋要新鲜。其理化性状必须与新鲜蛋的性状基本一致。

(4)把蛋放在较低气温的场所进行贮藏,以减弱微生物的繁殖能力和降低蛋内一切生物化学过程。减弱微生物的繁殖力,就是延长每一个微生物繁殖一代所需要的时间。

三、蛋贮藏保鲜的方法

鲜蛋保鲜常用的方法有冷藏法、涂膜贮藏法、水玻璃贮藏法、二氧化碳贮藏法和石灰水浸泡法。

（一）冷藏法

冷藏法贮藏鲜蛋的原理是利用低温来延缓蛋内蛋白质的分解，抑制蛋内酶的活性，抑制微生物的生长繁殖，延缓蛋内生化反应，达到较长时间保存鲜蛋的目的。这种方法的优点是操作简单、管理方便、贮藏效果好，一般贮藏6个月以上仍能保持新鲜蛋的品质。缺点是需要一定的设备，成本较高。

1. 具体操作方法

（1）入库前，做好冷库的准备工作：鲜蛋入库前，事先打扫干净仓库，并用石灰水或漂白粉溶液消毒，通风换气。

（2）严格选蛋：鲜蛋入库前，必须经过外观检验和光照检验，剔除有裂纹、破碎、雨淋、异形等次劣蛋。符合贮藏条件的鲜蛋，尽快入库。质量差的蛋及时处理。

（3）鲜蛋预冷工作：选好的鲜蛋要经过预冷才能入库，每隔 1~2 h 降温1℃，待蛋降至1℃~2℃时入库。若温度较高的鲜蛋直接送入冷库，会使库温升高，水蒸气在蛋表面凝成水珠，使蛋出汗，给霉菌生长创造条件。且蛋骤然遇冷，内容物收缩，外界微生物易随空气一起进入蛋内。

（4）合理堆垛：入库后，鲜蛋的堆垛应顺冷空气循环方向堆码，排列整齐；垛与垛、垛与墙、墙与墙之间应留有一定间隔，一般 20~30cm，以维持空气的流通；地面上必须有垫木；在冷风处入口的蛋面上要覆盖一层干净的纸，以防蛋冻裂。每批蛋入库后应挂上货牌，注明入库时间、数量、类别、产地等。

2. 冷库的技术管理

（1）恒定温度与湿度：库内温度和湿度是影响冷藏效果的关键，冷藏的适宜温度是 -1℃，温度过低会使蛋的内容物冻结而造成蛋壳冻裂。库内温度要保持稳定，防止忽高忽低，要求24 h 内温度的变化不超过0.5℃。库内的相对湿度以85%~88%为宜。湿度过低，会使蛋内的水分蒸发过多，增加蛋的自然损耗；湿度过高，霉菌易于繁殖。

（2）定时换气：为防止不良气体影响蛋的品质，冷库内需要定时换入新鲜空气，换气量一般是每昼夜2~4个库容。换气量过多也会增加蛋的干耗量。

（3）定期检查鲜蛋质量：检验的时间和数量要视蛋的质量和贮藏时间而定。质量好，存放时间短的，检验次数可少些。质量差，存放时间长的，检验次数可多些。一般每隔15~30天检验一次，抽验数量要适宜，出库前要详细抽查。抽查的范围包括蛋的上下、左右、里外、中心，使之具有代表性。检验的方法是目视检查与灯光透视相结合。检查后及时填写质量检验报告单。发现变质的蛋，要及时出库处理。对长期贮存的蛋还要翻箱，防止蛋黄贴壳、散黄。一般要求2~3个月翻一次。

(4)逐步升温:鲜蛋冷藏出库后,需逐步升温,否则蛋突然遇热,蛋壳表面凝成一层水珠,易使蛋壳膜受热破裂及易于感染微生物,加速蛋的库外变质。如将蛋从 0℃ 直接放到 27℃ 室内 5 天,次蛋率可达 13%。因此,出库后的冷藏蛋要注意逐步升温。

(5)禁止同时冷藏其他物品:鲜蛋冷藏期间,切忌同蔬菜、水果、水产品和有异味的物质放在同一冷库内。一是防止蛋吸收异味,影响品质;二是这些物质的保鲜要求不同,易相互影响冷藏效果。如蔬菜、水果、水产品等水分高、湿度大,若与鲜蛋同放易使其发霉变质,并且这些物质的温度、湿度要求不同,冷库难以分别控制。因此,要做到不同的物质分库冷藏。

(二)涂膜贮藏法

涂膜贮藏法的原理是利用涂膜剂涂布在蛋壳表面,以闭塞气孔,防止微生物的侵入。该法可使蛋内二氧化碳逐渐积累,抑制酶的活性,减弱生命过程的进行,减少水分的蒸发,达到保持蛋的新鲜度和降低干耗的目的。涂膜法不需要大型设备,投资小、适应性广、见效快,及时保持了禽蛋的新鲜度,具有较高的经济效益和实用价值。

一般涂膜剂有水溶性涂料、乳化剂涂料和油质性涂料等几种,多采用油质性涂膜剂,如液体石蜡、植物油、矿物油、凡士林,此外还有聚乙烯醇、聚苯乙烯、聚乙烯、虫胶、白油、气溶胶、硅脂膏等。鲜蛋涂膜的方法有浸渍法、喷雾法和刷膜法三种。实际应用中以石蜡涂膜法较常用。液体石蜡,又称流动石蜡、石蜡油等,是从石油中分馏出来的一类化合物,是一种无色、无味、无臭和无毒害作用的油状液体物质,不溶于水和酒精。因此,利用液体石蜡(简称液蜡)作鲜蛋涂膜保鲜剂,不仅保鲜性能好,而且成本低,操作方便,经济效益比较明显。

以液蜡作为涂膜剂贮藏的具体工艺介绍如下:

1. 严格选蛋

用于保鲜的蛋要新鲜,蛋壳洁净,剔除次劣蛋、破损蛋。对有粪污的蛋(尤其是鸭蛋),最好经过新洁尔灭或高锰酸钾溶液消毒,清洗并晾干。夏天最好用产后 1 周以内的蛋,春秋季最好用产后 10 天以内的蛋。

2. 涂膜

可分为浸泡涂膜和手工涂膜。

(1)浸泡涂膜:将挑选的鲜蛋放入盛有液蜡的容器里浸 1~2min 后,立即取出。数量多时,可采用专用塑料周转箱或专用蛋箱,直接浸入盛满液蜡的容器内,使塑料箱内鲜蛋全部浸透均匀,不留死角,然后放置在另一空缸盘上沥干,回收流下的多余液蜡。

(2)手工涂膜:适合于小规模生产。先将少量液体石蜡放入碗或盆里,蘸取少量于手心中,双手相搓,粘满双手,然后把蛋放在手心中双手相搓,快速旋转,使液蜡均匀微量涂满蛋壳。涂膜后将蛋放入蛋箱(篓)内贮存。1kg 液蜡可涂 450kg 左右鲜蛋。

3. 库内管理技术

涂膜蛋箱入库后,库内应通风良好,温度控制在 25℃以下,相对湿度为 70%~80%。如温度在 25℃以上,湿度应控制在 70%以下。蛋贮藏好后,蛋箱(篓)不要轻易翻动,一般只要 20~30 天抽查一次就行了。

4. 注意事项

(1)蛋库内放置的除湿剂如有结块、潮湿现象,要立即用手搅拌碾碎,烘干后再用,或更换除湿剂。

(2)严格控制温度,库内气温要低于 25℃。我国南方夏季温度一般为 30℃~36℃,使用涂膜保鲜法贮藏鲜蛋,要密切注意蛋的变化,防止变质。

(3)鲜蛋涂膜前,必须进行杀菌消毒。

(4)及时出库,保证涂膜的效果。

(三)水玻璃贮藏法

1. 贮藏原理

水玻璃又名泡花碱,即硅酸钠,是一种不挥发性的硅酸盐溶液。实际生产中的水玻璃溶液为 Na_2SiO_3 与 K_2SiO_3 的混合溶液,通常为白色,溶液黏稠、透明且易溶于水,呈碱性。水玻璃加水后生成偏硅酸,或多聚硅酸。将蛋放入溶液后,硅酸胶体附在蛋壳表面,闭塞气孔,从而减弱蛋内的呼吸作用和延缓蛋内的变化,同时也可以阻止微生物侵入蛋内,对保护蛋的质量有一定作用。

2. 贮藏方法

我国通常用的水玻璃浓度为 3.5~4 波美度,而市场上出售的水玻璃浓度较高,有 40、45、50、52、56 波美度等五种,使用前应加水稀释,配制成符合要求的浓度后才能使用。加水的质量可按下列公式计算:

$$W = m(n_0/n_1 - 1)$$

式中:W 为加水质量;m 为原水玻璃溶液的质量;n_0 为原水玻璃溶液浓度;n_1 为需要的水玻璃溶液浓度。

例如,现有 1kg、40 波美度的水玻璃溶液,要求配制成 4 波美度的溶液,需加水多少千克?

其加水量应为: $(40/4 - 1) \times 1 = 9 (kg)$

水玻璃溶液的配制方法:首先在容器内倒入原浓度水玻璃溶液,再加入少量的水,充分搅拌,待全部溶解后再加入剩余的水,搅拌混匀,即成符合浓度要求的水玻璃溶液。所加的水必须清洁,最好使用凉开水。水玻璃溶液配制好后,将预先检验合格、洗净、晾干的鲜蛋轻轻入缸,放入的鲜蛋需全部浸没于溶液中,浸泡 10～20min 后,取出晾干,置于仓库内保存即可。也可将鲜蛋浸泡在 3.5～4 波美度的水玻璃溶液中保存,如果在浸泡过程中有蛋漂浮,应立即剔除。常温下可保存 4～5 个月。

经水玻璃贮藏过的鲜蛋,在出售前必须用水将蛋壳表面的水玻璃洗去,否则蛋壳相互黏结,易造成破裂。

(四)二氧化碳(CO_2)贮藏法

利用 CO_2 贮藏鲜蛋能较好保持蛋的新鲜度,贮藏效果好。除 CO_2 以外,使用 N_2 也可以收到同样的效果。

1. 贮藏原理

CO_2 能够有效地减缓和抑制蛋液 pH 的变化。新鲜蛋蛋黄的 pH 为 6.0～6.4,呈酸性。蛋白的 pH 为 8.0～8.7,呈碱性。经过贮藏后蛋白和蛋黄 pH 都逐渐升高。这是由于蛋内代谢产生 CO_2 向外逸出所致。

鲜蛋贮存在一定浓度的 CO_2 气体中,使蛋内的 CO_2 不易挥发,并渗入蛋内。蛋内 CO_2 的积累能抑制蛋内的化学反应,使蛋内的分解作用变慢,从而保持了蛋的新鲜状态。同时,CO_2 浓度的增加,可抑制蛋壳表面和贮藏容器中微生物的繁殖,减少了外界微生物向蛋内侵入的机会。

2. 贮藏方法

采用此法贮藏蛋需备有密闭的库房或容器,以保持 20%～30% 的 CO_2 浓度。首先将蛋装入箱内,并通入 CO_2 置换箱内空气。然后将蛋箱放在含有 30% 的 CO_2 的库房内贮藏。

用这种方法贮存鲜蛋,霉菌一般不会侵入蛋内,浓蛋白很少水化,蛋黄膜弹性较好且不易破裂。此法最好与冷藏法配合使用,效果更理想。

(五)石灰水浸泡法

石灰水浸泡法的原理是:利用石灰水与蛋内呼出的 CO_2 作用,生成不溶性的碳酸钙微粒,沉积在蛋壳表面,闭塞气孔,使蛋的呼吸作用减慢,由蛋壳表面向外逸出的 CO_2 极少,残余的 CO_2 聚在蛋内,从而使蛋内的 pH 下降,同时,CO_2 可抑制浓厚蛋白的变稀。此外,石灰水的表面与 CO_2 接触,在水面上会形成一层类似冰状的薄膜,阻止微生物侵入蛋内和防止微生物的污染,对保护蛋的质量起到一定的作用。

具体操作方法:取洁净、大而轻的优质生石灰块 3kg,投入装有 100kg 清水的缸内,用木棒搅拌,使其充分溶解,静置后,使其澄清、冷却,然后取出澄清液,盛于另一个清洁的缸内,备用。石灰水溶液配好后,将经过检验合格的鲜蛋轻轻地放入盛有石灰水的缸中,使其慢慢下沉,以免破碎。每缸装蛋应低于液面约 10cm,经 2～3 天,液面上将形成硬质薄膜,不要触动,以免薄膜破裂而影响贮蛋质量。在贮存过程中,发现石灰水因蒸发鲜蛋即将露出液面时,应及时再加另行配制的石灰水(配制方法同前);若发现石灰水溶液浑浊、有臭味,则应将蛋捞出检查,剔除漂浮蛋、破壳蛋和臭蛋等。用新配制的石灰水溶液继续浸泡贮藏。

石灰水浸泡贮蛋法操作简便,贮藏成本低,保鲜效果好。一般可保鲜4~5个月,实用性强,易推广,但吃时稍微有石灰味。煮蛋时,须先用针在蛋壳大头处刺一个小孔,否则加热时蛋内容物膨胀而使蛋壳破裂。用本法贮藏的蛋,其壳较脆,在包装和运输时要轻拿轻放。

模块五　皮蛋加工

皮蛋又名松花蛋、彩蛋、变蛋等,因其营养价值高、味道鲜美、易消化,深受国内外消费者的欢迎。根据加工用料和方法不同,皮蛋可分为溏心皮蛋和硬心皮蛋两类。制作皮蛋的原料多采用鸭蛋,也有用鸡蛋和鹌鹑蛋的。

一、皮蛋加工的基本原理

1. 蛋白与蛋黄的凝固

纯碱与生石灰生成氢氧化钠或直接加入的氢氧化钠,由蛋壳渗入蛋内,并逐步向蛋黄渗入,使蛋白中变性蛋白分子继续凝聚成凝胶状,并具有弹性,同时溶液中的氧化铅、食盐中的钠离子、石灰中的钙离子、草木灰中的钾离子、茶叶中的单宁物质,都会使蛋内的蛋白质凝固和沉淀,使蛋黄凝固和收缩。凝固速度和时间与温度的高低有关。凝固过程分为五个阶段:

(1) 化清阶段:这是鲜蛋泡入料液后发生明显变化的第一阶段。在此阶段,蛋白由原来的黏稠状态变成稀薄透明的水样液,蛋黄也有轻微的凝固现象,其含碱量为4.4~5.7mg/g(以NaOH计)。由于在强碱的作用下,蛋白质分子由中性分子变成了带负电荷的复杂阴离子,维持蛋白质分子特殊构象的次级键,如氢键、二硫键、疏水作用力、范德华力等受到破坏,使之不能维持原来的特殊构象,这样蛋白质分子产生变性,并从原来的卷曲状态变为伸直状态,原来与蛋白质分子紧密结合的结合水也变成了自由水,最终出现了化清现象。化清后的蛋白质分子只是其三级结构受到了破坏,但热凝固性还未失去。

(2) 凝固阶段:即化清后的稀薄溶液逐渐凝固成富有弹性的无色或微黄色的透明胶状物,蛋黄在强碱的作用下凝固厚度进一步增加(其厚度通常为1~3mm)。

(3) 转色阶段:在这一阶段的主要变化是,蛋白逐渐变成深黄色透明胶状体,蛋黄凝固层厚度可增加到5~10mm,并且颜色加深,蛋含碱度降低至3.0~5.3mg/g。除此之外,在NaOH的作用下,蛋白质分子发生降解(即一级结构遭到破坏),蛋白质胶体的弹性开始下降。

（4）成熟阶段：这是皮蛋成熟的最后阶段。在此期间，蛋白全部变成褐色或茶褐色半透明凝胶体，并在其中形成大量呈松针状的结晶花纹。蛋黄凝固层变成墨绿、灰绿、橙黄等多种色层，溏心皮蛋的蛋黄中心部分呈橘黄色半凝固状浆体。成熟后的皮蛋不仅凝固良好，色彩艳丽，具有一定弹性，而且具有一定的特殊风味，可作为产品出售。

（5）贮存阶段：这是产品的货架期，此时，蛋内的化学反应仍在不断进行，其含碱量不断下降，游离脂肪酸和氨基酸含量不断增加。为保持产品不变质或变化较小，应将成品在低温下贮存，并防止微生物侵袭。

2. 皮蛋的呈色

（1）蛋白呈褐色或茶色：浸泡前侵入蛋内的少量微生物和蛋内多种酶等发生作用，使蛋白质发生一系列变化；蛋白中的糖类发生变化，一部分与蛋白质结合，另一部分处于游离的状态，如葡萄糖、甘露醇和半乳糖，它们的醛基和氨基酸的氨基会发生化学反应，生成褐色或茶色物质。

（2）蛋黄呈草绿色或墨绿色：蛋黄中含硫较高的卵黄磷蛋白和卵黄球蛋白，在强碱的作用下，分解产生活性的硫氢基和二硫基，与蛋黄中的色素和蛋内所含的金属离子铅、铁相结合，使蛋黄变成草绿色、墨绿色或黑褐色；蛋黄中含有的色素物质在碱性情况下受硫化氢的作用，会变成绿色，此外，红茶中的色素也有着色作用，常见皮蛋蛋黄的色泽有墨绿、草绿、茶色、暗绿、橙红等，再加上蛋白的红褐色或黑褐色，便形成了五彩缤纷的彩蛋。

（3）松针花纹的形成：经过一段时间成熟的皮蛋，在蛋白和蛋黄的表层有朵朵松针状的结晶花纹，称为"松花"。据分析，主要为氢氧化镁水合结晶。当蛋内镁离子浓度达到足以同 OH^- 化合形成大量 $Mg(OH)_2$ 时，即可在蛋白质凝胶体中形成水合晶体，即松花晶体。

3. 皮蛋的风味

蛋白质在混合料液成分及蛋白分解酶的作用下，分解产生氨基酸，再经氧化产生酮酸，酮酸具有辛辣味；产生的氨基酸中有较多的谷氨酸，与食盐反应生成谷氨酸钠，是味精的主要成分，具有鲜味；蛋黄中的蛋白质分解产生少量的氨和硫化氢，有一种淡淡的臭味；添加的食盐渗入蛋内产生咸味；茶叶成分使皮蛋具有香味。各种滋味的综合，使皮蛋具有一种咸辣、鲜香、清凉爽口的独特风味。

二、皮蛋加工的辅料及其作用

加工皮蛋所用的辅料对皮蛋的质量起着决定性的作用。皮蛋加工的辅料种类很多，作用各异，常用的辅料有以下几种。

1. 生石灰（CaO）

主要与纯碱、水起反应生成氢氧化钠。品质要求是色白、体轻、块大、无杂质，有效氧化钙的含量不低于75%。

2. 纯碱(Na_2CO_3)

纯碱的主要作用是和熟石灰生成氢氧化钠和碳酸钙,其用量直接影响皮蛋的质量和成熟期。要求色白、粉细,碳酸钠有效含量在96%以上。

3. 食盐

食盐主要起防腐、调味的作用,还可抑制微生物的活动,加快蛋的化清和凝固,利于凝固、离壳、防回气等。要求使用纯度在96%以上的精盐或海盐。

4. 红茶

红茶的主要作用是增加蛋白色泽,提高风味、促进蛋白质的凝固作用。要求品质新鲜,不得使用发霉变质和有异味的茶叶。为了降低成本,生产上通常使用红茶末。

5. 氧化铅

氧化铅俗称金生粉,呈黄色到浅红色金属粉末或小块状。主要促进氢氧化钠渗入蛋内,使蛋白质分子结构解体,起加速皮蛋凝固、成熟、增色、离壳和除去碱味,抑制烂头、易于保存等作用。使用时必须捣碎,过140~160目筛。

6. 硫酸锌($ZnSO_4$)

因氧化铅中含铅,铅属于重金属,摄入过多对人体健康不利,故目前生产上多用硫酸锰来作为氧化铅的替代品,还可缩短皮蛋1/4的成熟期。

7. 烧碱

烧碱即氢氧化钠,可代替纯碱和生石灰加工皮蛋,要求白色、纯净,呈块状或片状,烧碱具有强烈的腐蚀性。

8. 草木灰

草木灰是加工湖彩皮蛋不可缺少的辅料,要求质地干燥、纯净、新鲜、无异味。使用前必须过筛混拌均匀。

此外,辅助原料还有水、黄土、谷糠、锯末等,这些原料必须清洁、干燥、无杂质,不能受潮或被污染。

三、皮蛋加工工艺

根据加工工艺及产品特点分为溏心皮蛋和硬心皮蛋。溏心皮蛋一般采用浸泡法,硬心皮蛋一般采用生包法。

(一)溏心皮蛋的加工(又称京彩皮蛋、松花皮蛋)

1. 工艺流程

选蛋→配料→制料→验料→装缸与灌料→泡制期检查→出缸、洗蛋和晾蛋→涂泥包糠→成品

2. 加工方法

(1) 选蛋：挑选质量好的新鲜蛋，并逐个检验，感官检查结合灯光透视，严格选择，剔除裂纹蛋、黏壳蛋、散黄蛋等各种次劣蛋。

(2) 配料：现将各地加工溏心皮蛋的料液配方列表（表1-4）。配制料液方法常用冲制法。先把茶末、碱铺在缸底，将水烧开倒入缸中，随即投放氧化铅，搅拌溶解后，再投入生石灰，最后投入食盐，搅拌均匀，使之充分溶化，放冷待用。料液配制的过程中，若有难溶解的石灰块，应将其捞出，再补足用量。

表1-4　各地加工溏心皮蛋的料液配方

地区	开水/kg	纯碱/kg	生石灰/kg	氧化铅/kg	食盐/kg	红茶末/kg	松柏枝/kg	柴灰/kg	黄土/kg
北京	100	7.2	28	0.75	4.0	3.0	0.5	2.0	1.0
上海	100	5.45	21	0.42	5.5	1.3		6.4	
湖南	100	6.5	30	0.25	5.0	2.5		5.0	
浙江	100	6.25	16	0.25	3.5	0.63		6.0	
江苏	100	5.3	21.1	0.35	5.5	1.27		7.63	

(3) 料液NaOH浓度的测定：用5mL吸管吸取澄清NaOH液4mL，注入300mL的三角瓶中，加水100mL，加10%氯化钡溶液10mL，摇匀后静置片刻，加0.5%酚酞指示剂3滴，用1mol/L盐酸滴定至溶液的粉红色恰好消退为止。滴定所消耗盐酸溶液的毫升数即相当于NaOH含量的百分数。料液中NaOH浓度要求达到4%左右较适宜，若浓度过大，应加冷开水稀释；若浓度过低，则应加适量烧碱来提高料液中NaOH的浓度。

没有化学分析条件的企业，也可采用简易的方法来检验料液浓度是否恰当。具体方法是：先取配制好的料液少许于碗中，然后把鲜蛋白放入其中，经15min后观察，如果蛋白凝固、有弹性，再放入碗内观察1h后，如果蛋白化为稀水，说明料液正常。如果0.5h内蛋白即化为稀水，说明料液的浓度过大。如果蛋白不凝固，或虽凝固但过1h不化为稀水，说明料液浓度不足。料液浓度不符合要求时，可加入适量纯碱和生石灰或凉开水进行调整，直至合格。

(4) 装缸与灌料：将挑选好的原料蛋洗净晾干后，放入陶坛内。应轻拿轻放，避免破损。蛋放在缸内至九成满，用竹箅盖盖好，以防灌入料液后鲜蛋浮上液面。冬季应将蛋放在15℃～25℃的暖房中十几小时后再浸泡。鲜蛋装缸后，将凉至20℃的料液充分搅拌，徐徐灌入缸内，直至原料蛋全部被料液淹没为止。缸口加盖或取塑料薄膜蒙上后用细绳扎紧密封，把缸外部清洗干净后，贴上标签，做好记录，注明生产日期、数量、级别等，以便检查。

(5) 泡制期检查：灌料后即进入腌制过程，直至皮蛋成熟，这段时间的技术管理工作与成品质量关系密切。灌料后1~2天由于料液渗入蛋内,以及水分蒸发,致使液面下降,蛋面暴露在空气中,这时应及时补足同样浓度的料液,保证液面淹没过蛋面。浸泡期间必须定期抽样检查。溏心皮蛋的成熟时间一般为30天左右,冬季气温低,浸泡时间长一些,需35~40天;气温高,则浸泡时间短一些,需25~30天。

第一次检查:夏天经6~7天,冬天经7~10天,应进行第一次质量检查。取样蛋用灯光透视,发现基本似黑贴壳,说明正常。若全部发黑,说明料液太浓,须加冷开水冲淡。

第二次检查:时间为鲜蛋下缸后14天左右,可以剥壳检查,此时蛋白已经凝固,蛋白表面光洁,褐中带青,全部上色,蛋黄已变成褐绿色。

第三次检查:时间为鲜蛋下缸后20天左右,剥壳检查,蛋白凝固很光洁,不黏壳,呈墨绿色和棕褐色,蛋黄呈绿褐色,蛋黄中线呈淡黄色溏心。若发现有蛋白烂头和黏壳现象,说明料液太浓,必须提早出缸。如发现蛋白软化,不坚实,表示碱性较弱,宜推迟出缸时间。

(6) 出缸、洗蛋和晾蛋:经检查已成熟的皮蛋要立即出缸,并放入预先浸入在料液或冷开水的蛋框中,随之拣出破、次、劣蛋,将蛋框轻轻摇晃,洗去蛋壳上的黏附物,将蛋框提出放在木架上晾干,然后送检。

(7) 品质检验:洗净晾干后的皮蛋,在包装前要进行品质检验、分级,剔除破、次、劣皮蛋。将合格的皮蛋按重量分级标准进行分级。

品质检验的具体方法是:

① 观:即观察皮蛋的壳色和完整程度,剔除蛋壳黑斑过多和裂纹蛋(图1-4),选择壳完好的蛋留下(图1-5)。

② 颠:即将皮蛋放在手中抛颠起数次,好蛋有轻微弹性,反之则无。

③ 摇晃:即用手摇法,用拇指、中指捏住皮蛋的两端,在耳边上下摇动,若听不到什么声响则说明是好蛋,若听到内部有水流的上下撞击声,即为水响蛋,若听到只有一端发出水荡声则说明是烂头蛋。

④ 弹:用手指轻弹皮蛋两端,若发出柔软的"特""特"的声音则为好蛋,若发出比较生硬的"得""得"声即为劣蛋(包括水响蛋、烂头蛋等)。

⑤ 透视:用灯光透视,如照出皮蛋大部分呈黑色(或墨绿色),蛋的小头呈棕色,而且稳定不动者,即为好蛋。如蛋内有水泡阴影来回转动,即为水响蛋。如蛋内全部呈黄褐色,并有轻微移动现象,即为未成熟的皮蛋。如蛋的小头蛋白过红,即为碱伤蛋。

⑥ 品尝:随机抽取样品皮蛋剥壳检验,先观察外形、色泽、硬度等情况。再用刀纵向剖开,观察其内部的蛋黄、蛋白的色泽、状态。最后用鼻嗅、嘴尝,评定其气味、口味。

(8) 涂泥包糠:用出缸后的残料加30%~40%经干燥、粉碎、过筛后的细黄泥,调成浓厚糨糊状,双手戴上胶皮手套,左手抓稻壳,右手用刮泥刀取 50~60g 料泥放在左手稻壳上同时压平,放皮蛋于泥上,双手揉团捏搓几下即可包好。将包好的皮蛋放在缸里或塑料袋内密封贮存。

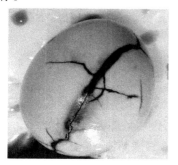

图 1-4 出缸时有裂纹的蛋

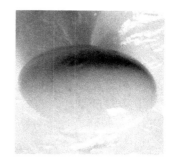

图 1-5 出缸时壳完好的蛋

(二) 硬心皮蛋的加工

硬心皮蛋又称湖彩皮蛋,是将调制好的料泥直接包裹在蛋上,再擦一层稻壳后装缸密封,待成熟后出缸即为成品。

1. 工艺流程

选蛋→配料→制料→和料→料泥检验→包泥→装缸、封缸→出缸→检验

2. 加工方法

(1) 选蛋:与溏心皮蛋相同。

(2) 配料:现将各地加工皮蛋硬心皮蛋的配方列表如下(表 1-5)。根据原料蛋的数量参照配方表称量好各种原料。

表 1-5 各地硬心皮蛋的配方

地区	开水/kg	纯碱/kg	生石灰/kg	食盐/kg	红茶末/kg	柴灰/kg
江苏	43.4	2.2	10	3.6	0.5	25
北京	43	2.3	9	3.2	2	26
上海	33.6	1.7	6.4	2.1	0.7	20
湖南	43	2.6	12	3	2.5	30
浙江	40	1.75	7.5	1.88	0.56	22.5

(3) 制料:先将茶叶末置于锅内加水煮沸,再将石灰分次投入茶汁中,待石灰在其中作用达 80% 左右时,加入纯碱和食盐。搅拌,待石灰充分作用后将杂质、石灰渣捞出,并按量补足石灰。然后将植物灰的一半倒入上述料液中,搅拌 3~4min,再把其余的一半倒入,搅拌均匀。料泥约 10min 后开始发硬,这时将料泥分块取出摊在地上约 10cm 厚度以便冷却。

（4）和料：用和料机和料，把冷却的料泥投入到和料机内，开动机器，数分钟即可达到发黏成熟状态。也可人工和料，即将料泥放在石臼或木桶中，用木棒反复捶打至发黏成熟状态。料泥达到细腻、均匀、起黏、无块即可。

（5）料泥检验：配制好的料泥所含氢氧化钠浓度是否合适，对皮蛋质量影响很大，必须进行料泥检验，待确定氢氧化钠浓度合适后才能使用。可采用化学分析方法测定料泥中氢氧化钠浓度。料泥中正确成分含量为：氢氧化钠浓度6%～8%，氯化钠2.7%～4.5%，水分36%～43%。

简易的检验方法为：取料泥一块，压成扁平形，表面抹光，将蛋白液滴在泥上，10min后用手试摸，有凝固成粒状或片状带黏性的感觉，说明料泥正常；如摸上去有粉末状感觉，说明碱性不足。如不凝固，没有粒状或片状感觉，不带黏性，说明碱性浓度过大。通过增减有关辅料来调整料泥使其中所含氢氧化钠浓度达到要求。

（6）包泥：双手戴上胶皮手套，先取约35g的泥团放在左手掌中央，再将蛋放在泥团上，双手搓揉后，在稻壳上滚动一圈。

（7）装缸、封缸：包好料泥后的蛋要及时整齐地装于干净的缸内，装至缸口约5cm为宜，装缸后15min，再送入蛋库加盖、密封、贴上标签，并注明时间、批次、级别、数量等。自加工后的第3天起，蛋白开始液化，切记不能搬动、震动和摇动蛋缸，以免影响皮蛋的质量。

（8）出缸：春季加工的蛋需60～70天、秋季加工的蛋需70～80天便成熟，出缸前要定期抽样检查，以便控制质量，已经成熟的皮蛋要及时出缸。

（9）检验：皮蛋出缸后，要进行成品质量的检验。要求料泥完整、稻壳湿润呈金黄色、无霉变；蛋壳不破裂、敲蛋时响声正常，略有弹颤感。

模块六　咸蛋加工

咸蛋又称盐蛋、腌蛋、味蛋等，是一种风味特殊、食用方便的再制蛋。咸蛋的生产极为普遍，全国各地均有生产，其中尤以江苏高邮的咸蛋最为著名，个头大且具有鲜、细、嫩、松、沙、油六大特点。用双黄蛋加工的咸蛋，色彩更美，风味别具一格。

一、咸蛋加工的原料及加工原理

（一）主要原料

加工咸蛋的原料主要为鸭蛋，有的地方也用鸡蛋或鹅蛋来加工。但以鸭蛋为最好，因鸭蛋黄中的脂肪含量较多，产品质量和风味最好。加工用的鸭蛋，必须新鲜；蛋壳上的泥污和粪污，必须洗净；鸭蛋必须经过光照检验后，剔去次劣蛋，蛋壳完整、洁净而新鲜的鸭蛋,才能用于加工。

（二）辅助原料

主要辅料为食盐、黄泥、草灰和水等。食盐要求含量在96%以上,白色、无杂物、无苦味、涩味、臭味；黄泥要求是地下深层的黄泥或红泥,无异味、无杂土；草灰要求纯净、均匀；水要求是干净的清水,最好是用冷开水。

（三）加工原理

食盐溶解在水中,可以发生扩散作用,对周围的溶质具有渗透作用。食盐具有防腐能力,主要原因是产生了渗透压。咸蛋的腌制过程,就是食盐通过蛋壳及蛋壳膜向蛋内进行渗透和扩散的过程。新鲜鸭蛋腌制时,首先是将含有食盐的料泥或食盐水溶液包围在鸭蛋的外面,这时蛋内和蛋外含有两种食盐浓度而产生渗透压,蛋外食盐浓度大,而蛋内食盐浓度非常小,从而泥料里的食盐成分或食盐水溶液里的食盐成分通过蛋壳、蛋壳膜和蛋黄膜渗入蛋内,而蛋中的水分也不断地向外渗出,进入泥料或食盐水溶液中。

蛋腌制成熟时,蛋液里的食盐浓度与泥料或含盐水溶液中的食盐浓度基本相近时,渗透和扩散作用也将停止。

二、咸蛋的加工方法

（一）盐泥咸蛋加工

盐泥咸蛋加工即用食盐加黄泥调成泥浆来腌制,具体加工方法如下。

1. 配料

鲜鸭蛋1 000枚、食盐6~7.5kg、干黄土6.5kg、水4~4.5kg。

2. 加工方法

将食盐放在容器内,加水使其溶解。再加入粉碎的干黄土,待黄土吸水后调成糨糊状的泥料,泥料的浓稠程度可用鸭蛋试验。把蛋放入泥浆中,若蛋的一半浮在泥浆上面,则表明泥浆的浓稠程度最为合适。将经过检验的新鲜鸭蛋放在调好的泥浆中,使蛋壳上全部粘满盐泥后,点数入缸或箱内,装满后将剩余的泥料倒在咸蛋的上面,加盖。夏季需经25~30天,春、秋季需30~40天,就可腌制成咸蛋。

为了使泥浆咸蛋互不粘连,外形美观,可在泥浆外面滚上一层草木灰,即成为泥浆滚灰咸蛋。

（二）盐水咸蛋加工

加工方法简单,盐水渗入蛋内的速度较快,用过一次的盐水,追加部分食盐后可重复使用。其腌制方法是：把食盐放入容器中,倒入开水使食盐溶解,盐水的浓度为20%,待冷却至20℃左右时,即将蛋放入浸泡,蛋上压上竹篾,再加上适当重物,以防上浮,然后加盖。夏季20~25天,冬季30~40天即成。

（三）草灰咸蛋加工

1. 配料

不同地区加工草灰咸蛋配料不一，具体见表1-6。

表1-6 草灰咸蛋配料

配料	江苏	江西	湖北	四川	浙江	北京
稻草灰/kg	20	15~20	15~18	22~25	17~20	15
食盐/kg	6	5~6	4~5	7.5~8	6~6.5	4~5
清水/kg	18	10~13	12.5	12~13	14~18	12.5

2. 打浆

先将食盐溶于水中，然后将盐水加入打浆机内，再将草灰分批加入，在打浆机内搅拌均匀，经10min左右的搅拌，使灰浆搅成不稀不稠的状态，即将手伸入灰浆内，取出后皮肤呈灰黑色、发亮，灰浆不流、不起水、不成块、不成团下坠；放入盘内不起泡。灰浆过夜后即可使用。

3. 提浆、裹灰

将已选好的原料蛋放在经过静置搅熟的灰浆内翻转一下，使蛋壳表面均匀地粘上约2mm厚的灰浆，然后将蛋静置于草浆中裹灰或滚灰。须注意干草灰不可过厚或过薄，如过厚会降低蛋壳外面灰料中的水分，影响咸蛋腌制成熟时间；过薄则使蛋外面灰料发湿，易造成蛋与蛋之间相互粘连。

4. 捏灰

裹灰后还要捏灰，用手将灰料紧压在蛋上。松紧要适宜，滚搓光滑，厚度均匀一致，无凹凸不平或厚薄不均匀现象。

5. 装缸密封

捏灰后的蛋应尽快装缸密封。装缸时，必须轻拿、轻放，叠放应牢固、整齐，防止操作不当使蛋外的灰料脱落或将禽蛋碰裂而影响咸蛋的质量。出口咸蛋一般都使用尼龙袋、纸箱包装，每箱装蛋160枚。

用此法腌制咸蛋夏季经20~30天，春秋季经40~50天即可成熟。

（四）其他腌制咸蛋方法

1. 白酒腌制法

配方（鲜蛋5kg）：60度以上白酒2kg，细盐1kg。将要腌制的蛋品逐个在白酒中浸一下，再放到细盐中滚一层盐，然后放入坛中，最后将多余的细盐撒在最上层，加盖密封，储放于阴凉干燥处，40天左右即可食用。

2. 辣椒酱腌法

配方(鲜蛋5kg):辣椒酱5kg,细盐1kg,白酒0.02kg。

将辣椒酱与白酒调匀,然后将蛋逐个放入,滚上一层糊,再放到盐里粘上一层细盐,然后放入容器中,最后把多余的辣椒酱和细盐放在一起拌匀,覆盖到最上面。容器用塑料薄膜密封,放在阴凉干燥处,50天左右即可食用。

3. 五香咸蛋

配方(100枚鸭蛋):食盐2.5~3kg,水5kg,桂皮150g,山茶175g,茴香65g,辣椒粉100g,甘草125g,黄泥适量。

将以上辅料放在一起煎煮1h,滤出渣滓,加入黄泥拌成糊状,然后用糊泥将蛋包住,腌制30天即可食用。

模块七　糟蛋加工

糟蛋是我国的传统特产食品和出口产品,是用优质的鲜鸭蛋经优良的糯米酒酒糟浸泡、糟制而成的一种再制蛋。其营养丰富,风味独特,深受人们的喜爱。根据加工方法不同,糟蛋可分为生蛋糟蛋和熟蛋糟蛋;根据成品外形可分为软壳糟蛋和硬壳糟蛋。硬壳糟蛋一般以生蛋糟制,软壳糟蛋则有熟蛋糟制和生蛋糟制两种,其中以生蛋糟制的软壳糟蛋质量最好。我国著名糟蛋有浙江省平湖市的平湖糟蛋和四川省宜宾市的叙府糟蛋,都是以生蛋糟制而成的软壳糟蛋。

一、糟蛋加工的辅料及原理

1. 糟蛋加工的辅料及质量要求

(1) 糯米:糯米是酿糟的原料,它的质量好坏直接影响酒糟的品质,要求米粒丰满、整齐、心白、腹白,无异味,杂质少,含淀粉多。

(2) 酒药:又称酒曲,是酿糟的菌种,内含根霉、毛霉、酵母及其他菌类,它们主要起发酵和糖化作用。选用绍药和甜药,要求色白质松,易捏碎,具有特殊菌香味者为佳。

(3) 食盐:加工用的食盐应纯净、洁白,符合卫生标准。

(4) 水:酿糟用水应无色透明、无味、无臭,必须符合饮用水卫生标准。

(5) 红砂糖:叙府糟蛋加工时需用,应符合食糖卫生标准。

2. 糟蛋的加工原理

通常认为是糯米在酿制过程中,产生醇类(乙醇为主),同时部分乙醇氧化为乙酸;加上添加的食盐,共同存在于乙醇中,通过渗透和扩散作用进入蛋内,发生一系列物理和化学变化,使糟蛋具有显著的防腐作用。乙醇和乙酸可使蛋白质凝固变性;酒糟中的乙醇和糖类渗入蛋内,使糟蛋带有醇香味和轻微的甜味;乙酸侵蚀碳酸钙,使壳变软、溶化脱落成软壳蛋;食盐产生咸味,增加风味和适口性,且使防腐能力增加。糟蛋中乙醇含量虽仅达15%,但在长时间糟制过程中,蛋中的微生物,特别是致病菌均被杀死,所以糟蛋可生食。

二、平湖糟蛋加工

平湖糟蛋生产已有260多年的历史,在清代被列为贡品。糟蛋加工的季节性较强,一般在3~4月至端午节前。端午后气温渐高,不宜加工。加工糟蛋需掌握好三个环节,即酿酒制糟、选蛋击壳、装坛糟制。

1. 工艺流程

酿酒制糟→选蛋击壳→装坛糟制→成品

2. 加工方法

(1) 酿酒制糟:

① 浸米:糯米是酿酒制糟的原料,按原料要求精选。按制作100枚鸭蛋需糯米9~9.5kg计,将糯米淘洗干净后放入缸内,加冷水浸泡,目的是使糯米吸水膨胀,便于蒸煮糊化。浸泡时间长短与温度有关,一般以气温12℃泡24h为计算依据,气温每上升2℃,可减少浸泡1h,气温每下降2℃,需增加浸泡1h。

② 蒸饭:蒸饭的目的是促进淀粉糊化,改变其结构,利于糖化。把浸好的糯米从缸中捞出,用冷水冲洗1次,倒入蒸桶内,米面铺平。在蒸饭前,先将锅内水烧开,再将蒸饭桶放在蒸板上,先不加盖,待蒸气从锅内透过糯米上升后,再用木盖盖好。约10min后,将木盖揭开,用炊帚蘸热水散泼在米饭上,以使上层米饭蒸涨均匀,也防止上层米因水分蒸发而米粒水分不足,米粒不涨,出现僵饭。然后,再盖好蒸15min后,揭开锅盖,用木棒将米搅拌一次,再蒸5min,使米饭全部蒸透。蒸饭的程度以出饭率为150%左右为宜。要求饭粒松散,无白心,透而不烂,熟而不黏。

③ 淋饭:淋饭的目的是使米饭迅速冷却,便于接种。将蒸桶放在淋饭架上,用冷水浇淋,使米饭冷却。一般每桶米饭用水75kg,2~3min淋尽,使热饭温度降低至28℃~30℃,(手插入不烫)。但温度也不宜太低,以免影响菌种的生长。

④ 拌酒药及糟酿:将淋水后的饭沥去水分,倒入缸中,撒上预先研成细末的酒药。酒药的用量以50kg米出饭75kg计算,需加白酒药165~215g,甜酒药60~100g。还应根据气温的高低而适当增减用药量。

加酒药后必须搅拌均匀,饭面上拍平、拍紧,最后再撒一层酒药在表面,中间挖一直径30cm的潭,上大下小。潭穴深入缸底,潭底不要留饭。缸体外包上草席,缸口用干净草盖盖好,以便保温。经20~30h,内温达到35℃,即可渗出酒酿。当潭内酒酿有3~4cm深时,应将草盖用竹棒撑起12cm高,以降低温度,防止酒糟热伤、发红,产生苦味。待满潭时,每隔6h,将潭内的酒酿用勺拨在糟面上,使糟充分酿制。经7天后,把酒糟拌和灌入坛内,静置14天,待变化完成、性质稳定时,方可供制糟蛋用。品质优良的酒糟色白、味香、带甜味,乙醇含量为15%左右,波美度为10°Bé左右。如发现酒糟发红,有酸辣味,则不可使用。

(2)选蛋击壳:每千枚蛋应重65 kg以上,须经感官检验和灯光透视后剔除次劣蛋,选择新鲜鸭蛋,在糟制前1~2天,逐只洗刷干净,晾干后用竹板轻击蛋壳,要求壳破而膜不破。击蛋破壳的目的是在糟制过程中,使酒糟中的醇类、酸类、糖等物质易于渗入蛋内,提早成熟,并使蛋壳易于脱落和蛋身膨大。

(3)装坛糟制:

① 蒸坛:检查所用的坛是否有破漏,用清水洗净后进行蒸气消毒。消毒时坛底朝上,涂上石灰水,然后倒置在带孔眼的木盖上,再放在锅上,加热锅里的水至沸腾,使蒸气通过盖孔而冲入坛内加热杀菌。如发现坛底或坛壁有气泡或蒸气透出,即是漏坛,不能使用。待坛底水蒸干时,杀菌即完毕。把坛口朝上,冷却待用。

② 落坛:取经过消毒的糟蛋坛,用酿制成熟的酒糟4kg(底糟)铺于坛底,摊平后,将击破蛋壳的蛋放入。蛋大头朝上插入糟内,蛋与蛋之间的间隙不宜过大,以蛋四周均有糟,且能旋转自如为宜。第一层蛋排好后再放酒糟4kg,放上第二层蛋。一般第一层放蛋为50多枚,第二层放60多枚,每坛放两层共120枚。第二层排满后,再用9kg酒糟摊平盖面,然后均匀地撒上1.6~1.8kg食盐。

③ 封坛:封坛的目的是防止乙醇和乙酸挥发及细菌的侵入。蛋入糟后,坛口用牛皮纸两张,刷上猪血,将坛口密封,外再用竹箬包牛皮纸,再用草绳沿坛口扎紧。每坛上面标明生产日期、蛋数、级别,以便检验。

④ 成熟:糟蛋的成熟期为4.5~5个月。放在仓库内,应逐月抽样检查,以便控制糟蛋的质量。

质量标准:成品糟蛋气味芬芳,味道鲜美;蛋壳脱落,蛋衣不破;蛋白呈乳白色,稠如糊状;蛋黄为橘红或黄色。

三、叙府糟蛋加工

四川省宜宾市的叙府糟蛋已有120年的历史。叙府糟蛋工艺精湛、蛋质软嫩、蛋膜不破、气味芳香、色泽红黄、爽口助食。叙府糟蛋加工用的原辅料、用具和制糟过程与平湖糟蛋大致相同,但其加工方法与平湖糟蛋略有不同。

1. 工艺流程

选蛋→配料→装坛→翻坛去壳→白酒浸泡→加料装坛→再翻坛→成品

2. 加工方法

（1）选蛋、洗蛋和击破蛋壳同平湖糟蛋。

（2）配料：150枚鸭蛋所需用的配料为：甜酒糟7kg,68度白酒4kg,红砂糖1.5kg,陈皮25g,食盐1.5kg,花椒25g。

（3）装坛：将配料（除陈皮、花椒外）混合均匀后，用全量的1/4铺平坛底，将事先破壳的鸭蛋40枚，大头向上，竖立在酒糟里。再加入甜糟约1/4,铺平后再以上述方式放入鸭蛋70枚左右。再加甜糟1/4,放入其余的鸭蛋40枚。每坛共150枚。最后加入剩下的甜糟，并铺平在蛋面，用塑料薄膜密封坛口，使不漏气。

（4）翻坛去壳：在室温下糟渍3个月左右，将蛋翻出，逐枚去蛋壳，切勿将内蛋壳膜剥破。此时的蛋成为无壳的软壳蛋。

（5）白酒浸泡：将剥去蛋壳的蛋，逐枚放入缸内，倒入高浓度白酒（4kg左右），浸泡1~2天。这时蛋白与蛋黄全部凝固，不再流动，蛋壳膜稍膨胀而不破裂为合格。如有破裂者，应作次品处理。

（6）加料装坛：将白酒浸泡过的蛋，逐枚取出，装入容量为150枚蛋的坛内，用原有的酒糟和配料，再加入红糖1kg、食盐500g、熬糖2kg（红糖2kg加适量的水煎成拉丝状，冷却后加入坛内）、陈皮和花椒，充分搅拌均匀，按以上装坛方法，一层糟一层蛋，最后加盖密封，保存于干燥而阴凉的仓库内。

（7）再翻坛：贮存3~4个月后，必须再次翻坛，即将上层的蛋翻到下层，下层的蛋翻到上层，使整坛的糟蛋达到均匀糟渍，同时做一次质量检查，剔除次劣糟蛋。翻坛后的糟蛋仍应浸渍在糟料内，加盖密封，贮存库内。从加工开始直至糟蛋成熟，约需12个月。成品的糟蛋可存放2~3年。

3. 质量标准

成品糟蛋蛋质软嫩，蛋膜不破，色泽红黄，气味芳香。

模块八　湿蛋制品加工

湿蛋制品是指鲜蛋除去蛋壳取出的蛋液，经过加工而成的蛋制品。湿蛋制品除做食品外，在轻工、纺织、医药工业上也有广泛用途。湿蛋制品主要包括蛋液制品、冰蛋品等。

一、蛋液制品加工

蛋液加工指鲜蛋除去蛋壳取出的蛋液，不经过加工而成的蛋制品。根据加工时是否分离蛋白、蛋黄，将液蛋分为液全蛋、液蛋白和液蛋黄三类。

1. 工艺流程如下

原料蛋选择→蛋壳的清洗、消毒→打蛋→去壳→过滤→预冷→杀菌→冷却→包装

2. 工艺操作要点

（1）原料蛋的选择：原料蛋必须新鲜，蛋壳清洁完整，经感观检查和光照检查挑选符合国家规定的卫生标准的鲜蛋为原料。

（2）洗蛋：鲜蛋因为在产蛋过程、存放、运输等原因，蛋壳上通常粘有许多粪便、泥污和细菌等，为防止蛋壳上微生物进入蛋液内，需在打蛋前将蛋壳洗净并杀菌。用洗蛋机洗蛋或用手擦洗蛋壳。洗净的蛋，再用流动清水冲洗一次。如蛋壳严重污染，可先浸泡15~30min后再清洗。

洗蛋通常在洗蛋室中进行。槽内水温应较蛋温高7℃以上，以避免洗蛋水被吸入蛋内；蛋温升高，在打蛋时蛋白与蛋黄容易分离，可减少蛋壳内蛋白残留量，提高蛋液的出品率。洗蛋用水中多加入洗洁剂或含有效氯的杀菌剂。在洗蛋过程中水须不断溢流，且在洗蛋当日结束时须将水全部更换。

（3）蛋壳消毒：洗涤过的蛋壳上还有很多细菌，因此须进行消毒。常见的蛋壳消毒方法有两种：

① 漂白粉液消毒法。蛋壳消毒的漂白粉溶液有效氯含量为800~1 200mg/kg。使用时将该溶液加热至32℃左右，然后将洗涤后的蛋在该溶液中浸泡5min，或采用喷淋方式进行消毒。消毒可使蛋壳上的细菌减少99%以上，其中肠道致病菌可完全被杀灭。经漂白粉溶液消毒的蛋再用清水淋1min或温水浸泡片刻，除去蛋壳表面的余氯。

② 氢氧化钠消毒法。通常用0.4%的氢氧化钠溶液浸泡洗涤后的蛋5min来消毒。消毒后的蛋用温水清洗，然后迅速晾干。常用电风扇吹干和烘干道烘干两种方法。

（4）晾蛋：经消毒冲洗后的蛋，送晾蛋室晾干。其目的是防止打蛋时水珠滴入内容物中而污染，并减少蛋壳表面再次污染的机会。晾干方法通常有自然晾干法、吹风晾干法、烘干法等。

（5）打蛋：打蛋方法可分为机械打蛋和人工打蛋。打蛋时，将蛋打破，剥开蛋壳，使蛋液流入分蛋器或分蛋杯内，将蛋白和蛋黄分开。

（6）蛋液的预冷：经搅拌过滤的蛋液应及时进行预冷，以防止蛋液中微生物生长繁殖。预冷在预冷罐中进行。预冷罐内装有蛇形管，管内有冷媒（-8℃的氯化钙水溶液），蛋液在罐内冷却至4℃左右即可。如不进行巴氏杀菌时，可直接包装为成品。

（7）杀菌：原料蛋在洗蛋、打蛋去壳以及蛋液混合、过滤等处理过程中，均可能受微生物的污染，而且蛋经打蛋去壳后即失去了部分防御体系。因此，生蛋液须经杀菌。蛋液中蛋白极易受热变性，并发生凝固，要选择比较适宜的蛋液巴氏杀菌条件。全蛋液、蛋白液、蛋黄液和添加糖、盐的蛋液之间的化学组成不同，干物质含量不一样，对热的抵抗力也有差异。因此，采用的巴氏杀菌条件各异。

① 全蛋的巴氏杀菌：巴氏杀菌的全蛋液有经搅拌均匀的和不经搅拌的普通全蛋液，也有加糖、盐等添加剂的特殊用途的全蛋液，其巴氏杀菌条件各不相同。我国一般采用全蛋液杀菌温度为 64.5℃、保持 3min 的低温巴氏杀菌法。

② 蛋黄的巴氏杀菌：蛋液中主要的病源菌是沙门氏菌，该菌在蛋黄中的热抗性比在蛋清、全蛋液中高。因此，蛋黄液的巴氏杀菌温度要比蛋白液稍高。例如：美国蛋白液杀菌温度为 56.7℃、时间 1.75min，而蛋黄液杀菌温度为 60℃、时间 3.1min。

③ 蛋清的巴氏杀菌：蛋清中的蛋白质更容易受热变性。添加乳酸和硫酸铝（pH=7）可以大大提高蛋清的热稳定性，从而可以对蛋清采用与全蛋液一致的巴氏杀菌条件（60℃~61.7℃,3.5~4.0min），提高巴氏杀菌效果。

加工时首先制备乳酸－硫酸铝溶液。将 14g 硫酸铝溶解在 16kg 的 25% 的乳酸中，巴氏杀菌前，在 1 000kg 蛋清液中加约 6.54g 该溶液。添加时要缓慢但需迅速搅拌，以避免局部高浓度酸或铝离子使蛋白质沉淀。添加后蛋清 pH 应在 6.0~7.0，然后进入巴氏杀菌器杀菌。

在加热前对蛋清进行真空处理，可以除去蛋清中的空气，增加蛋液内微生物对热处理的敏感性，使之在低温下加热可以得到同样的杀菌效果。一般真空度为 5.1~6.0kPa，然后加热蛋清至 56.7℃，保持 3.5min。

（8）液蛋的冷却：杀菌之后的蛋液必须迅速冷却。如果本厂使用，可冷却至 15℃ 左右；若以冷却蛋或冷冻蛋出售，则须迅速冷却至 2℃ 左右，然后再充填至适当的容器中。根据 FAO/WHO 的建议，液蛋在杀菌后急速冷却至 5℃ 时，可以贮藏 24h；若迅速冷却至 7℃ 则仅能贮藏 8h。

（9）液蛋的充填、包装及输送：液蛋包装通常用 12.5~20.0kg 装的方形或圆形马口铁罐，其内壁镀锌或衬聚乙烯袋。空罐在充填前必须水洗、干燥。如衬聚乙烯袋则充入液蛋后应封口后再加罐盖。为了方便零用，目前出现了塑料袋包装或纸板包装，一般为 2~4kg。

二、冰蛋品加工

冰蛋品又称冷冻蛋品，是蛋制品中的一大类，它是鲜鸡蛋去壳、预处理、冷冻后制成的蛋制品。由于蛋液的种类不同而分为冰全蛋（简称冰全）、冰蛋黄（简称冰黄）、冰蛋白（简称冰白）。冰蛋品的加工方法相对简单，使用方便，在蛋制品中占有重要地位。随着我国冷藏业的发展，冰蛋品产量也有较大幅度的增长，是我国出口创汇的主要蛋制品之一。也可满足食品工业如面包、饼干、西式点心、冰淇淋等制造业的常年需要。冰蛋品在产蛋淡季投入市场，以弥补鲜蛋供应不足。

1. 工艺流程

照蛋→洗蛋和消毒→打蛋和分蛋→过滤→消毒→装听→急冻→检验→冷藏

2. 工艺操作要点

（1）照蛋：用光照透视法。品质标准为蛋白呈橘红色，蛋黄无暗色，位于中央或摇动不大，黄白不相混合，胚胎无明显发育现象。孵化蛋、黑腐蛋、重度霉蛋、重度黑黏壳蛋等不能做原料。用石灰水、泡花碱浸泡过的鸡蛋，不能加工成优质产品。

（2）洗蛋和消毒：把蛋放入格子蛋箱中，放入清水池中轻轻洗涤 2~3min，取出沥干，再把盛蛋箱放入漂白粉溶液缸或池内消毒。漂白粉溶液配制的方法是将漂白粉与水以 2:100 的比例配成乳液，然后用 10 份乳液加 90 份清水配成溶液。消毒后，把蛋放入清水池中浸洗一下，沥干，即可打蛋。消毒时，为保持漂白粉溶液的有效含氯量，每隔 2h 应增添新漂白粉乳液。

（3）打蛋和分蛋：打蛋是把洗涤消毒好的鲜蛋打开取出内容物。分蛋是把蛋黄、蛋白分开。打蛋时将蛋的腰部在打蛋刀上轻轻打破蛋壳，两手分开蛋壳，使蛋液流入杯内，经视觉和嗅觉鉴别，好蛋倒入桶内，并将蛋壳放在吹风嘴上吹净蛋壳内的蛋白。分蛋时，打开的蛋放入分蛋器内，使蛋黄、蛋白分开，经过鉴别，好蛋倒入桶内。打到次劣蛋时，凡接触到次劣蛋液的工具均须更换下来，送至消毒室洗涤和消毒。打蛋人的手也应洗涤和消毒。

（4）过滤：全蛋液经搅拌器搅拌均匀后，用过滤器滤净蛋壳、蛋膜、系带等杂质。

（5）消毒：用巴氏消毒，64.5℃~65.5℃，保温 3min。

（6）装听（桶）：杀菌后蛋液冷却至 4℃ 以下即可装听。装听的目的是便于速冻与冷藏。按蛋液等级分别装入事先消毒好的马口铁听或食品塑料袋内。出口多用马口铁听，分 10kg 和 20kg 装两种规格。内销多用食品塑料袋，分 0.5kg、1kg、2kg 等几种规格。

（7）急冻：蛋液装听后，送入急冻间，并顺次排列在氨气排管上进行急冻。放置时听与听之间要留有一定的间隙，以利于冷气流通。冷冻间温度应保持在 -20℃ 以下。听内中心温度应降到 -15℃ 左右时，方可移入 -15℃ 冷库贮存。

（8）检验：品质检验的方法有感官检验、理化检验和细菌检验三种。感官检验是凭眼看、鼻嗅，主要检验冰蛋的性状、色泽、气味和杂质。理化和细菌检验是在实验室里进行，主要测定冰蛋中的水分、脂肪、游离脂肪酸、汞离子以及肠道致病菌等的含量。

3. 冰蛋品的质量指标

（1）状态和色泽：各种冰蛋品均要求冻结坚实均匀。其色泽取决于蛋液固有成分。正常冰全鸡蛋应为淡黄色，冰鸡蛋的蛋黄应为黄色，冰鸡蛋的蛋白应为微黄色。另外，冰蛋品色泽与加工过程有关，如果打分蛋时，蛋黄液混有蛋白液，则冰蛋黄的色泽浅，因此观察色泽可以评定冰蛋品的质量是否正常。

（2）气味：正常冰蛋品不应有异味，异味是由于原料蛋异常或加工贮藏环境不良造成的。使用霉蛋加工的冰蛋品带有霉味，冰蛋黄中的酸味则是脂肪酸败造成的。

（3）杂质：正常冰蛋品不应有杂质，杂质是由于加工时过滤不好，卫生条件差造成的。

（4）含水量：冰蛋品含水量取决于原料蛋，由于原料蛋的含水量受许多因素影响，因此生产出的冰蛋品含水量往往不同。在我国，冰蛋品含水量有最高规定值，如冰全鸡蛋不超过76%，冰鸡蛋白不超过88.5%，冰鸡蛋黄不超过55%。

（5）冰蛋的含油量：含油量又称脂肪含量，取决于原料蛋，它受很多因素影响，因此在标准中只规定最低含量，具体规定见国家标准。

（6）游离脂肪酸含量：冰蛋品中游离脂肪酸含量的高低，可以反映冰全蛋和冰蛋黄的新鲜程度。贮藏条件差、时间长的、含蛋黄的冰蛋品，脂肪会发生分解产生游离脂肪酸，进一步导致酸败。

（7）细菌指标：细菌指标又称微生物指标。由于冰蛋品富含营养成分，在加工过程中如果卫生条件不合格或没有达到标准，细菌就会在冰蛋解冻后大量繁殖，引起产品腐败，甚至污染致病菌，给消费者带来危害。因此，国家对微生物种类及数量有规定，具体见国家标准。

模块九 干蛋制品

干蛋制品是指鲜蛋去壳后得蛋液经过干燥而成的蛋制品，可分为干蛋粉和干蛋片两种。干蛋粉又分为全蛋粉、蛋黄粉、蛋白粉，干蛋片又分为全蛋片、干蛋白片、蛋黄片。我国生产的主要产品是干蛋白片、全蛋粉及蛋黄粉。主要用途是作食品工业原料，蛋白片在纺织、皮革、制药、化工、造纸等工业方面应用也很广泛。干蛋制品的特点是重量轻，质量稳定，便于运输和保管，不需冷藏。

一、干蛋白片加工

干蛋白片又称蛋白片或干蛋白，是指鲜鸡蛋的蛋白液经发酵、干燥等加工处理制成的薄片状制品。

1. 工艺流程

蛋白液搅拌过滤→发酵→中和→烘制→晾干→拣选和焙藏→包装及贮存

2. 工艺操作要点

（1）蛋白液的搅拌过滤：蛋白液在发酵前必须进行搅拌过滤，使浓、稀蛋白均匀混合，有利于发酵，缩短发酵时间。搅拌过滤还可除去碎蛋壳、蛋壳膜等杂质，使成品更加纯净。

搅拌过滤的方法:蛋白液在搅拌器内以 30 r/min 的速度进行搅拌。若搅拌速度过快,易产生泡沫,影响出品率;另外,要严格控制搅拌时间,春、冬季蛋质好,浓厚蛋白多,需搅 8~10min。夏、秋季节稀薄蛋白多,搅 3~5min 即可。搅拌后的蛋白液可用铜丝筛过滤,未经搅拌的稀薄蛋白液也需过滤,筛孔的选择依蛋质而定,春、冬季用 12~16 孔,夏、秋用 8~10 孔的筛过滤。

(2)蛋白液的发酵:由于发酵细菌和蛋白中各种酶的作用,使蛋白液中有关成分(如糖)分解,蛋白液发生自溶作用,使浓厚蛋白与稀薄蛋白均变成水样状态的过程,称为蛋白液发酵或蛋白发酵。蛋白发酵是干蛋白片加工的关键工序。其主要目的是通过细菌、酵母菌及酶制剂等的作用,使蛋白液中的糖分分解,减少成品在贮藏期间的赤变或褐变现象;其次,使蛋白液的黏度降低,蛋白变成水样状态便于蛋白液澄清,提高成品的光泽度和透明度;另外在发酵过程中,部分高分子有机物质被分解为低分子物质,增加了成品的水溶物含量。

蛋白液发酵的方法有自然发酵、细菌发酵(人工纯培养的细菌进行的发酵)、酵母发酵、酶制剂处理蛋白液等。

我国主要采用的是自然发酵法。具体方法为:将搅拌过筛后的蛋白液,倒入经过杀菌处理的木桶或缸中,倒入量不能超过容积的 3/4,随即加盖纱布。发酵温度一般控制在 26℃~30℃,湿度控制在 80% 左右。发酵成熟时间因季节不同而已,在当年 12 月到次年 3 月,一般需要 120~125h,4~5 月和 9~11 月期间,约需 55h;而 6~8 月,约需 30h。

发酵蛋白液经过测定成熟后即可转入过滤与中和工序。蛋白液发酵的好坏,直接影响成品的质量。一般根据泡沫、澄清度、pH、滋味等进行综合鉴定。

① 泡沫:当蛋白液开始发酵时,会产生大量泡沫于蛋白液面,当蛋白液成熟时,泡沫不再上升,反而开始下塌,表面裂开,裂开处有一层白色小泡沫出现。

② 澄清度:用试管取约 30mL 蛋白液密封,将试管反复倒置,经 5~6s 后观察,若无气泡上升,蛋白液呈澄清的半透明淡黄色,则表明已发酵成熟。

③ 滋味:取少量蛋白液,以拇指和食指沾蛋白液对捏,如无黏滑性,有轻微的甘蔗汁气味和酸甜味,无生蛋白味即为成熟的标志。

④ pH:一般蛋白液 pH 达 5.2~5.4 时即为发酵充分。

(3)蛋白液的过滤与中和:过滤是出去发酵液中的杂质,中和是中和发酵成熟蛋白液的酸性,改善产品质量,提高成品的外观和透明度。用纯净氨水进行中和,使发酵后的蛋白液呈中性或微碱性(pH 为 7.0~8.4)。先除去蛋白液表面的泡沫,然后加氨水,并进行适度搅拌,但速度不宜过快,以防产生大量泡沫。氨水的添加量与蛋白液的酸度和所需要的 pH 有关。

（4）烘干：中和后的蛋白液要进行烘干。烘干又称烘制，是在不使蛋白液凝固的前提下，利用适宜的温度使蛋白液内的水分逐渐蒸发，将蛋白液烘干成透明的薄晶片。

我国对蛋白片的烘干多采用热流水浇盘烘干法，水温控制在54℃～56℃，经过3～4次揭片。在正常的情况下，浇浆后11～13h，蛋白液表面开始逐渐凝结成一层薄片，再经过1～2h，薄片加厚约为1mm时，即可揭第一张蛋白片。第一次揭片后经45～60min，即可进行第二次揭片；再经20～40min，进行第三次揭片。一般可揭2次大片，余下为不完整的碎片。当成片状的蛋白片揭完后，将盘内剩下的蛋白液继续干燥后，取出放于镀锌铁盘内，送往晾白车间进行晾干，再用竹刮板刮去盘内和烘架上的碎屑，送往成品车间。

（5）晾白：又称晾干，烘干揭出的蛋白片仍含有24%的水分，因此须晾干。晾白室温度控制在40℃～50℃。然后将大张蛋白片湿面向外干面朝内，搭成"人"字形，或湿面向上，平铺在布棚上进行晾干。4～5h后含水量大约为15%，可取下放于盘内送至拣选车间。筛上面的碎片放于布棚上晾干，筛下粉末，可送包装车间。

（6）拣选与焐藏：晾白后的蛋白，送入拣选室接不同规格、不同质量分开处理。

① 拣大片：首先将大片蛋白裂成直径20mm左右大小的小片，送至焐藏。同时将厚片、潮块、含浆块、无光片等分别拣出，再返回晾白车间继续晾干，再次拣选。优质小片送入贮藏车间进行贮藏。

② 拣大屑：清盘所得的碎片用孔径2mm的竹筛，筛下碎屑与筛上晶粒分开存放。

③ 拣碎屑：烘干和清盘时的碎屑用孔径1mm的铜筛筛去粉末，拣出杂质，分别存放。

④ 次品处理：将所拣出的杂质、粉末等用水溶解、过滤，再次烘干成片，作次品处理。

⑤ 焐藏：焐藏是将不同规格的产品分别放在不锈钢箱内，上面盖上白布，再将箱置于水架上48～72h，使成品水分蒸发或吸收，以达水分平衡、均匀一致的过程，称为焐藏。焐藏的时间与温度和湿度有密切关系，因此要随时抽样检查达标后即可进行包装。

（7）包装及贮藏：包装材料要进行消毒，将消毒后的马口铁箱称重，铺好衬纸，放入木箱内，将蛋白片及碎屑按比例（蛋白片85%、晶粒1.0%～1.5%、碎屑13.5%～14%）搭配，称重50kg，轻轻混合后装入箱内，摇实，盖上衬纸和箱盖，即可封焊。之后，再盖上木盖，用钉固定，外表必须平整完好。箱外刷上商标、品名、规格、净重、工厂代号、批号、生产日期等标志。包装好的蛋白片即可放入仓库里贮藏，储藏蛋白片的仓库应清洁、干燥、无异味、通风良好，库温应经常控制在24℃以下，切勿与有异味的物品堆放在一起。

二、干蛋粉加工

干蛋粉即在高温短时间内，使蛋液中的大部分水分脱去，制成含水量为4.5%左右的粉状制品。干蛋粉的加工可分为全蛋粉、蛋黄粉和蛋白粉。目前常用的脱水方法有离心式喷雾干燥法和喷射式喷雾干燥法两种，我国目前生产的蛋粉以后者为主。

（一）蛋粉加工方法

1. 蛋液搅拌过滤

其目的是滤净蛋液中所含的碎蛋壳、蛋黄膜、系带等物质，并使蛋液搅拌均匀。

2. 巴氏消毒

蛋液经过64℃~65℃、3min消毒，以使杂菌和大肠杆菌基本被杀死。消毒后立即贮存于贮蛋液槽内，并迅速进行喷雾。如蛋黄液黏度大，可添加少量无菌水，充分搅拌均匀，再进行巴氏消毒。

3. 喷雾干燥

将蛋液通过压力从喷雾器喷嘴喷成高度分散的雾点状微粒。由于干燥室的热空气作用，使蛋液中的水分迅速蒸发脱水而变成粉末状的蛋粉。水蒸气可被热风从排风口带走。

全部干燥处理过程仅需15~30min。常用设备有加热装置、干燥室、旋风脱粉器和喷雾装置。在喷雾干燥前，所有使用工具、设备，必须严格消毒，由加热装置提供的热风温度以80℃左右为宜。温度过高，使蛋粉有焦味，溶解度受到影响；温度过低，蛋液脱水不尽，会使含水量过高。用蛋黄液制成的蛋黄粉，一般要求其含水量不超过4.5%。

4. 筛粉和包装

筛粉主要筛除蛋粉中的杂质和粗大颗粒，使成品呈均匀一致的粉状，目前主要用筛粉机进行。

筛过的蛋粉通常在无菌条件下用长方形的马口铁箱包装。包装操作必须做到无菌。具体操作要求：检查合格的铁箱，内外擦净，经85℃以上干热消毒6h，或用75%的酒精消毒。衬纸（硫酸纸）需经蒸气消毒，30min或浸入75%的酒精内消毒5min，晾干备用。室内所用工具用蒸气消毒30min。室内空气用紫外线灯照射或乳酸熏蒸。在铁箱内铺上衬纸，装满压平后，盖上衬纸，加盖即可封焊。再外用木箱包装，印上商标、品名、日期和重量等。

（二）蛋粉质量标准

1. 感观指标

粉末状，淡黄色，气味正常，无杂质，溶解度良好。

2. 理化指标

（1）水分：全蛋粉≤4.5%；蛋黄粉≤4.0%。

（2）脂肪：全蛋粉≥43%；蛋黄粉≥60%。

（3）游离脂肪酸：全蛋粉≤5.6%；蛋黄粉≤4.5%。

3. 细菌指标

（1）细菌总数：全蛋粉和蛋内粉均每克不超过10 000个。

(2) 大肠菌群：全蛋粉和蛋黄粉均每 100 g 不超过 110 个。

（三）干蛋粉的贮藏

贮存前库内应预先进行清洁消毒，贮藏蛋粉的仓库不得同时存放其他有异味的产品。库内应保持阴凉干燥，温度不宜超过 24℃，最好在 0℃ 的冷风库中贮存。蛋粉中含有维生素 A，尤其在蛋黄中含量更多，维生素在空气中易氧化、日光照射易被破坏。因此，蛋粉应贮藏在暗处，否则维生素被破坏、蛋粉颜色变浅，使成品质量受到影响。同时，必须注意贮藏蛋粉的仓库，应严格控制其相对湿度，一般相对湿度不超过 70%，湿度大蛋粉易吸潮，贮藏期会大大缩短。

贮存蛋粉的垛下应加垫枕木，木箱之间、箱与墙壁之间均应留有一定的距离，垛与垛之间应留有通风道，使空气流通良好。

模块十　其他蛋品加工

一、五香茶叶蛋加工

五香茶叶蛋是鲜蛋经高温杀菌，并使蛋白凝固后，利用辅料防腐调味和增色加工而成的蛋制品，具有独特的色香味。通常用鸡蛋制作，也可使用鸭蛋制作。

1. 配方

五香茶叶蛋所用配料见表 1-7。

表 1-7　五香茶叶蛋加工配料表

禽蛋/枚	茶叶/g	精盐/g	八角/g	桂皮/g	酱油/g	水/g
100	100	150	25	25	400	5 000

实际制作中辅料用量视各地口味要求而定。

2. 原料选择要求

蛋要求新鲜，蛋壳完好，损壳蛋、大气室蛋不耐洗，且在煮沸时容易破裂，不宜采用。茶叶要选择新鲜、无霉变的红茶或绿茶；其他辅料要符合一定的质量要求。

3. 加工制法

将新鲜蛋洗净放入锅内，同时加入配料与水，大火煮开后，捞出蛋在冷水中浸数分钟，以利于剥壳。然后轻轻敲碎蛋壳，再放入原锅中用小火慢慢煮，直至入味为止。

二、卤蛋加工

卤蛋由于各种卤料不同而有各种名称。用五香卤料加工的蛋，叫五香卤蛋；用桂花卤料加工的蛋，叫桂花卤蛋；用鸡肉汁加工的蛋，叫鸡肉卤蛋；用猪肉汁加工的蛋，叫猪肉卤蛋；用卤蛋再进行熏烤出的蛋，叫熏卤蛋。卤蛋从中间切开，色、香、味深入其中。下面以五香卤蛋加工的新工艺为例介绍其加工工艺。

1. 配方(加工 100 枚鸡蛋)

配方 1：白糖、酱油各 1kg，茴香、桂皮各 75g，丁香、甘草、葱各 25g，食盐 120g，绍酒 750g，味精适量。

配方 2：酱油 2kg，白糖 1.5kg，甘草 300g，食盐 150g，茴香、桂皮各 100g，丁香 50g，水 10kg，味精适量。

配方 3：酱油 2.5kg，白糖、茴香、桂皮各 800g，食盐、丁香各 200g，黄酒、甘草各 500g，水 10kg，味精适量。

2. 加工方法

(1) 挑选洗涤：逐个选择品质新鲜、壳完整的鸡蛋，将鸡蛋放入水中洗涤干净。

(2) 预煮：将洗净后的蛋，放入夹层锅内，加水，用文火煮沸后，保持微沸 10min 左右，待蛋白凝固后，捞出浸入冷水中冷却，使蛋壳与蛋白分离。然后捞出蛋，剥去蛋壳，要连同蛋壳膜一起剥去。煮蛋时水温上升不要太快，以防鸡蛋煮爆，影响产品感官。

(3) 卤汁调制：先将各种香辛料装入纱布袋中，扎紧袋口。将纱布袋投入加有 15kg 水夹层锅内，保持气压 0.15MPa。汤煮沸后撇去泡沫，保持微沸 5min，待汤液呈酱红色，透出香味后即可。

(4) 卤制及腌制：在沸腾的汤料中加入定量的食盐、味精、白糖、酱油及去壳鸡蛋进行卤制。用文火加热卤制 1h 左右，使卤汁香味渗入蛋内，然后将鸡蛋连同汤汁一起倒入干净的容器，推入预冷间晾凉后，放入腌制间以 4℃～10℃腌制 24h。

(5) 干燥：将腌制后的鸡蛋捞出，放在干燥筛子上，经烟熏炉干燥 2h。干燥时温度保持 65℃，湿度保持 40%。干燥期间及时调换筛子的位置，以使鸡蛋干燥均匀。

(6) 真空包装：每袋装一层蛋，要求热封平整、无皱褶、无破袋漏气现象。

(7) 微波杀菌：8 级火力，时间 1min 即可。

按此工艺生产的五香卤蛋色泽金黄，咸淡适宜，芳香浓郁，回味无穷，耐咀嚼，口感好。常温下可贮藏 60 天左右。

 单元小结

一、蛋的构造

壳外膜、蛋壳、蛋壳膜、蛋白、蛋黄。

二、蛋的化学组成与特性

1. 蛋的化学组成：蛋壳(碳酸钙为主)、蛋白、蛋黄。

2. 蛋的理化性质：密度、黏度、表面张力、渗透性、冰点和热凝固点、耐压度。

3. 蛋的功能特性：乳化性、起泡性、凝固性。

4. 蛋的贮运特性：孵育性、冻裂性、潮变质、吸味性、易碎性、易腐性。

5. 蛋的质量标准和品质鉴定：蛋的一般质量标准（蛋形指数、蛋重、蛋壳质量标准）、蛋的内部质量标准（气室高度、蛋白指数和蛋黄指数、哈夫单位、血斑率和肉斑率、蛋黄色泽、蛋内容物气味和滋味）。

三、蛋的品质鉴定

感官鉴别、光照鉴别、密度鉴别、其他鉴别方法。

四、蛋的分级标准

内销鲜蛋与出口鲜蛋的分级标准。

五、蛋的贮藏与保鲜

1. 鲜蛋在贮藏过程中的变化：水分减少、密度变小、气室增大、pH升高、含氮量增加、微生物增多。

2. 蛋保鲜的原理与条件：闭塞气孔阻止微生物的侵入和延缓蛋内生化反应的进行；降低温度来抑制微生物的生长。

3. 蛋贮藏保鲜的方法有：冷藏法、涂膜贮藏法、水玻璃贮藏法、二氧化碳贮藏法、石灰水浸泡法。

六、皮蛋加工

1. 加工原理：蛋白与蛋黄的凝固、皮蛋的呈色、皮蛋的风味形成。

2. 加工原料及作用：生石灰、纯碱、食盐、红茶、氯化锌（氧化铅）、黄泥、砻糠、烧碱、水等。

3. 加工工艺：溏心皮蛋加工工艺与操作要点、硬心皮蛋加工工艺与操作要点。

七、咸蛋加工

咸蛋加工的原料及加工原理、咸蛋的加工方法（盐泥、盐水、草灰）、其他腌制咸蛋方法（白酒、辣椒酱、五香）。

八、糟蛋加工

糟蛋加工的原料及加工原理、糟蛋的加工方法。

九、湿蛋制品

蛋液制品与冰蛋品的加工方法、质量标准与贮藏。

十、干蛋制品

干蛋白片加工、干蛋粉加工。

十一、其他蛋品加工

五香茶叶蛋与卤蛋的加工配方及加工方法。

单元综合练习

一、名词解释

1. 蛋白指数　　　　2. 蛋黄指数　　　　3. 蛋形指数
4. 气室高度　　　　5. 干蛋品　　　　　6. 湿蛋品

二、判断题

1. 贮运中，蛋以横放为佳。（　　）
2. 蛋的气室高度值越大说明蛋越新鲜。（　　）
3. 松花蛋里的松花多说明质量较好。（　　）
4. 蛋气室的大小用体积来衡量。（　　）
5. 随着二氧化碳的逸出，蛋的pH逐渐降低。（　　）
6. 使鲜蛋形成皮蛋的关键成分是碳酸钠。（　　）
7. 蛋气室的大小以其直径来衡量。（　　）

三、选择题

1. 优质皮蛋不应出现（　　）
 A. 松花　　B. 小溏心　　C. 蛋黄呈墨绿色　　D. 蛋白呈透明黄色
2. 蛋黄的外部包有一层很薄的角蛋白质膜称为（　　）
 A. 蛋膜　　B. 蛋霜　　C. 蛋黄膜　　D. 壳下膜
3. 蛋壳的主要成分为（　　）
 A. 碳酸钙　　B. 碳酸镁　　C. 磷酸钙　　D. 磷酸镁
4. 下列材料不能用于蛋的涂布保鲜的是（　　）
 A. 石蜡　　B. 淀粉　　C. 树脂　　D. 合成树脂
5. 下列指标不能用于鉴别蛋的新鲜程度的是（　　）
 A. 蛋的比重　B. 蛋重　　C. 蛋形指数　　D. 气室高度
6. 以下蛋的化学组成中脂肪含量最高的是（　　）
 A. 蛋壳　　B. 蛋白　　C. 蛋黄　　D. 黏稠蛋白

四、填空题

1. 咸蛋的加工方法有_____、_____、_____。
2. 正常鸡蛋的形状为_____，还有_____和_____形。
3. 鲜蛋贮存中，pH的变化表现为逐渐_____；重量逐渐_____；鸡蛋的比重逐渐_____；水分逐渐_____。

4. 皮蛋加工的辅助原料主要有_____、_____、_____、_____、_____和_____等。
5. 鲜蛋贮藏的方法主要有_____、_____、_____和_____。
6. 蛋的品质鉴定方法有_____、_____、_____。
7. 新鲜蛋的密度为_____；当密度小于_____时说明蛋以变质。
8. 理想的蛋形指数为_____；涂膜剂常用_____和_____。

五、简答题

1. 如何鉴别鲜蛋的品质？
2. 蛋在贮藏过程中有哪些变化特点？常见鲜蛋的贮藏方法有哪些？
3. 如何选择皮蛋加工的辅料？
4. 简述溏心皮蛋加工的工艺。
5. 详述草灰咸蛋的加工方法。
6. 详述平湖糟蛋的加工方法。
7. 简述冰蛋品和干蛋品的加工方法。
8. 如何加工卤蛋和茶叶蛋？

单元二 乳与乳制品加工

 单元概述

本单元共分十二个模块,分别为牛乳的化学组成及性质、牛乳的物理性质、牛乳中的微生物、异常乳、原料乳的质量管理、消毒乳加工、发酵乳制品加工、乳粉加工、干酪加工、奶油加工、炼乳加工、冰淇淋的加工。简要介绍了乳的化学成分与物理性质,对于乳的质量管理以及各种乳制品的加工工艺作了详细描述。通过本单元学习,要求学生掌握以下目标:

❋ **知识目标**
1. 掌握乳与乳制品的相关概念
2. 了解乳的化学成分和特性
3. 掌握乳的物理性质
4. 理解乳中微生物的种类、来源和作用
5. 掌握异常乳的概念和分类

❋ **技能目标**
1. 会进行原料乳的质量验收
2. 能鉴别掺假乳
3. 掌握消毒乳、发酵乳、乳粉、炼乳、奶油、干酪、冰淇淋等乳制品的制作工艺

模块一 牛乳的化学组成及性质

一、乳的概念

乳是哺乳动物分娩后,由乳腺分泌的一种白色或微带黄色的具有生理与胶体特性的

液体。由于泌乳期的不同,常将乳分为初乳、常乳和末乳三类,饮用和用于加工乳制品的乳主要是常乳。

二、乳的化学成分及其性质

1. 乳的化学成分

乳的化学成分很复杂,但主要的成分是水分、脂肪、蛋白质、乳糖、无机盐、维生素和酶等。牛乳的化学成分如表2-1所示。

表2-1　牛乳主要化学成分及含量

成分	水分	总乳固体	脂肪	蛋白质	乳糖	无机盐
变化范围/%	85.5~89.5	10.5~14.5	2.5~6.0	2.9~5.0	3.6~5.5	0.6~0.9
平均值/%	87.5	13.0	4.0	3.4	4.8	0.8

正常牛乳各种成分的组成大体上是稳定的,但也受乳牛的品种、个体、地区、泌乳期、畜龄、挤乳方法、饲料、季节、环境、温度及健康状况等因素的影响而有差异,其中变化最大的是脂肪,其次是蛋白质,乳糖和灰分则比较稳定。

2. 乳化学成分的性质

(1)水分:水分是乳的主要组成部分,牛乳中占85.5%~89.5%,水中溶有有机质、无机盐和气体等。水分可分为三种状态:游离水、结合水和结晶水。绝大部分水分是游离水,是乳的分散剂,很多生化过程与游离水有关;其次是结合水,它与蛋白质结合存在,无溶解其他物质的特性,冰点以下也不结冰;此外还有极少量与乳糖晶体一起存在的结晶水。

(2)乳脂类:乳脂类在乳中占2.5%~6.0%,其中乳脂肪占97%~99%,磷脂占1.0%,还有少量游离脂肪酸及甾醇等物质。

乳脂肪不溶于水,以脂肪球状态分散于乳浆中,形成乳浊液。脂肪球呈圆形或略带椭圆形,球面有一层脂肪球膜,具有保持乳浊液稳定的作用,使脂肪球稳定地分散于乳浆中,互不粘连结合。脂肪球膜由蛋白质、磷脂、高熔点甘油三酯、甾醇、维生素、金属、酶类及结合水等复杂的化合物所构成,其中起主导作用的是卵磷脂——蛋白质络合物。这些物质有层次地定向排列在脂肪球与乳浆的界面上。膜的内侧有磷脂层,它的疏水基朝向脂肪球中心,并吸附着高熔点甘油三酯,形成膜的最内层,磷脂间还夹杂着甾醇与维生素A。磷脂的亲水基向外朝向乳浆,并联接着具有强大亲水基的蛋白质,构成了膜的外层,表面具有大量结合水,从而形成了由脂相到水相的过渡。

脂肪球膜结构模式见图2-1。

这种脂肪球膜只有在强酸、强碱或机械搅拌撞击下才被破坏,脂肪球才能结合。乳脂肪中含有较多的挥发性脂肪酸,在室温下呈液态,易挥发,因此,乳脂肪具有特殊的香味和柔软的质体,易于消化吸收,但易受光、热、氧、金属的作用,使脂肪氧化而具有脂肪氧化味。乳中的酪酸在解脂酶的作用下易产生带有刺激性的脂肪分解味。另外,磷脂类的卵磷脂在空气中能分解形成胆碱,继而分解为具有鱼腥味的三甲胺。乳中脂肪含量受牛的品种、季节、饲料等因素影响而变动,乳脂肪与乳的风味有关。

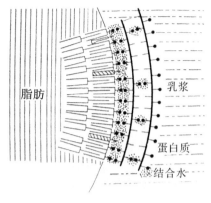

图 2-1 脂肪球膜结构模式图

(3) 乳蛋白质:牛乳中蛋白质占 2.9%~5.0%,其中 83% 属酪蛋白质,乳清蛋白仅占 16% 左右,另外,还有少量的脂肪球膜蛋白质。

酪蛋白属于结合蛋白质,与钙、磷结合形成酪蛋白胶粒,以胶体悬浮液的状态存在于牛乳中。一般认为其结合方式是一部分钙和酪蛋白结合形成酪蛋白酸钙,再与胶体状的磷酸钙形成酪蛋白酸钙-磷酸钙复合体胶粒,其形状大体上是球形。

酪蛋白在弱酸或皱胃酶作用下产生凝固。当乳加酸调节 pH 时,酪蛋白胶粒中的钙与磷酸盐会逐渐游离出来,到 pH 达到 4.6(酪蛋白的等电点)时,酪蛋白就形成沉淀。另外由于微生物的作用,使乳中的乳糖分解为乳酸,当乳酸量足以使 pH 达到酪蛋白的等电点时,同样可以发生酪蛋白的酸沉淀,这就是牛乳的自然酸败现象。

乳除去酪蛋白后剩下的液体称为乳清,乳清中存在的蛋白称乳清蛋白,乳清蛋白分为两类。一类是对热不稳定的乳清蛋白,主要有 α-乳白蛋白、血清白蛋白、β-乳球蛋白及免疫性球蛋白,这类蛋白的特点是,当乳清的 pH 为 4.6~4.7 时,煮沸 20min 则产生沉淀。另一类属于对热稳定的乳清蛋白,主要是胨、脉。乳清蛋白不含磷,并溶于水中,乳清蛋白对婴儿营养有重要作用。

(4) 乳糖类:牛乳中糖类约占 4.8%,其中 99.8% 以上是乳糖,此外,还有极少量的葡萄糖、果糖、半乳糖等。乳糖的甜味比蔗糖弱,其甜度约为蔗糖的 1/6。牛乳中的乳糖有 α-乳糖及 β-乳糖。由于 α-乳糖只要稍有水分存在就会与一分子结晶水结合而变成 α-乳糖水合物,即普通乳糖,所以实际上共有三种类型的乳糖。乳糖易被落入乳中的乳酸菌分解生成乳酸,使乳的酸度升高,严重时会使乳凝结,失去加工奶粉、炼乳等的价值。故鲜乳应及时处理。

(5) 无机盐类:牛乳中无机盐的含量为 0.6%~0.9%,主要有钾、钠、钙、镁、磷、硫、氯等,乳中的钾、钠大部分是氯化物、磷酸盐及柠檬盐呈可溶解状态存在,钙、镁除少部分呈可溶性存在外,大部分与酪蛋白、磷酸及柠檬酸结合呈胶体状态存在乳中(表2-2)。

表2-2 100mL牛奶中可溶性和胶体状无机盐含量

无机盐	总量/mg	可溶性/mg	胶体状/mg
钙	132.1	51.8	80.3
镁	10.8	7.9	2.9
磷	95.8	36.3	59.6
柠檬酸	156.6	141.6	15.0

牛乳中的盐类平衡,特别是钙、镁和磷酸、柠檬酸之间的平衡,对牛乳的稳定性很重要,如在较低的温度下牛乳产生凝固,就是因为钙、镁过剩,若向牛乳中添加磷酸钠盐或柠檬酸钠盐,即可达到稳定作用。牛乳中的微量元素在有机体的生理过程和营养上具有重要意义。牛乳中铁的含量比人乳少,在考虑婴儿营养时有必要给予强化。铜、铁(尤其是铜)有促进脂肪氧化的作用,污染时容易产生氧化臭味,在加工时应注意防止沾污。

(6)维生素:牛乳中的维生素种类很多,虽然含量极微,但在营养上有着重要意义。牛乳中的维生素可分为水溶性和脂溶性两类,各种维生素的含量见表2-3。

表2-3 100mL 牛奶中维生素的含量

种类	100mL 牛乳的含量	种类	100mL 牛乳的含量
维生素 A	118mg	尼克酸	90μg
维生素 D	2mg	泛酸	370μg
维生素 C	2mg	维生素 B_6	44μg
维生素 E	痕量	维生素 B_{12}	0.43μg
维生素 B_1	45mg	叶酸	0.2μg
维生素 B_2	160mg	胆碱	15mg

维生素的含量易受品种、个体、泌乳期、年龄、饲料、季节等因素影响而变化。牛乳在杀菌过程中除维生素 A、维生素 D、维生素 B_2 等外,其他维生素都不同程度地遭到破坏,一般损失10%~20%,灭菌处理往往损失可达50%以上。维生素 B_1 及维生素 C 在日光照射下会遭到破坏,故用褐色避光容器包装乳与乳制品,以避免日光直射而减少维生素的损失。

(7)酶类:牛乳中存在多种酶,对乳的质量影响极大,其来源有两个途径:一种由乳腺分泌,为乳中原有的酶;另一种是挤乳时落入乳中的微生物代谢所产生的酶。现将与乳品加工有关的酶分述如下:

① 磷酸酶:牛乳中的磷酸酶主要是碱性磷酸酶,也有少量酸性磷酸酶。碱性磷酸酶

在 62.8℃ 条件下经 30min 或 72℃、15s 加热钝化。可利用这种性质来检验低温巴氏杀菌处理的消毒牛乳杀菌是否充分。这项试验很有效,即使在消毒牛乳中混入 0.5% 的生乳也能被检验出来。

② 过氧化物酶:是最早在乳中发现的酶,它能使过氧化氢分解产生活泼的新生态氧,使多元酚、芳香胺及某些无机化合物氧化。过氧化物酶作用的最适温度是 25℃,最适的 pH 是 6.8。牛乳经 85℃、10s 加热杀菌,即可使过氧化物酶钝化失去活力。

过氧化物酶主要来自白细胞成分,是乳中原有的酶,与细菌无关,因此,可通过测定过氧化物酶的活性来判断杀菌是否合格。

③ 解酯酶:乳中解酯酶除少部分来自乳腺外,大部分来源于外界微生物,通过均质、搅拌、加热处理被激活,并被脂肪球所吸收,能使脂肪产生游离脂肪酸和酸败气味(焦臭味)。由于解酯酶对热的抵抗力较强,所以加工奶油时须在不低于 80℃~85℃ 的温度下进行杀菌。

(8) 乳中的其他成分:鲜乳除含上述各主要物质外,还有少量的有机酸、气体、色素、免疫体、细胞、风味成分及激素。

三、加工处理对乳化学性质的影响

1. 热处理的影响

预热、杀菌、灭菌、保温、浓缩及干燥等热处理是乳制品生产中的重要环节。牛乳是一种热敏性物质,热处理对牛乳性质的影响与控制乳品质量有密切关系。

(1) 形成薄膜:牛乳在 40℃ 以上加热时,液面会形成薄膜,这是由于液面水分不断蒸发,导致液面胶体蛋白浓缩而形成薄膜,这种薄膜的固体中含有 20% 以上的脂肪和 20%~25% 的蛋白质。薄膜随着加热时间的延长和温度的升高会逐渐加厚。为了防止薄膜的形成,在加热时应不断搅拌或减少水分从液面蒸发。

(2) 棕色化:乳长时间加热会变成棕黄色,称棕色化。一般认为产生棕色化的原因和下面因素有关:乳糖经高温加热产生焦糖形成棕色物质;具有氨基的化合物和具有羰基的糖之间反应而形成棕色物质;牛乳中所含微量尿素的加热反应产生褐变。棕色化反应的程度则随温度、酸度及糖的种类而异,温度和酸度愈高棕色化愈严重。例如,加工甜炼乳时,使用含转化糖高的绵白糖或混用葡萄糖时则产生严重的棕色化。为了抑制棕色反应,添加 0.01% 左右的游离胱氨酸具有一定效果。

(3) 蒸煮味:牛乳经 74℃、15min 加热后则开始产生明显的蒸煮味,这主要是由于 β-球蛋白和脂肪球膜蛋白的热变性而产生巯基(—SH),甚至产生挥发性的硫化物。蒸煮味随温度的增高而增强。

(4) 各种成分的变化:牛乳经热处理所发生的种种变化,与蛋白质的热变性有关。加热时酪蛋白比较稳定,乳清蛋白一般多不稳定,易发生热变性。

① 酪蛋白的变化:乳中酪蛋白在低于100℃的温度加热时,化学性质不受影响,但物理性质有明显的变化,如用皱胃酶凝固牛乳时,随着温度的升高凝固的时间延长,但凝块随之变得柔软,在100℃长时间加热或120℃加热则产生棕色化。140℃加热时则开始凝固。

② 乳清蛋白的变化:乳清蛋白对热会产生不稳定现象。如以61.7℃、30min 杀菌处理后,约有9%的白蛋白和5%的球蛋白产生凝固,而以80℃、60min,90℃、30min,100℃、10min 加热,可以使乳中白蛋白和球蛋白完全凝固。

③ 乳糖的变化:乳糖在低于100℃短时间加热,其化学性质基本没有变化。在100℃以上的长时间加热会产生乳酸、醋酸、蚁酸等,离子平衡发生显著变化,同时也产生棕色化。

④ 脂肪的变化:100℃以上的加热,脂肪也不起化学变化,但由于一些球蛋白上浮使脂肪形成凝聚体,稀奶油就不易分离。60℃、30min 加热并立即冷却就不会出现这种现象。

⑤ 无机成分的变化:牛乳加热时,无机成分中的钙与磷受影响最大。加热至63℃以上时,乳中可溶性的钙与磷即减少,这是由于可溶性的钙与磷形成不溶性的磷酸钙所致。

2. 冷冻对乳化学性质的影响

(1) 冷冻对蛋白质的影响:牛乳在冷冻保存时,如在 -5℃保存5周以上,或在 -10℃保存10周以上,解冻后,酪蛋白产生凝固沉淀,这种不稳定现象主要受牛乳中盐类的浓度(尤其是胶体钙)、乳糖的结晶、冷冻前牛乳的加热和解冻的速度所影响。

牛乳中酪蛋白胶体溶液的稳定性与钙的含量有密切关系,钙的含量越高而稳定性越差。为了提高牛乳冻结时酪蛋白的稳定性,可以添加六偏磷酸钠(每升浓缩乳中添加 2g)或四磷酸钠。冷冻保存期间,蛋白质的不稳定性也与乳糖的结晶有关,浓缩乳冻结时,乳糖结晶能促使蛋白质发生不稳定现象,添加蔗糖则可增加酪蛋白复合物的稳定性。这是由于黏度增大而影响冰点下降的结果,同时防止了乳糖结晶。

(2) 对乳脂肪的影响:冷冻能使乳脂肪球膜破裂而失去乳化力,形成大小不等的脂肪颗粒,浮于乳面。防止的办法最好是在冷冻前进行均质处理。

(3) 不良气味的出现和细菌的变化:冷冻后乳常常出现氧化味、金属味及鱼腥味。这主要是由于乳的处理过程中混入了铜离子,促进不饱和脂肪酸的氧化而产生不饱和的羰基化合物所致。产生这种情况时,可添加抗氧化物加以防止,冷冻保存乳时,细菌数变化不大。

模块二　牛乳的物理性质

牛乳的物理性质对于选择正确的工艺条件及鉴定乳的品质有重要的意义。

一、牛乳的色泽

新鲜正常的牛乳呈不透明的乳白色或稍带黄色。乳白色是乳的基本色调,这是乳中的酪蛋白酸钙、磷酸钙胶粒及脂肪球等微粒对光的不规则反射的结果。牛乳中的脂溶性胡萝卜素和叶黄素使乳略带淡黄色,而水溶性的核黄素使乳清呈荧光性黄绿色。

二、牛乳的气味与滋味

乳中含有挥发性脂肪酸及其他挥发性物质,所以牛乳带有特殊的香味。这种香味随着温度的不同而异。乳经加热后香味强烈,冷却后香味减弱。牛乳很容易吸收外界的气味,挤出的牛乳如在牛舍中放置时间太久会带有牛粪味或饲料味;与鱼虾类放在一起则带有鱼虾的腥味;贮存器不良则产生金属味;消毒温度过高则产生焦糖味。总之,乳的气味易受外界因素的影响,因此,每一个处理过程都必须注意周围环境的清洁以及各种因素的影响。

新鲜的牛乳稍带有甜味,这是由于乳中含有乳糖的缘故。乳中除甜味外,因其中含有氯离子,所以稍带咸味。常乳中的咸味因受乳糖、蛋白质、脂肪等所调和而不易觉察,但异常乳,如乳房炎乳时,氯的含量较高故有浓厚的咸味。

三、牛乳的冰点

牛乳的冰点一般为 -0.565℃ ~ -0.525℃,平均为 -0.55℃。牛乳中的乳糖和盐类是导致冰点下降的主要因素。正常的牛乳中乳糖和盐类的含量变化很小,所以冰点很稳定。如果在牛乳中掺10%的水,其冰点上升约0.054℃。可根据冰点变动,可用下列公式来推算掺水量:

$$X = \frac{T - T_1}{T} \times 100\%$$

式中:X 为掺水量(%);T 为正常乳的冰点(℃);T_1 为被检乳的冰点(℃)。

腐败的牛乳其冰点会降低,所以测定冰点要求牛乳的酸度在20°T以内。

四、牛乳的沸点

牛乳在1个大气压下(101.33kPa)沸点为100.55℃,乳的沸点受其固形物含量影响沸点。浓缩过程中沸点上升,浓缩至原体积一半时,沸点上升为101.05℃。

五、牛乳的比热

牛乳的比热为其所含各成分比热的总和。牛乳中主要成分的比热为:乳蛋白质

2.09kJ/(kg·K),乳脂肪2.09kJ/(kg·K),乳糖1.25kJ/(kg·K),盐类2.93kJ/(kg·K),由此计算得牛乳的比热为3.89kJ/(kg·K)。

牛乳的比热随其脂肪含量及温度的变化而异。在14℃~16℃,乳脂肪一部分或全部处于固态,加热的热能一部分要消耗在脂肪熔化的潜热上,所以在此温度范围内,其脂肪含量越多,使温度上升1℃所需用的热能就越多,比热也相应增大。在其他温度范围内,因脂肪本身的比热小,故脂肪含量越高,比热就约小。

六、牛乳的酸度和氢离子浓度

乳蛋白质中含有较多的酸性氨基酸和自由的羧基,而且受磷酸盐等酸性物质的影响,故乳是偏酸性的。

刚挤出的新鲜乳的酸度称为固有酸度或自然酸度。挤出后的乳在微生物的作用下发生乳酸发酵,导致乳的酸度逐渐升高。由于发酵产酸而升高的这部分酸度称为发酵酸度或发生酸度。故酸度和发酵酸度之和称为总酸度。一般情况下,乳品工业所测得的酸度就是总酸度。

乳品工业中所称的酸度,是指以标准碱液滴定法测定的滴定酸度。我国《乳、乳制品及其检验方法》就规定酸度试验以滴定酸度为标准。滴定酸度有多种测定方法和表达形式。我国滴定酸度用吉尔涅尔度(°T)或乳酸百分率(乳酸%)来表示。

1. 吉尔涅尔度

取10mL牛乳,用20mL蒸馏水稀释,加入0.5%的酚酞指示剂,以0.1mol/L氢氧化钠溶液滴定,将所消耗的氢氧化钠毫升数乘以10,即为中和100mL牛乳所需的氢氧化钠毫升数,消耗1mL为1°T,也称1度。

正常牛乳的酸度为16°T~18°T。这种酸度与贮存过程中因微生物繁殖所产生的乳酸无关。自然酸度主要由乳中的蛋白质、柠檬酸盐、磷酸盐及二氧化碳等酸性物质所构成。例如:新鲜牛乳的自然酸度为16°T~18°T,其中3°T~4°T来源于蛋白质,约2°T来源于二氧化碳,10°T~12°T来源于柠檬酸盐和磷酸盐。

2. 乳酸度(乳酸%)

用乳酸量表示酸度时,以乳酸百分率计,其公式为:

$$乳酸度 = \frac{0.1mol/L\ NaOH\ 毫升数 \times 0.009}{乳样毫升数 \times 密度(g/mL)} \times 100\%$$

正常牛乳酸度为0.15%~0.18%。乳酸度越高,对热的稳定性越差。

3. 酸度(pH)

上述是牛乳的滴定酸度,若从酸的定义出发,酸度可以氢离子浓度指数(pH)表示。pH为离子酸度或活性酸度。正常新鲜牛乳的pH为6.4~6.8,一般酸败乳或初乳的pH

在6.4以下,而乳房炎乳或低酸度乳在6.8以上。

七、牛乳的比重和相对密度

1. 乳的比重

乳的比重以15℃为标准,即在15℃时一定容积乳的重量与同容积同温度水的重量之比。正常乳的平均比重为1.032。

乳的比重与乳中所含的乳固体含量有关。乳中各种成分的含量大体是稳定的,其中乳脂肪含量变化最大。如果脂肪含量已知,只要测定比重,就可以按下列公式计算出乳固体的近似值:

$$T = 1.2F + 0.25L + C$$

式中:T 为乳固体含量(%);F 为脂肪含量(%);L 为牛乳的比重;C 为校正系数,约为0.14。

为使计算结果与各地乳质相适应,C 值需经大量试验数据确定。

2. 乳的相对密度

乳的相对密度指乳在20℃时的密度与同容积水在4℃时的密度之比。正常乳的相对密度平均为1.030。乳的相对密度在挤乳后1h内最低,其后逐渐上升,最后可大约升高0.001,这是由于气体的逸散、蛋白质的水合作用和脂肪的凝固使容积发生变化的结果。故不宜在挤乳后立即测试相对密度。

乳的比重和相对密度在同温度下其绝对值相差甚微,乳的密度较比重小0.001 9,乳品生产中常以0.002的差数进行换算。

八、牛乳的黏度和表面张力

牛乳大致可认为属于牛顿流体。20℃时水的绝对黏度是0.001 Pa·s。正常乳的黏度是0.001 5~0.002 Pa·s。牛乳的黏度随温度升高而降低。在乳的成分中,脂肪及蛋白质对黏度的影响最显著。在正常的牛乳成分范围内,非脂乳固体含量一定时,随着含脂率的增高,牛乳的黏度也增高。当含脂率一定时,随着乳固体的含量增高,黏度也增高。初乳、末乳的黏度都比正常乳高。在加工中,黏度受杀菌、均质、脱脂等操作的影响。

黏度在乳品加工上有重要意义。例如,在浓缩乳制品方面,黏度过高或过低都不是正常情况。就甜炼乳而论,黏度过低可能分离或糖沉淀,黏度过高则可能发生浓厚化。贮藏中的淡炼乳,如黏度过高则可能产生矿物质的沉淀或形成冻胶体(即网状结构)。此外,在生产奶粉时,如黏度过高可能妨碍喷雾,产生雾化不完全及水分蒸发不良等现象。

牛乳的表面张力与乳的起泡性、乳浊状态、微生物的生长发育、热处理、均质作用及风味等有密切关系。测定表面张力的目的是为了鉴别乳中是否混有其他添加物。

牛乳的表面张力在20℃时为0.04~0.06 N/cm^2。牛乳的表面张力随含脂率的减少而增大,随温度上升而降低。乳经均质处理,则脂肪球表面积增大,由于表面活性物质吸附于脂肪球界面处,从而增加了表面张力。但如果不将脂肪酶先经热处理而使其钝化,均质处理会使脂肪酶活性增加,使乳脂水解生成游离脂肪酸,使表面张力降低,而表面张力与乳的泡沫性有关。加工发泡稀奶油或冰淇淋时希望有浓厚而稳定的泡沫形成,但运送、净化、稀奶油分离、杀菌时则不希望形成泡沫。

模块三　牛乳中的微生物

一、牛乳中微生物的来源

牛乳中微生物的来源很多,除乳本身含有乳酸菌外,还有以下几个途径:

1. 来源于牛体本身的污染

乳头、乳房以及牛体上附着有许多微生物,在挤奶时很容易进入牛乳中。因此,要经常刷洗牛体,挤奶前用温水严格清洗乳房和腹部,用清洁的毛巾擦干,并将最初挤出的牛乳弃去。

2. 饲料、乳牛排泄物的污染

饲料和粪便中都不同程度地含有各种微生物,特别是牛粪中的微生物较多,应防止饲料和粪便掉入乳中。

3. 来源于空气的污染

挤乳、收乳、运输及加工过程中,鲜乳经常暴露在空气中,因此极易受到空气中微生物的污染。牛舍内的空气中含细菌比较多,尤其是在灰尘较大的空气中以带芽孢的杆菌和球菌属居多,霉菌的孢子也很多。现代化的挤乳站、机械化挤乳、管道封闭运输,可减少来自空气的污染。

4. 挤乳、盛乳用具的污染

挤乳所用的挤乳机、过滤器、洗乳房用布和奶桶等事先未进行清洗杀菌,则通过这些用具也会使鲜乳受到污染。

5. 其他污染来源

挤奶员没有严格执行操作规程、不讲究个人卫生、手和工作服不干净、异物(如苍蝇、昆虫等)混入乳中等都是污染的原因。还须注意勿使污水溅入桶内,并防止其他直接或间接的原因从桶口侵入微生物。

二、乳中微生物的种类

乳中常见的微生物有细菌、酵母和霉菌类三种,按其性质大体分为三类:第一类属于致病微生物,这类微生物一般不改变乳的性质,但对人畜健康有害;第二类是有害微生物,这类微生物可以引起乳腐败变质;第三类属于对乳及乳制品生产有益的微生物,可用来加工乳制品。

1. 致病微生物

致病微生物有溶血性链球菌、结核菌、乳房炎菌类、沙门杆菌类、痢疾杆菌等,凡污染这类菌的乳一般不能用于加工乳制品或直接饮用。

2. 有害微生物

有害微生物有丁酸菌类、产气菌类、产碱菌类、胨化菌类等,这类微生物能使乳凝固、产气、黏稠、变酸、变苦、腐败变质。

3. 有益微生物

有益微生物主要有乳酸菌类,属于这类的有乳链球菌、嗜热链球菌、乳酸链球菌、柠檬酸链球菌、干酪乳杆菌、保加利亚杆菌、嗜酸乳杆菌、嗜热乳酸杆菌等。它们共同的特点是能将乳糖分解成乳酸并产生酸使乳凝固。乳酸杆菌类较乳链球菌类耐酸性强,在凝固乳中仍能继续繁殖,一般多用来加工酸奶、酸性奶油及干酪。其次是酵母,主要有脆壁酵母、啤酒酵母,能使乳糖形成酒精和二氧化碳、酵母咪等。另外还有毕赤氏酵母属、假丝酵母菌等对乳多有害。还有少量的娄地青霉能使乳产生特有的风味。

三、牛乳在贮存过程中微生物的变化

1. 牛乳在室温贮存时微生物的变化

新鲜牛乳在杀菌前都有一定数量、不同种类的微生物存在,如果放置在室温10℃~21℃下,会因微生物在乳液中活动而逐渐使乳液变质。室温下微生物的生长过程可分为以下几个阶段:

(1)抑制期:新鲜乳液中均含有多种抗菌性物质,它对乳中存在的微生物具有杀菌或抑制作用。在含菌少的鲜乳中,其作用可持续36h(13℃~14℃),若在污染严重的乳液中,其作用可持续18h左右。在此期间,乳液含菌数不会增高,若温度升高,则抗菌性物质的杀菌或抑菌作用增强,但持续时间会缩短。因此,鲜乳放置在室温环境中,在一定时间内并不会出现变质现象。

(2)乳酸链球菌期:鲜乳中的抗菌物质减少或消失后,乳中的微生物即迅速繁殖,可明显看到细菌的繁殖占绝对优势,这些细菌主要是乳酸链球菌、乳酸杆菌、大肠杆菌和一些蛋白分解菌等,其中尤其以乳酸链球菌的生长繁殖特别旺盛。如有大肠杆菌增殖,将有产气现象出现。由于乳的酸度升高,其他腐败细菌的活动就受抑制。当酸度升高至一定限度时(pH 4.5),乳酸链球菌本身受到抑制不再继续繁殖,相反会逐渐减少,这时就有牛乳凝块出现。

(3)乳酸杆菌期:当乳酸链球菌在牛乳中繁殖,使牛乳的pH下降至6左右时,乳酸杆

菌的活动力逐渐增强。当继续下降至4.5以下时,由于乳酸杆菌耐酸力较强,尚能继续繁殖并产酸。在此阶段,乳液中可出现大量乳凝块,并有大量乳清析出。

(4) 真菌期:当pH达到3~3.5时,绝大多数微生物被抑制甚至死亡,仅酵母和霉菌尚能适应高酸性的环境,并能利用乳酸及其他一些有机酸。由于酸被利用,乳液的酸度会逐渐降低,使乳液的pH不断上升接近中性。

(5) 胨化菌期:经过上述几个阶段的微生物活动后,乳液中的乳糖大量被消耗,残余量已很少,在乳中仅是蛋白质和脂肪尚有较多的量存在。因此,适宜于分解蛋白质和脂肪的细菌在其中生长繁殖,这样,就产生了乳凝块被消化、乳液的pH逐步提高向碱性方向转化,并有腐败的臭味产生的现象。这时的腐败菌大部分属于芽孢杆菌属、假单胞菌属以及变形杆菌属。

2. 牛乳在冷藏中微生物的变化

若生鲜乳未经消毒即冷藏保存,一般适宜于室温下繁殖的微生物,在低温环境中就被抑制,而属于低温类的微生物却能增殖,但生长速度非常缓慢。低温中,牛乳中较为多见的细菌有假单胞菌属、产碱杆菌属、无色杆菌属、黄杆菌属和小球菌等。

冷藏乳的变质主要在于乳液中蛋白质、脂肪的分解。多数假单胞菌属中的细菌,均具有产生脂肪酶的特性,它们在低温时活性非常强并具有耐热性,即使在加热消毒后的乳液中,还有残留脂肪酶的活性存在。冷藏乳中经常可见到低温细菌促使乳液中的蛋白分解的现象,特别是产碱杆菌属和假单胞菌属的许多细菌,它们可使牛乳陈化。

四、乳的腐败变质

牛乳被微生物污染后若不及时处理,乳中的微生物就会大量繁殖,分解糖、蛋白质、脂肪等,产生酸性产物、色素、气体等有碍产品风味及卫生的小分子产物及毒素,从而导致乳品出现凝固、色泽异常、风味异常等腐败变质现象,降低了乳品的品质和卫生状况,严重时使其失去食用价值。因此,在乳品工业生产上要严格控制微生物污染和繁殖。乳品变质类型及相关微生物见表2-4。

表2-4 乳及乳制品的变质类型与相关微生物

乳品类型	变质类型	微生物种类
鲜乳与市售乳	变酸及酸凝固	乳杆菌属、乳球菌、大肠菌群、链球菌属、微球菌属、微杆菌属
	蛋白质分解	假单胞菌属、芽孢杆菌属、变形杆菌属、无色杆菌属、产碱杆菌属等
	脂肪分解	假单胞菌属、黄杆菌属、无色杆菌、芽孢杆菌属、微球菌属
	产气	大肠菌群、芽孢杆菌属、梭状芽孢杆菌、酵母菌、丙酸菌
	产碱	产碱杆菌属、荧光假单胞菌

续表

乳品类型	变质类型	微生物种类
	变臭	蛋白分解菌(腐败味)、脂肪分解菌(酸败味)、大肠菌群(粪臭味)、变形杆菌(鱼腥臭)
	变色	类蓝假单胞菌(灰蓝至棕色)、类黄假单胞菌、黄色杆菌(黄色)、荧光假单胞菌(棕色)、红酵母、玫瑰红微球菌、黏质沙雷氏菌(红色)
	变黏稠	黏乳产碱杆菌、肠杆菌、乳酸菌、微球菌等
酸乳	产酸缓慢、不凝乳	菌种退化,噬菌体污染、抑菌物质残留
	产气、异常味	大肠菌群、芽孢杆菌、酵母
奶油	表面腐败、酸败	腐败假单胞菌、荧光假单胞菌、梅实假单胞菌、沙雷氏菌、酸腐节卵孢霉
	变色	紫色色杆菌、玫瑰色微球菌、产黑假单胞菌
	发霉	枝孢霉菌、单孢枝霉菌、交链孢霉菌、曲霉菌、毛霉菌、根霉菌等
淡炼乳	凝块、苦味	枯草杆菌、凝结芽孢杆菌、蜡样芽孢杆菌
	膨听	厌氧性梭状芽孢杆菌
甜炼乳	膨听	炼乳球拟酵母、球拟贺酵母、丁酸梭菌、乳酸菌、葡萄球菌
	黏稠	芽孢杆菌、微球菌、葡萄球菌、链球菌、乳杆菌
	纽扣状物	葡萄曲霉菌、灰绿曲霉菌、烟煤色串孢霉菌、青霉菌等
干酪	膨胀	成熟初期膨胀:大肠菌群(粪臭味);成熟后期膨胀:酵母菌、丁酸梭菌
	表面变质	液化:酵母、霉菌、短杆菌、蛋白分解菌 软化:酵母、霉菌
	表面色斑	烟曲霉菌(黑斑)、干酪丝内孢霉菌(红点)、植物乳杆菌(铁锈斑)、扩展短杆菌(棕红色斑)
	霉变产毒	交链孢霉菌、枝孢霉菌、丛梗孢霉菌、曲霉菌、毛霉菌和青霉菌等
	苦味	成熟菌种过度分解蛋白质、酵母、液化链球菌、乳房链球菌

五、微生物在乳品工业中的应用

牛乳在微生物的作用下发生化学成分的变化,使乳糖发酵生成各种比较简单的产物。这些变化过程与乳品工业有着密切的关系。

1. 乳酸发酵

在乳酸发酵中,乳酸链球菌发育最适温度是20℃~30℃,发酵时乳的酸度达到120°T,乳酸杆菌在30℃~45℃时发育最好,发酵时形成大量乳酸,使乳的酸度升高,有时可达300T以上。乳酸发酵首先是乳糖在乳糖酶作用下,分解为单糖,然后在乳酸菌作用下生成乳酸。

乳酸发酵使乳的酸度升高而发生凝固。在乳品工业中利用这一特性生产酸牛乳、嗜酸菌乳、酸稀奶油、酸凝乳等乳制品。但当鲜乳用于生产奶粉、炼乳等原料乳时,应把挤出的鲜乳迅速冷却到10℃以下,最好是4℃~5℃,以防止乳酸发酵。

2. 酒精发酵

在酵母的作用下,乳中的乳糖产生酒精和二氧化碳,乳中的酒精发酵与乳酸发酵常常同时进行,用于制造牛乳酒和马乳酒。

3. 丙酸发酵(干酪)

一般情况下,丙酸发酵发生在乳酸发酵之后,在干酪的成熟中经常利用丙酸发酵,使干酪产生孔眼,并使其滋味良好和具有芳香味。

模块四 异常乳

一、异常乳的概念和种类

1. 异常乳的概念

当牛乳受到生理、病理、饲养管理以及其他各种因素的影响,乳的成分与性质发生变化,这时与常乳的性质有所不同,也不适于加工优质的产品,这种乳称为异常乳。

2. 异常乳的种类

异常乳可分为下列几种:

(1)生理异常乳:营养不良乳、初乳、末乳。

(2)化学异常乳:高酸度酒精阳性乳、低酸度酒精阳性乳、冷冻乳、低成分乳、混入异物乳、风味异常乳。

(3)微生物污染乳。

(4)病理异常乳:乳房炎乳,其他病乳。

二、异常乳产生的原因和性质

(一)生理异常乳

1. 营养不良乳

饲料不足、营养不良的乳牛所产的乳对皱胃酶几乎不凝固,所以这种乳不能制造干酪。当喂以充足的饲料加强营养之后,乳即可恢复正常,对皱胃酶即可凝固。

2. 初乳

初乳是产犊后一周之内所分泌的乳,特别是3天之内,初乳特征更为显著,乳呈黄褐色,有异臭、苦味、黏度大。脂肪、蛋白质特别是乳清蛋白质含量高,乳糖含量低,灰分高,特别是钠和氯含量高。维生素 A、维生素 D、维生素 E 含量较常乳多,水溶性维生素含量一般也较常乳高。例如,维生素 B_2 在初乳中有时较常乳中含量高 3~4 倍,尼克酸在初乳中含量也比常乳高。初乳中含铁量为常乳的 3~5 倍,含铜量约为常乳的 6 倍。初乳中还含有大量的抗体。由于初乳的成分与常乳显著不同,因而其物理性质也与常乳差别很大,故不适宜做乳制品生产用的原料乳。我国轻工业部部颁标准规定产犊后 7 天内的初乳不得用于制作乳制品。

3. 末乳

一个泌乳期结束前两周所分泌的乳称为末乳,又称老乳。乳牛泌乳 8 个月以后,泌乳量显著减少,1 天的泌乳量在 0.5kg 以下者,其乳的化学成分有显著异常。其化学成分除脂肪外,均较常乳高,有苦而微咸的味道,含脂酶多,常有油脂氧化味。

(二) 化学异常乳

1. 酒精阳性乳

乳品厂检验原料乳时,一般用 68% 或 70% 的中性酒精与等量牛乳混合,凡产生絮状凝块的乳称为酒精阳性乳。酒精阳性乳有以下几种:

① 高酸度酒精阳性乳:一般酸度在 24°T 以上时的乳经酒精试验均为酒精阳性,称为酒精阳性乳。其原因是鲜乳中微生物繁殖使酸度升高。因此,要注意挤乳时的卫生,并将挤出的鲜乳保存在适当的温度条件下,以免微生物污染繁殖。

② 低酸度酒精阳性乳:有的鲜乳虽然酸度较低,在 16°T 以下,但酒精试验也呈阳性,所以称作低酸度酒精阳性乳。

③ 冷冻乳:冬季受气候和运输的影响,鲜乳产生冻结现象,乳中一部分酪蛋白变性。同时,在处理时因温度和时间的影响,酸度相应升高,以致产生酒精阳性乳。但这种酒精阳性乳的耐热性要比因其他原因而产生的酒精阳性乳高。

2. 低成分乳

乳的主要营养成分明显低于常乳,主要受遗传和饲养管理所影响。有了优良的乳牛,再加上合理的饲养管理及清洁卫生的条件和合理的榨乳、收纳、贮存,则可以获得成分含量高和优质的原料乳。

3. 混入异物乳

混入异物乳指在乳中混入本来不存在的物质的乳。其中包括人为混入的异常乳和因预防、治疗、促进发育而使用抗生素和激素等进入乳中的异常乳。此外,还有因饲料和饮水等使农药残留进入乳中而造成的异常乳。乳中含抗生素时,不能用做加工的原料乳。

4. 风味异常乳

造成牛乳风味异常的因素很多,主要有:①从空气中吸收或通过机体转移而来的饲料臭;②由酶作用而产生的脂肪分解臭;③挤乳后从外界污染或吸收的牛体臭或金属臭等。风味异常乳主要包括日光味、蒸煮味、生理异常风味、脂肪分解味、氧化味、苦味、酸败味等。

（三）微生物污染乳

微生物污染乳也是异常乳的一种。由于挤乳前后的污染，不及时冷却和器具的洗涤杀菌不完全等原因，使鲜乳被大量微生物污染。鲜乳中的细菌数大幅度增加，以致不能用做加工乳制品的原料，而造成浪费和损失。

（四）病理异常乳

1. 乳房炎乳

由于细菌感染或者外伤，使乳腺发生炎症，这时乳房所分泌的乳，其成分和性质都发生变化，使乳中乳糖含量低，氯含量增加及球蛋白含量升高，酪蛋白含量下降，并且细胞（上皮细胞）数量多，以致无脂干物质含量较常乳少。造成乳房炎的原因主要是乳牛体表和牛舍环境不合乎卫生要求，挤奶方法不合理，挤乳器具清洗杀菌不彻底等，使乳房炎发病率升高。

2. 其他病牛乳

主要由患口蹄疫、布氏杆菌病等的乳牛所产的乳，乳的质量变化大致与乳房炎乳相似，另外，患酮体过剩、肝功能障碍、繁殖障碍等病的乳牛，易分泌酒精阳性乳。

模块五　原料乳的质量管理

在乳品工业上，将未经任何加工处理的生鲜乳称为原料乳。制造优质的乳制品，必须选用优质原料。乳是一种营养价值较高的食品，也非常适于各种微生物的繁殖。因此，为了获得优质的原料乳，保证乳品的质量，对原料乳的质量管理是非常重要的。

为了保证原料乳的质量，必须准确地掌握原料乳的质量标准、验收及处理方法。

一、原料乳的质量标准

我国规定生鲜牛乳收购的质量标准（GB 6914—1986）包括感官指标、理化指标及微生物指标。

（一）感官指标

正常牛乳为乳白色或微带黄色，不得含肉眼可见的异物，不得有红色、绿色或其他异色。不能有苦味、咸味、涩味和饲料味、青贮味、霉味等其他异常气味。

（二）理化指标

只有合格指标，不再分级。我国部颁标准规定原料乳收购理化指标见表2-5。

表 2-5　鲜奶理化指标

项目	指标
蛋白质/%	≥2.95
脂肪/%	≥3.10
相对密度(20℃/4℃)	≥1.028(1.028~1.032)
酸度(以乳酸百分比表示)/%	≤0.162
汞/(mg/kg)	≤0.01
滴滴涕/(mg/kg)	≤0.1
抗生素/(IU/L)	<0.03
杂质度/(mg/kg)	≤4

（三）微生物指标

微生物指标有下列两种，均可采用：采用平皿培养法计算细菌总数，或采用美蓝退色时间分级指标法进行评级，两者只能用一个，不能重复。细菌指标分为 4 个级别，按表 2-6 中细菌总数分级指标进行评级。

表 2-6　原料乳的细菌指标

分级	平皿细菌总数分级指标/($\times 10^4$/mL)	美蓝退色时间分级指标法
Ⅰ	≤50	≥4h
Ⅱ	≤100	≥2.5h
Ⅲ	≤200	≥1.5h
Ⅳ	≤400	≥40min

二、原料乳的验收

原料乳送到加工厂时，必须逐车逐批验收，以便按质核价和分别加工，这是保证产品质量的有效措施。我国原料乳的生产现场检验以感官检验为主，辅助以部分理化检验，如比重测定、酒精检验、煮沸试验、掺假检验等。若有疑问，可定量采样后进一步化验，进行味觉、嗅觉、外观、尘埃、酒精(72%)、温度、酸度、脂肪率、细菌数等检验后分级。

1. 感官检验

鲜乳的感官检验主要是进行嗅觉、味觉、外观、尘埃等的鉴定。正常鲜乳为乳白色或微带黄色，不得含肉眼可见的异物，不得有红色、绿色等异色。不能有苦、咸、涩的滋味和饲料、青贮、发霉等异常气味。

2. 酒精检验

新鲜牛乳具有相当的稳定性，能对酒精的作用表现出相对的稳定性，而不新鲜的牛乳其中蛋白质胶粒已经呈不稳定状态,当受到酒精的脱水作用时,则加速其聚沉。通过酒精试验可检验出鲜乳的酸度、初乳、末乳、乳房炎乳等。

酒精试验与酒精浓度有关,一般以72%的中性酒精与等量原料乳混合摇匀,无凝块出现为标准,这种正常牛乳的滴定酸度不高于18°T。但是影响乳中蛋白质稳定性的因素较多,如乳中钙盐增高时,在酒精试验中会由于酪蛋白胶粒脱水失去溶剂化层,使钙盐容易与酪蛋白结合,形成酪蛋白酸钙沉淀。

3. 酸度测定

通过酸度测定可鉴别原料乳的新鲜度,了解乳微生物污染状况。新鲜牛乳存放过久或贮存不当,乳中微生物繁殖可使乳的酸度升高,酒精试验易出现凝块。酸度测定的方法通常是用 0.1 mol/L NaOH 滴定,根据所消耗的 NaOH 毫升数计算出乳的酸度。该法测定酸度虽然准确,但在现场收购时受到实验室条件限制。

4. 相对密度测定

测定乳的相对密度主要是为了检验乳中是否掺水。因为牛乳的相对密度一般为 1.028~1.034,与乳中非脂乳固体的含量成正比。当乳中掺水后,乳中非脂乳固体含量下降,相对密度随之变小。当被检验乳的相对密度小于 1.028 时,便有掺水的嫌疑,并可用所测得的相对密度数值计算掺水率。测定方法如下:

(1) 测定比重:将乳样充分搅拌均匀后小心沿量筒壁倒入量筒内,防止产生泡沫影响读数。将密度计(乳稠计)小心放入乳中,使其沉入到 1.030 刻度处,然后使其在乳中自由游动(防止与量筒壁接触),静止 2~3 min 后,两眼与密度计同乳面接触处成水平位置进行读数,读取弯月面上缘处的数字。

(2) 用温度计测定乳的温度。

(3) 计算相对密度:乳的相对密度是指 20℃时乳与同容积 4℃水的密度之比,所以,如果乳温不是 20℃时,则需进行校正。乳的相对密度随温度升高而降低,随温度降低而升高。温度每变化 1℃,实际相对密度减小或增加 0.000 2,故校正为实际相对密度应加上或减去 0.000 2。例如,乳温度为 18℃时测得相对密度为 1.034,则校正为 20℃时乳的相对密度应为:

$$d(20℃/4℃) = 1.028 - [0.000\ 2 \times (20 - 18)] = 1.028 - 0.000\ 4 = 1.027\ 6$$

(4) 将求得的相对密度 $d(20℃/4℃)$ 加上 0.002,即可换算成被检乳的比重 $d(15℃/15℃)$。

5. 掺假检验

一切人为改变牛乳的成分和性质的做法,均称为牛乳的掺假。这样做会降低乳的营养价值和风味,影响乳的加工及乳制品的质量,严重时还会危害人体健康,甚至造成人身伤亡。所以生产单位和卫生检验部门对原料乳的质量应严格把关,在收乳时或进行乳品加工前,对乳应进行掺假检验。通常发现的掺假现象除掺水外,还有掺碱、掺淀粉、掺盐等,其检验方法如下:

(1) 掺碱(碳酸钠)的检验:鲜乳保藏不好时酸度往往升高,感官检验时易闻到酸味。掺碱的目的是为了避免被检出高酸度乳。感官检查时对色泽发黄、口尝有碱味或苦涩味的乳,应进行掺碱检验。常用有玫瑰红酸定性法检验。测定方法:取5mL乳样于试管中,加入5mL 0.5g/L玫瑰红酸酒精溶液摇匀,若乳样呈肉桂黄色为正常,呈玫瑰红色为掺碱乳,掺碱越多,玫瑰红色越鲜艳。

(2) 掺淀粉的检验:掺水的牛乳,乳汁变得稀薄,相对密度降低。向乳中掺淀粉,可使乳变稠,相对密度接近正常。因此,对有沉渣物的乳,应进行掺淀粉检验。

测定方法:取乳样5mL注入试管中,加入碘溶液2~3滴,乳中掺有淀粉时,呈蓝色、紫色或暗红色及其沉淀物。未掺淀粉者稍呈黄色。碘溶液的配制:取碘化钾1g溶于少量蒸馏水中,然后用此溶液溶解结晶碘0.5g,待结晶碘完全溶解后,移入100mL容量瓶中,加水至刻度即可。

(3) 掺食盐的检验:向掺水乳中掺食盐,可以提高乳的相对密度。口尝有咸味的乳,有掺食盐的可疑。检验方法:取乳样1mL于试管中,滴入100g/L铬酸钾2~3滴,加入0.01mol/L硝酸银5mL(羊乳需7mL)摇匀,观察溶液的颜色。溶液呈浅黄色者表明掺有食盐,呈棕红色者表明未掺食盐。

6. 细菌数、体细胞数、抗生物质检验

一般现场收购鲜乳时不做细菌检验,但在加工前,必须检查细菌总数、体细胞数,以确定原料乳的质量和等级。如果是加工发酵乳制品的原料乳,还必须做抗生素类物质检验。

(1) 细菌检查:细菌检查方法有直接镜检、美蓝还原试验、稀释倾注平板法等方法。

① 直接镜检法(费里德氏法):是利用显微镜直接观察确定鲜乳中微生物数量的一种方法。取一定量的乳样,在载玻片上涂抹一定的面积,经过干燥、染色,镜检观察细菌数,根据显微镜视野面积,推断出鲜乳中的细菌总数,而非活菌数。

② 美蓝还原试验:是判断原料乳新鲜程度的一种色素还原试验。新鲜牛乳中加入亚甲基蓝后染为蓝色,如污染大量微生物产生还原酶使颜色逐渐变淡,直至无色。通过测定颜色变化速度,间接推断出鲜乳中的细菌数。该法除可间接迅速地查明细菌数外,对白细胞及其他细胞的还原作用也敏感。因此,还可检验异常乳(初乳、末乳及乳房炎乳)。

③ 稀释倾注平板法:是取乳样稀释后,接种与琼脂培养基上,培养24h后计数,测定样品的细菌总数。该法测定样品中的活菌数,测定需要时间较长。

(2) 体细胞数检验:正常乳中的体细胞,多数来源于上皮组织的单核细胞,如有明显的多核细胞出现,可判断为异常乳。常用的方法有直接镜检法(同细菌检验)或(加利福尼亚细胞测定法 GMT 法)。GMT 法是根据细胞表面活性剂的表面张力,细胞在遇到表面活性剂时,会收缩凝固。细胞越多,凝集状态越强,出现的凝集片越多。

(3) 抗生素类物质残留检验:该法是验收发酵乳制品原料乳的必检指标。常用的方法有 TTC 法和制片法。

① TTC 法:在被检乳样中接种细菌培养,如果鲜乳中有抗生素类物质残留,接种的细菌则不能繁殖,此时加入的指示剂 TTC 保持原有的无色状态。反之,如果无抗生素类物质残留,试验菌会增殖,使 TTC 还原,被检样变成红色。

② 制片法:将指示菌接种到琼脂培养基上,然后将浸过被检乳样的制品放入培养基上,进行培养。如果乳样中有抗生素类物质残留,会向纸片的四周扩散,阻止指示菌的生长,在纸片的周围形成透明的阻止带,根据阻止带的直径,判断抗生素类物质的残留量。

7. 乳成分的测定

近年来随着分析仪器的发展,乳品检测方法出现了很多高效率的检验仪器,如采用光学法来测定乳脂肪、乳蛋白质、乳糖及总干物质,并已开发使用各种微波仪器。

三、原料乳的过滤与净化

原料乳验收后须经过净化,其目的是除去机械杂质并减少微生物数量。一般采用过滤净化和离心净化的方法。

1. 原料乳的过滤

在奶牛场挤乳时,乳容易被大量饲料、粪屑、牛毛、垫草和蚊蝇所污染,因此挤下的乳必须及时进行过滤。另外,凡是将乳从一个地方送至另一个地方,从一个工序送至另一工序,或者由一个容器送至另一容器时,均应进行过滤。

奶牛场常用的过滤方法是纱布过滤。乳品厂简单的过滤是在受乳槽上装不锈钢制金属网加多层纱布进行粗滤,进一步的过滤可采用管道过滤器。管道过滤器可设置在受乳槽和乳泵之间,与牛乳输送管道连在一起。中型奶牛场也有用双筒牛乳过滤器,通常连续生产都设有两个过滤器交替使用。

使用过滤器过滤时,为加快过滤速度,含脂率在4%以上时,必须把牛乳温度提高到40℃左右,但不能超过70℃;含脂率在4%以下时,应采取4℃~15℃的低温过滤,但要降低流速,不宜加压过大。正常操作时,进口与出口之间压力差应保持在 6.86×10^4 Pa 以内。如果压力差过大,易使杂质通过过滤层。

2. 原料乳的净化

原料乳经过多次过滤后,虽除去了大部分杂质,但乳中污染的很多极微小的细菌、机械杂质、白细胞、红细胞等,不能用一般的过滤方法除去,需用离心式净乳机进一步净化。

老式分离机操作时需定时停机、拆卸和排渣。新式分离机多能自动排渣。大型乳品厂也有采用三用分离机(奶油分离、净乳、标准化)来净乳。使用三用分离机净乳应在粗滤之后,冷却之前。

采用4℃~10℃低温净化时,应在原料乳冷却以后,送入贮乳槽之前进行;采用40℃中温或60℃高温净化的乳,最好直接加工。如不能直接加工时,必须迅速冷却至4℃~6℃贮藏,以保持乳的新鲜度。

四、原料乳的冷却

1. 冷却的作用

刚挤下的乳的温度约为36℃,是微生物繁殖的最适温度,如不及时冷却,乳中的微生物就会迅速繁殖,使乳的酸度增高,凝固变质,风味变差。因此,刚挤出的乳,经净化后必须迅速冷却至4℃左右以抑制乳中微生物的繁殖。冷却对乳中微生物的抑制作用见表2-7。

表2-7 乳的冷却与乳中细菌数的关系

贮存时间	冷却乳/(个/mL)	未冷却的乳/(个/mL)
刚挤出的乳	11 500	11 500
3h 以后	11 500	18 500
6h 以后	8 000	102 000
12h 以后	7 800	114 000
24h 以后	62 000	1 300 000

由表2-7可看出,未冷却的乳其微生物增加迅速,而冷却乳则增加缓慢。6~12h微生物还有减少的趋势,这是因为乳中自身抗菌物质——乳烃素使细菌的繁育受到了抑制。这种物质抗菌特性持续时间的长短,与原料乳温度的高低和细菌污染程度有关(表2-8)。

表2-8 乳温与抗菌作用的关系

乳温/℃	抗菌特性作用时间/h	乳温/℃	抗菌特性作用时间/h
37	<2	5	<36
30	<3	0	<48
25	<6	-10	<240
10	<24	-25	<720

由表2-8可以看出,新挤出的乳迅速冷却到低温可以使抗菌特性保持较长的时间。另外,原料乳污染越严重,抗菌作用时间越短。例如,乳温10℃时,挤乳时严格执行卫生制度的乳样,其抗菌期是未严格执行卫生制度乳样的2倍。因此,挤乳时严格遵守卫生制度,将刚挤出的乳迅速冷却,是保证鲜乳保持较长时间新鲜度的必要条件。

如果原料乳不在低温下贮存,超过抗菌期后,微生物迅速繁殖。例如,原料乳贮存12h后,在13℃下其细菌数增加2倍,而夏季未冷却乳菌数骤增了81倍,以致乳变质。及时将乳冷却至10℃以下,大部分的微生物发育减弱。若在2℃~3℃下贮存,乳中微生物几乎停止发育。一般不立即加工的原料乳应冷却到5℃以下。通常可以根据贮存时间的长短选择适宜的温度(表2-9)。

表2-9 乳的保存时间与冷却温度的关系

乳的保存时间/h	乳应冷却的温度/℃	乳的保存时间/h	乳应冷却的温度/℃
9~12	8~10	24~36	4~5
12~18	6~8	36~49	1~2
8~24	5~6		

2. 冷却的方法

(1)板式热交换器冷却:目前大多数乳品厂及奶站都用板式热换器对乳进行冷却。板式热换器克服了表面冷却器因乳液暴露于空气中而容易污染的缺点。同时,因乳以薄膜形式进行热交换,热交换率高,用冷盐水为冷媒时,可使乳温迅速降低到4℃左右。

(2)冷却罐及浸没式冷却器:这种冷却器可插入乳桶或贮乳槽中以冷却牛乳。浸没式冷却器中带有离心式搅拌器,可调节搅拌速度,并带有自动控制开关,可以定时自动搅拌,故可使牛乳均匀冷却,并防止稀奶油上浮。此法适用于奶站和大规模的牧场。

(3)水池冷却:将装乳桶放在水池内,用冷水或冰水进行冷却,可使乳温冷却到比冷水水温高3℃~4℃。在北方由于地下水温较低,夏天用此法冷却,乳温会降到10℃左右;在南方,为使原料乳冷却到较低温度,可在池水中放入冰块,每隔3天清洗水池一次,并用石灰溶液进行消毒。水池冷却的缺点是:冷却缓慢,消耗水量多,劳动强度大,不易管理。

五、原料乳的贮存

为了保证工厂连续生产的需要,必须有一定的原料乳贮存量。一般工厂总贮乳量应不少于1天的处理量。贮存原料乳的设备,要有良好的绝热保温措施,要求贮乳经24h温度升高不超过2℃~3℃,并配有适当的搅拌设备,定时搅拌乳液,防止乳脂肪上浮而造成分布不匀。

1. 贮乳罐

贮乳设备采用不锈钢并配有不同容量的贮乳缸以保证贮乳时每一缸都能尽量装满。贮乳罐多装于室外,为立式或卧式,大型贮乳罐大多装于室外,带保温层和防雨层,均为立式。

鲜乳在贮存过程中,贮乳罐的隔热尤为重要。在有保温层的贮乳罐中,在水温与罐外温差为16.6℃的情况下,18h后水温的上升必须控制在16℃以下。此外,还规定如在

4.5℃保存时,24h内搅拌20min,脂肪率的变化在0.1%以下。

贮乳罐外边应有绝缘层(保温层)或冷却夹层,以防止温度上升。贮藏要求保温性能良好,一般乳经24h贮存后,乳温上升不得超过2℃~3℃。使用前彻底进行清洗、杀菌,待冷却后,贮入牛乳,每罐须放满,并加盖密封,贮存期间开动搅拌机。

2. 贮乳罐的使用

贮乳罐的总容量应根据各厂每天牛乳总收纳量、收乳时间、运输时间及能力等因素决定。一般贮乳罐的总容量为日收纳量的2/3~1。而且每只贮乳罐的总容量应与生产品种的班能力相适应。每班的处理量一般相当于两只贮乳罐的乳容量,否则将用多只贮乳罐,增加了调罐、清洗的工作量,会增加牛乳的损耗。

贮乳罐使用前应彻底清洗、杀菌,待乳冷却后贮入牛乳。每罐需放满,并加盖密封。如果装半罐,会加快乳温上升,不利于原料乳的贮存。贮存期间要开动搅拌机。

六、原料乳的运输

原料乳的运输也是乳品生产上重要的环节之一,运输不当会造成很大损失,甚至使乳失去加工价值。目前我国乳源分散的地方,采用乳桶运输;乳源集中的地方,采用乳槽车运输;国外先进地区则采用地下管道运输。

1. 乳桶运输

要求乳桶为表面光滑、无毒的塑料桶或不锈钢桶。镀锌桶和挂锡桶尽量少用。乳桶的容量为25L、40L和50L等。

乳桶必须有足够的强度和韧性,体轻耐用,内壁光滑;肩角小于45°,空桶倒斜立重心平衡点角为15°~20°,盛乳后斜立重心平衡点夹角为30°,桶内转角呈弧形,便于清洗;颈部两侧提手柄长不得小于10cm,与桶盖内侧边缘距离应保持4cm,手柄角度要适于搬运;桶盖易开关,且不漏乳。

2. 乳槽车运输

乳槽为不锈钢制成,隔热良好,车后带离心乳泵,装卸方便。乳槽车散热面积较小,运输过程中乳温升温慢不易变酸,适于长途运输。且乳槽车便于装卸、清洗、管理,减轻劳动强度,乳槽车内的奶缸分数格,在收奶点可将乳分级装运。国产乳槽车有SPB-30型,容量为3 100 kg。

3. 地下管道运输

采用不锈钢的密封管道,并都装有离心式乳泵。

4. 运输注意事项

无论采取哪种方式运输,运输过程中应注意以下几点:

(1) 防止乳在运输途中升温。特别是在夏季,乳温在运输过程中往往很快升高,因此,最好选在夜间或早晨运输。如果在白天运输,要采用隔热材料遮盖乳桶。最简单易行的方法可用席子或毯子把乳桶的上面和侧面都遮蔽起来,然后用防水布盖好。

(2) 运输时所用的容器必须保持清洁卫生,并加以严格杀菌。桶盖内应有橡皮衬垫,绝不能用碎布、油纸或碎纸等代替。

(3) 夏季容器必须装满盖严,以防震荡;冬季不得装得太满,避免冻结而使容器破裂。

(4) 按时间计算里程,缩短中途停留时间。采用乳槽车运输时,从挤乳产出至用于加工前不超过24h,乳温应该保持在6℃以下。

模块六　消毒乳加工

一、消毒乳的概念和种类

（一）消毒乳的概念

消毒乳又称杀菌乳,指以新鲜乳为原料,经净化、均质、杀菌等处理,以液体鲜乳状态,用瓶装或其他形式的小包装,直接供应消费者饮用的商品乳。

（二）消毒乳的种类

消毒乳可根据制品的组成、杀菌处理方法、包装形式等进行分类。

1. 按原料组成成分分类

(1) 普通消毒乳:以合格鲜乳为原料,不加任何添加剂加工而成的消毒牛乳。要求脂肪含量不低于3.1%,蛋白质不低于2.9%,非脂乳固体不低于8.1%。

(2) 低脂消毒乳:以合格鲜乳为原料,脱去其中部分脂肪而制成的消毒乳。要求脂肪含量不低于1.0%,其余同普通消毒乳。

(3) 脱脂消毒乳:以合格鲜乳为原料,将其中的乳脂肪脱去后制成的消毒乳。

(4) 强化消毒乳:指在鲜乳中添加各种维生素或钙、磷、铁等营养元素,以增加营养成分的产品。但其风味及外观与全脂消毒乳无区别。如AD钙奶、高钙鲜奶、早餐奶、学生奶等。

(5) 花色消毒乳:在鲜乳中添加咖啡、可可、各种果汁等制成的产品,其风味及外观与普通消毒乳有明显差异,且蛋白质、脂肪、非脂乳固体含量相对低一些。

(6) 再制消毒乳:又称复原乳,是以全脂奶粉、浓缩乳、脱脂乳粉和无水奶油等为原料,经混合溶解后制成与牛乳成分相同的饮用乳。

2. 按杀菌方法分类

(1) 低温长时杀菌(LTLT)乳:又称保持式杀菌消毒乳(或巴氏杀菌乳),是指经62℃~65℃、30min保温杀菌的乳。在此温度下,乳中的病原菌,尤其是耐热性较强的结核菌都被杀死。为了避免冷藏过程中脂肪分离,应进行均质处理。

(2) 高温短时杀菌(HTST)乳:是经72℃~75℃、15s保温杀菌的乳,或采用经80℃~85℃、10~15s保温杀菌的乳。由于受热时间短,热变性现象很少,风味有浓厚感,无蒸煮味。

(3) 超高温杀菌(UHT)乳:是指将牛乳加热至130℃~150℃保持0.5~4s杀菌的乳。与普通乳相比无差异。此外,由于耐热性细菌都被杀灭,产品保存性明显提高。

(4) 灭菌乳:可分为两类,一类是灭菌后无菌包装;另一类为把杀菌后的乳装入容器中,再用110℃~120℃保持10~20min加压灭菌。

二、乳的杀菌与灭菌

生产消毒乳时,杀菌或灭菌是最重要的工序。它不仅影响消毒乳的质量,而且影响其风味与色泽。

1. 杀菌和灭菌的概念

(1) 杀菌:指将乳中致病菌和造成产品缺陷的有害菌全部杀死,但并非百分之百地杀死非致病菌,还会残留部分的乳酸菌、酵母菌和霉菌等。杀菌条件应控制到对乳的营养、风味和色泽损失的最低限度。

(2) 灭菌:指杀灭乳中所有的细菌,使其呈无菌状态。但事实上,细菌的热致死率只能达到99.999 9%,欲将残留的百万分之一,甚至千万分之一的细菌杀灭,必须延长杀菌的时间,但这会给鲜乳带来更多的营养损失。

2. 杀菌和灭菌的目的

(1) 杀灭对人体有害的病原菌,使牛乳成为安全的食品,以保护消费者健康和维护公共卫生。牛乳的营养价值很高,而消毒牛乳是人们日常饮用的食品之一,若杀菌不良,则可能导致饮用者尤其是婴幼儿和老弱病者感染疾病。

(2) 抑制酶的活性,以免成品产生脂肪水解、酶促褐变等不良现象。

(3) 破坏对成品质量有害的其他微生物,提高成品的贮藏性。

3. 杀菌和灭菌方法

(1) 低温间歇杀菌(LTLT):杀菌条件为62℃~65℃,保持30min,分为单缸保持法和连续保持法两种。单缸保持法杀菌时,首先向保温缸中泵入牛乳,开动搅拌器,同时在保温缸夹层中通入蒸汽或66℃~77℃的热水,使牛乳温度徐徐上升至所规定的温度。然后停止通入蒸汽或热水,保持一定的温度,维持30min后,立即向夹层中通入冷水,尽快冷却。此法只能间歇进行,适于少量牛乳的处理。连续保持法通常采用片式、管式或转鼓式等杀菌器,乳加热到一定温度后自动流出,此法适合较多牛乳的处理。

低温长时杀菌法由于所需时间长,效果不够理想,目前生产上很少采用。

(2) 高温短时杀菌(HTST):杀菌条件为72℃~75℃,保持16~40s或80℃~85℃,保持10~15s。通常采用管式杀菌器或板式热交换器,可以连续生产。

(3) 超高温杀菌(UHT):杀菌条件为130℃~150℃,保持0.5~4s。用这种方法杀菌,可使乳中微生物全部被杀灭,是一种较理想的灭菌法。若结合无菌包装,可保持乳长时间不变质。

4. 不同杀菌方法效果比较

用以上三种方法消毒后的牛乳,在25℃的恒温箱内保存48h后,其质量变化情况如表2-10所示。

表2-10 各种杀菌乳在25℃下保存48h后的质量变化

杀菌方法	外观	煮沸试验	酒精试验	细菌数/(个/mL)	大肠杆菌	产气菌/(个/mL)
低温长时杀菌	凝固有乳清分离	+	+	140×10^6	-	140×10^6
高温短时杀菌	凝固有乳清分离	+	+	24×10^6	-	20×10^6
超高温杀菌	正常	-	-	<30	-	<30

三、巴氏消毒乳加工

(一) 工艺流程

原料乳的验收分级→过滤→净化→标准化→预热均质→杀菌→冷却→罐装→封盖→装箱检验→冷藏→成品。

(二) 操作要点

1. 原料乳的验收与分级

消毒乳的质量取决于原料乳。只有符合标准的原料乳,才能生产消毒乳。因此,对于消毒乳的质量必须严格管理,认真检验。对原料乳进行嗅觉、味觉、外观、尘埃、温度、酒精、酸度、比重、脂肪率、细菌数等严格检验后分级。

2. 过滤或净化

将原料乳验收后,为了除去其中的杂质、尘埃、上皮细胞等,必须对原料乳进行过滤和净化处理。具体方法参阅本单元模块五。

3. 标准化

根据国家标准要求,消毒牛乳脂肪率为≥3%,但因原料乳受乳牛品种、地区差异、饲养管理水平、季节等影响,其成分不尽相同,因此要根据生产产品的要求进行标准化。我国规定全脂、半脱脂、脱脂消毒乳的脂肪含量分别为≥3.0%、1.0%~2.0%和≤0.5%。原料乳中脂肪含量不足时,应添加稀奶油或除去一部分脱脂乳;原料乳中脂肪含量过多时,则应添加脱脂乳或提取部分稀奶油。

(1) 标准化原理:乳制品中脂肪与无脂干物质间的比值取决于标准化后乳中脂肪与

无脂干物质间的比值,标准化后乳中的脂肪与无脂干物质间的比值取决于原料乳中脂肪与无脂干物质间的比值。若原料乳中脂肪与无脂干物质之间的比值不符合要求,则对其进行调整,使其比值符合要求。

若设:F 为原料乳中的含脂率(%); SNF 为原料乳中无脂干物质含量(%);

F_1 为标准化后乳中的含脂率(%); SNF_1 为标准化乳中的含脂率(%);

F_2 为乳制品中的含脂率(%); SNF_2 为乳制品中无脂干物质含量(%);

则:
$$\frac{F}{SNF} = \frac{F_1}{SNF_1} = \frac{F_2}{SNF_2}$$

(2)标准化的步骤:在生产上常用皮尔逊法进行计算,其原理是设原料乳含脂率为 $F\%$,脱脂乳或稀奶油的含脂率为 $Q\%$,按比例混合后乳(标准化乳)的含脂率为 $F_1\%$,原料乳的数量为 x,脱脂乳或稀奶油的数量为 y 时,对脂肪进行物料衡算,则形成下列关系式,即:原料乳和稀奶油(或脱脂乳)的脂肪总量等于混合乳的脂肪总量。

$$Fx + Qy = F_1(x+y) \text{ 或 } x/y = (F_1 - Q)/(F - F_1)$$

脱脂乳或稀奶油的量: $y = (F - F_1)/(F_1 - Q)X$

因为 $\dfrac{F_1}{SNF_1} = \dfrac{F_2}{SNF_2}$

所以 $F_1 = \dfrac{F_2}{SNF_2} \times SNF_1$

又因为在标准化时添加的稀奶油(或脱脂乳)量很少,标准化后乳中干物质含量变化甚微,标准化后乳中的无脂干物质含量大约等于原料乳中无脂干物质含量,即:

$$SNF_1 = SNF$$

$$\text{故 } F_1 = \frac{F_2}{SNF_2} \times SNF$$

若 $F_1 > F$,则加稀奶油调整;若 $F_1 < F$,则加脱脂乳调整。

例 今有含脂率为 3.5%,总干物质含量为 12% 的原料乳 5 000 kg,欲生产含脂率为 28% 的全脂奶粉,试计算标准化时,需加入多少千克含脂率为 35% 的稀奶油或含脂率为 0.1% 的脱脂乳。

解 ① 因为 $F = 3.5(\%)$,所以 $SNF = 12 - 3.5 = 8.5(\%)$,则 $SNF_1 = SNF = 8.5(\%)$。
② 因为 $F_2 = 28(\%)$,所以 $SNF_2 = 100 - 28 = 72(\%)$。
根据 $\dfrac{F_1}{SNF_1} = \dfrac{F_2}{SNF_2}$,得 $F_1 = \dfrac{F_2}{SNF_2} \times SNF_1 = 8.5 \times \dfrac{28}{72} = 3.3(\%)$。
③ 因为 $F_1 < F$,应加脱脂乳调整。

根据皮尔逊法则:$y = \dfrac{F - F_1}{F_1 - Q} \cdot x = \dfrac{3.5 - 3.3}{3.3 - 0.1} \times 5\,000 = 312.5(\text{kg})$。

即需要加脂肪含量为 0.1% 的脱脂乳 312.5kg。

具体方法,用奶油分离、净化、标准化三用机,可调整标准化机处理。

4. 预热均质

加热至 60℃ 左右,使其通过 140~210kg/cm² 压力的均质阀。

5. 杀菌

根据设备条件选择具体杀菌方法。

6. 冷却

将杀菌后的原料乳迅速冷却至 2℃~5℃。

7. 罐装、冷藏

贮存于 5℃ 以下的冷库内,灌装容器为塑料袋、玻璃瓶、涂塑复合纸袋。一般消毒乳可保存 1~2 天,而无菌包装乳在室温下可保质 3~6 个月。

四、不同方法杀菌牛乳的质量比较

详见表 2-11。

表 2-11 不同方法杀菌牛乳的质量比较

杀菌方法	细菌数/(个/mL)	抗热性细菌/(个/mL)	大肠杆菌	产酸菌/(个/mL)	产碱菌/(个/mL)	25℃、48h 后外观
LTLT	31×10^2	40	−	4×10^2	2 600	凝固
HTST	1 300	< 30	−	360	630	有乳清分离
UHT	< 30	< 30	−	< 30	< 30	同上
生乳	79×10^4	< 300	+	59×10^4	160×10^3	正常

模块七 发酵乳制品加工

一、发酵乳制品种类及营养特点

根据国际乳品联合会(IDF)1992 年发布的标准发酵乳的定义为:乳或乳制品在特生菌作用下,发酵而成的酸性凝状产品。在保质期内该类产品中的特生菌必须大量存在,并能继续存活和具有活性。发酵乳制品有酸乳、活性乳饮料、干酪、酸性奶油等。

(一)发酵乳制品的种类

目前全世界有 400 多种酸乳,分类方法颇多。

1. 按组织状态进行分类

(1) 凝固型酸乳:在包装容器中进行发酵,从而使产品因发酵而保持凝乳状态。

(2) 搅拌型酸乳:先发酵再灌装到包装容器中而得到的产品。发酵后的酸乳在灌装前搅拌成黏稠状组织状态。

2. 按脂肪含量分类

可分为全脂酸乳、部分脱脂酸乳、脱脂酸乳。根据联合国粮食与农业组织(FAO)及世界卫生组织(WHO)规定,全脂酸乳脂肪含量为3%,部分脱脂酸乳脂肪含量为0.5%~3%,脱脂酸乳脂肪含量为0.5%。

3. 按成品口味分类

(1) 天然纯酸乳:产品只由原料乳和菌种发酵而成,不含任何添加剂和辅料。

(2) 加糖酸乳:产品由原料乳和糖加入菌种发酵而成。该产品在我国市场上较为常见,糖的含量较低,一般为6%~8%。

(3) 调味酸乳:在天然酸乳或加糖酸乳中加入香料而成。

(4) 果料酸乳:由天然酸乳、糖和果料混合而成。

(5) 复合型或营养健康型酸乳:在酸乳中强化不同的营养素(维生素、食用纤维素等)或在酸乳中混入不同的辅料(如谷物、蔬菜汁、干果、菇类等)而成。

(6) 疗效酸乳:包括低乳糖酸乳、低热量酸乳、维生素酸乳或蛋白质强化酸乳。

4. 按菌种种类进行分类

(1) 酸乳:一般指仅由嗜热链球菌和保加利亚乳杆菌发酵而成的产品。

(2) 双歧杆菌酸乳:酸乳菌种中含有双歧杆菌。

(3) 嗜酸乳杆菌酸乳:酸乳菌种中含有嗜酸乳杆菌。

(4) 干酪乳杆菌酸乳:酸乳菌种中含有干酪乳杆菌。

5. 按发酵的加工工艺进行分类

(1) 浓缩酸乳:将普通酸乳中的部分乳清去除而得到的浓缩产品。因其除去乳清的方式与加工干酪方式类似,也有人称之为酸乳干酪。

(2) 冷冻酸乳:在酸乳中加入果料、乳化剂或增稠剂,然后进行冷冻处理而得到的产品。

(3) 充气酸乳:在发酵后的酸乳中加入稳定剂和起泡剂(通常是碳酸盐),经过均质处理得到的产品。此类产品通常以充 CO_2 气体的酸乳饮料形式存在。

(4) 酸乳粉:通常使用喷雾干燥法或冷冻干燥法将酸乳中约95%的水分除去而制成酸乳粉。

(二) 发酵乳制品的营养特点

发酵乳制品营养全面,风味独特,比牛乳更易被人体吸收利用。据国内外专家研究证

实,乳酸菌在发酵过程中可产生大量的乳酸、其他有机酸、氨基酸、维生素 B 族及酶类等成分。因此,发酵乳具有如下功效:

(1) 改善肠内菌群,抑制肠道内腐败菌的生长繁殖,对便秘和细菌性腹泻有预防和治疗作用。

(2) 酸乳中产生的有机酸可促进胃肠蠕动和胃液分泌,对于胃酸缺乏症者,每天适量饮用酸乳,有助于恢复健康。

(3) 可克服乳糖不耐症。

(4) 酸乳可降低胆固醇。酸乳中含有乳酸和3-羟-3-甲基戊二酸,可明显降低胆固醇,从而预防老年人心血管疾病。

(5) 饮用酸乳对于预防和治疗糖尿病、肝病也有一定效果。

(6) 酸乳在发酵过程中乳酸菌产生抗诱变化合物活性物质,可抑制肿瘤的发生。同时,酸乳还可提高人体的免疫功能。

(7) 因酸乳中含有丰富的氨基酸、维生素和钙等营养物质,有益于头发、眼睛、牙齿、骨骼的生长发育,故酸乳还有美容、润肤、明目、固齿、健发等作用。

二、发酵剂的制备

(一) 发酵剂的概念与种类

1. 概念

发酵剂是指生产发酵乳制品时所用的特定有益微生物的培养物。它的质量优劣与发酵乳产品关系密切。

2. 种类

通常用于乳酸菌发酵的发酵剂可按下列方式分类。

(1) 按发酵剂制备过程分类:

① 商品发酵剂。即一级菌种,是乳酸菌纯培养物,指从专业发酵剂公司或有关研究所购买的原始菌种。它一般多接种在脱脂乳、乳清、肉汁或其他培养基中,或者用冷冻升华法制成一种冻干菌苗。

② 母发酵剂。母发酵剂是一级菌种的扩大再培养产物,它是生产发酵剂的基础。即在酸乳生产厂用商品发酵剂制得的发酵剂。

③ 生产发酵剂。也称工作发酵剂,是母发酵剂的扩大培养产物,是直接用于生产的发酵剂。应在密闭容器内或在易于清洗的不锈钢内进行生产发酵剂的制备。

(2) 按发酵剂类型分类:

① 单一发酵剂。只含有一种菌种的发酵剂。

② 混合发酵剂。含有两种或两种以上菌种的发酵剂,如保加利亚乳杆菌和嗜热链球

菌按 1∶1 或 1∶2 比例混合的酸乳发酵剂,或由嗜酸乳杆菌、干酪乳杆菌和双歧乳杆菌等组合而成的发酵剂。

(3) 按发酵剂产品形态分类:

① 液态发酵剂。液态发酵剂中的母发酵剂一般由乳品厂化验室制备,而生产用的工作发酵剂由专门发酵室或酸乳车间生产。

② 粉状发酵剂(颗粒状发酵剂)。是通过冷冻干燥培养到最大乳酸菌数的液体发酵剂而制成的。因冷冻干燥是在真空下进行的,因此能最大限度减少对乳酸菌的破坏。

③ 冷冻发酵剂。冷冻发酵剂是通过冷冻浓缩乳酸菌生长活力最高点时的液态发酵剂制成的,包装后放入液氮罐中。

(二) 发酵剂的主要作用

1. 乳酸发酵

通过乳酸菌的发酵,使牛乳中的乳糖转变成乳酸,乳的 pH 降低,产生凝固和形成风味。

2. 产生风味

乳酸发酵可使产品具有良好的风味。与风味有关的微生物以明串珠菌、丁二酮链球菌为主,并包括部分链球菌和杆菌。这些菌能使乳中所含柠檬酸分解生成丁二酮、丁二醇、羟丁酮等化合物和微量的酒精、乙醛、挥发酸等。

3. 产生抗菌素

乳酸链球菌和乳油链球菌中的个别菌株,能产生乳链球菌素和乳油链球菌素,可防止杂菌和酪酸菌的污染。

4. 分解蛋白质和脂肪,使酸乳更容易消化吸收

(三) 发酵剂菌种的选择

菌种的选择对于发酵剂的质量起重要作用,应根据生产目的的不同选择适当的菌种。选择菌种时以产品的主要技术特征,如产香味、产酸力、产生黏性物质及蛋白质水解作为发酵剂菌种的选择依据。通常选用两种或两种以上的发酵剂菌种混合使用,相互产生共生作用,如嗜热链球菌和保加利亚乳杆菌配合常用做发酵剂菌种。大量研究证明,混合菌使用的效果比单一使用效果好。发酵剂常用菌种的生长温度及培养时间等见表 2-12。

表 2-12 常用乳酸菌的形态、特性及培养条件

细菌名称	细菌形状	菌落形状	最适温度/℃	最适温度凝乳时间/h	极限酸度/°T	凝块性质	滋味	组织状态	适用的乳制品
乳酸链球菌	双球状	光滑、微白,有光泽	30~35	12	120	均匀稠密	微酸	针刺状	酸乳、酸稀奶油、牛乳酒、酸油、干酪
乳油链球菌	链状	光滑、微白,有光泽	30	12~24	110~115	均匀稠密	微酸	稀奶油状	酸乳、酸稀奶油、牛乳酒、酸油、干酪
嗜热链球菌	链状	光滑、微白,有光泽	37~42	12~24	110~115	均匀稠密	微酸	稀奶油状	酸乳、干酪
柠檬明串珠菌、戊糖明串珠菌、丁二酮乳酸链球菌	单球状、双球状、长短不一的细长链状	光滑、微白,有光泽	30	不凝结 48~72 18~48	70~80 100~105	均匀稠密	微酸	针刺状	酸乳、酸稀奶油、牛乳酒、酸油、干酪
嗜热性乳酸杆菌、保加利亚乳杆菌、嗜酸杆菌、干酪杆菌	长杆状,有时为颗粒状	无色的小菌落,如絮状	42~45	12	300~400	均匀稠密	微酸	针刺状	酸牛乳、马乳油、干酪、乳酸菌制剂
双歧杆菌、短双歧杆菌、长双歧杆菌、婴儿双歧杆菌		中心部稍突起,表面灰褐色或乳白色,稍粗糙	37	17~24		均匀	微酸,有醋酸味	稀奶油状	酸乳、乳酸菌制剂

近年来,随着酸乳和乳酸菌饮料的发展,发酵剂在新技术上的研究意义重大。我国也积极开展酸乳发酵剂的研究工作,在 20 世纪 80 年代对发酵剂菌种选育、分离、纯化和鉴定的基础上,采用生物工程技术、辐射诱变等手段,从事新型速效保健酸乳发酵剂的研究工作。对乳酸菌等优良菌株探讨其产酸能力、风味类型和保健功能,着重研究有关菌种的生长促进剂和保护剂特性及干剂开发,研制出可供直接使用、快速凝乳和具有保健作用以及具有不同黏度与风味的新型酸乳发酵剂干剂菌种。

(四)发酵剂的制备过程

1. 菌种纯培养物的活化及保存

通常购买来的菌种纯培养物都装在试管或安瓿中。由于保存、寄送等的影响,活力减

弱,需进行多次接种活化,以恢复活力。菌种若是粉剂,首先应用灭菌脱脂乳将其溶解,而后用灭菌铂耳或吸管吸取少量的液体接种于预先已灭菌的培养基中,置于恒温箱或培养箱中培养。待凝固后再取出 1%～3% 的培养物,接种于灭菌培养基中,如此反复活化数次。待乳酸菌充分活化后,即可调制母发酵剂。以上操作需要在无菌室内进行。

纯培养物做维持活力保存时,需放置在 0℃～5℃ 冰箱中,每隔 1～2 周移植一次,但长期移植过程中,可能会有杂菌的污染,造成菌种退化。因此,还应进行不定期的纯化处理,以除去污染菌和提高活力。在正式应用于生产时,应按上述方法反复活化。

2. 母发酵剂的制备

一般以脱脂乳 100～300mL,装入三角瓶中以 121℃、15min 高压灭菌,并迅速冷却至 40℃ 左右进行接种。取脱脂乳量的 1%～3% 的充分活化的菌种,接种于盛有灭菌脱脂乳的容器中,混匀后,放入恒温箱中进行培养。凝固后再移入灭菌脱脂乳中,如此反复 2～3 次,使乳酸菌保持一定活力,制成母发酵剂。

3. 生产发酵剂

制备生产发酵剂时取实际生产量的 3%～4% 的脱脂乳,装入经灭菌的容器内,以 90℃、15～30min 杀菌,并冷却。用脱脂乳量 3%～4% 的母发酵剂接种,充分混匀后放入恒温箱中进行培养。待达到所需酸度时即可取出置于冷藏库中。

生产发酵剂的培养基最好与成品的原料相同,以使菌种的生活环境不致急剧改变而影响菌种活力。

(五)发酵剂的质量要求及鉴定

1. 发酵剂的质量要求

乳酸菌发酵剂的质量,必须符合下列要求:

(1)有适当的硬度,均匀而细滑,组织均匀一致,表面无变色、龟裂、产生气泡及乳清分离现象。

(2)有良好的酸味和风味,不得有酸败味、苦味、饲料味和酵母味等异味。

(3)全破碎后,质地均匀,细腻滑润,略带黏性,不含块状物。

(4)按上述方法接种后,在规定的时间内产生凝固,无延长现象。活力测定时,酸度、感官、挥发酸、滋味合乎规定指标。

2. 发酵剂的质量检查

生产酸乳制品或乳酸菌制品时,发酵剂质量直接影响成品的质量,所以对发酵剂的质量必须进行严格检查。常用质量评定方法如下:

(1)感官检查:首先,观察发酵剂的质地、组织状况、色泽和乳清分离等。其次,检查凝块的硬度、黏度及弹性等。然后,品尝酸味是否过高或过低,有无苦味和异味等。

(2) 化学性质检查：这方面检查的方法很多，最主要的是测定酸度和挥发酸。酸度一般用滴定酸度表示，以乳酸度 0.8%~1% 为宜。测定挥发酸时，可取发酵剂 250g 于蒸馏瓶中，用硫酸调整 pH 为 2.0 后，用水蒸气蒸馏，收集最初的 1 000 mL，用 0.1mol/L 氢氧化钠滴定。

(3) 细菌检查：用常规方法测定总菌数和活菌数，必要时选择适当的培养基测定乳酸菌等特定的菌群。

(4) 发酵剂的活力测定：发酵剂的活力，可利用乳酸菌的繁殖而产生酸和色素还原等现象来评定。活力测定的方法可选择下列两种方法。

① 酸度测定方法：在高压灭菌后的 10mL 脱脂乳中加入 3% 发酵剂，并在 37.8℃ 的恒温箱中培养 3.5h，然后测定其酸度。如酸度达 0.8% 以上，则可认为发酵活力良好，并以酸度的数值表示。如酸度为 0.8%，即活力为 0.8%。

② 刃天青还原试验：在 9mL 灭菌脱脂乳中加入发酵剂 1mL 和 0.005% 刃天青溶液 1mL，在 36.7℃ 的恒温箱中培养 35min 以上，如完全褪色则表示活力良好。

三、凝固型酸乳的加工

(一) 工艺流程

乳酸菌纯培养物 → 母发酵剂 → 生产发酵剂 ┐
原料乳预处理 → 标准化 → 配料 → 预热均质 → 杀菌 → 冷却 → 加发酵剂 → 装瓶 → 发酵 → 冷却与成熟 → 冷藏 → 成品

(二) 加工方法

1. 原料乳选择

选择符合质量要求的新鲜乳、脱脂乳或再制乳为原料。抗菌物质检查应为阴性，因乳酸菌对抗生素极为敏感，乳中微量的抗生素都会使乳酸菌不能生长繁殖。

2. 配料

为了提高干物质的含量，可添加脱脂奶粉，并可配入水果、蔬菜等营养风味辅料。某些国家允许添加少量的食品稳定剂，添加量为 0.1%~0.3%。根据国家标准，酸乳中乳固体含量应为 11.5%，蔗糖加入量为 5%。有试验表明，适当的蔗糖对菌株产酸有益，但浓度过高，不仅抑制乳酸菌产酸，且增加了生产成本。蔗糖加入量为 5%。根据国家标准，酸乳中全乳固体含量应为 11.5% 左右。

3. 均质

原料配合后，进行均质处理。均质前预热至 55℃ 左右，可提高均质效果。均质有利于提高酸乳的稳定性和稠度，并使酸乳质地细腻，口感良好。

4. 杀菌及冷却

均质后的物料以 90℃、30min 杀菌,其目的是杀死病原菌及其他微生物;使乳中酶的活力钝化和抑菌物质失活;使乳清蛋白热变性,改善牛乳作为乳酸菌生长培养的性能;改善酸乳的稠度。杀菌后的物料应迅速冷却到 45℃ 左右。

5. 加发酵剂

将活化后的混合生产发酵剂充分搅拌,根据发酵剂的活力以适当比例加入。一般加入量为 3%～5%,加入的发酵剂不应有大凝块,以免影响成品质量。制作酸乳常用的菌种为保加利亚乳杆菌和嗜热链球菌的混合菌种,两种菌种的比例通常为 1:1,也可用保加利亚乳杆菌和乳酸链球菌搭配,但经研究证明前者搭配效果较好。此外,由于菌种生产单位不同,其杆菌和球菌的活力也不同,在使用时应灵活掌握配比。

6. 装瓶

可根据市场需要选用玻璃瓶或塑料杯等灌装。在装瓶前需对玻璃瓶进行蒸气灭菌,一次性塑料杯可直接使用。

7. 发酵

发酵时间随菌种而异,用保加利亚乳杆菌和嗜热链球菌的混合发酵剂时,温度保持在 41℃～44℃,培养时间 2.5～4h,达到凝固状态即可终止发酵。一般发酵终点可依据如下条件判断:滴定酸度达到 80°T 以上,pH 低于 4.6,表面有少量水痕。发酵时应避免震动,否则会影响其组织状态;发酵温度应恒定,避免忽高忽低;掌握好发酵时间,防止酸度不够或过度以及乳清析出。

8. 冷却与成熟

发酵好的瓶装凝固酸乳,应立即放入 4℃～5℃ 的冷库中,迅速抑制乳酸菌的生长,以避免继续发酵而造成酸度过高。在冷藏期间,酸度仍会有所上升,同时风味成分双乙酰含量会增加。试验表明,冷却 24h,双乙酰含量会达到最高,超过又会减少。因此,发酵凝固后须在 4℃ 左右贮藏 24h 后再出售,通常把该贮藏过程称为成熟,一般最大冷藏期为 1 个星期。

四、搅拌型酸乳的加工

(一)工艺流程

乳酸菌纯培养物 → 母发酵剂 → 生产发酵剂 ┐
原料乳验收 → 过滤 → 配料搅拌 → 预热均质 → 杀菌 → 冷却 → 加发酵剂 → 装瓶 → 发酵 → 冷却 → 搅拌混合 → 灌装 → 冷却后熟

(二)加工方法

搅拌型酸乳的加工工艺及技术要求基本与凝固型酸乳相同,不同点主要是搅拌型酸乳多了一道搅拌混合工艺,这也是搅拌型酸乳的特点。另外,根据加工过程中是否添加了果蔬料或果酱,搅拌型酸乳可分为天然搅拌型酸乳和加料搅拌型酸乳。本节只对与凝固型酸乳不同点进行叙述。

1. 发酵

搅拌型酸乳的发酵是在发酵罐或缸中进行的,而发酵罐利用罐周围夹层的热媒来维持恒温,热媒的温度可随发酵参数而变化。若在大缸中发酵,则应控制好发酵间的温度,避免忽高忽低。发酵间上部与下部温差不要超过1.5℃。发酵罐应远离发酵间的墙壁,以免受热过度。

2. 冷却

冷却的目的是快速抑制细菌的生长和酶的活性,以防止发酵过程产酸过度及搅拌时脱水。酸乳完全凝固时(pH 4.6~4.7)开始冷却,冷却过程应稳定进行,冷却过快将造成凝块收缩迅速,导致乳清分离。冷却过慢则会造成产品过酸和添加果料的脱色。冷却可采用片式冷却器、管式冷却器、冷却槽(缸)、表面刮板式热交换器等冷却。一般温度控制在0℃~7℃为宜。

3. 搅拌

通过机械力破坏凝胶体,使凝胶体的粒子直径达到0.01~0.4mm,并使酸乳的硬度和黏度及组织状态发生变化。具体搅拌方法有:

(1) 凝胶体层滑法:借助薄的圆板(或薄竹板)或用粗细适当的金属丝制筛子,使凝胶滑动。

(2) 凝胶体搅拌法:有机械搅拌法和手动搅拌法两种。机械搅拌法使用宽叶片搅拌器、螺旋桨搅拌器、涡轮搅拌器等。叶片搅拌器具有较大的构件和表面积,转速慢,适合凝胶体的搅拌。螺旋桨搅拌器每分钟转速较高,适合搅拌较大量的液体。涡轮搅拌器也是制造液体酸乳常用的搅拌器。手动搅拌采用对凝胶结构损伤最小的搅拌方法以得到产品较高的黏度。手动搅拌一般用于小规模生产,如40~50L桶制作酸乳。

(3) 均质法:该法多用于制作酸乳饮料,均质时间不可过长。搅拌时应注意凝胶体的温度、pH及固体含量等。通常用两种速度进行搅拌,开始时低速,以后用较快的速度。

搅拌的质量控制:搅拌的温度最适为0℃~7℃,此时适于亲水性凝胶体的破坏,可得到搅拌均匀的凝固体,既可缩短搅拌时间,也能减少搅拌次数。若在38℃~40℃进行搅拌,凝胶体易形成薄片状或砂质结构等缺陷。酸乳的搅拌应在pH达到4.7以下时进行,若在pH为4.7以上时搅拌,则因酸乳凝固不完全、黏性不足而影响其质量。适合的干物质含量对搅拌型酸乳防止乳清分离能起到较好的作用。

4. 混合、灌装

果蔬、果酱和各种类型的调香物质等,可在酸乳自缓冲罐到包装机的输送过程中加入,这一过程可通过一台变速的计量泵来完成。一般在发酵罐内用螺旋搅拌即可将果蔬混合均匀。酸乳可根据需要,确定包装量与包装形式及灌装机。

5. 冷却、成熟

将灌装好的酸乳置于0℃~7℃冷库中冷藏24h进行成熟,进一步促使芳香物质的产生和改善黏稠度。

五、乳酸菌饮料的加工

乳酸菌饮料是将乳或乳与其他原料混合经乳酸菌发酵后,经搅拌,添加稳定剂、糖、酸、水及果蔬汁调配后,经均质加工而成的液态酸乳饮料。目前,乳酸菌饮料的研究重点主要集中在产品的稳定技术和新产品的开发研制上,添加不同种类的营养物质制造出的新型乳酸菌饮料正成为一种发展趋势。

(一)乳酸菌饮料的种类

根据加工处理的方法不同,乳酸菌饮料一般分为酸乳型和果蔬型两大类。同时又可分为乳酸菌饮料(未经后杀菌)和非活性乳酸菌饮料(经后杀菌)。

1. 酸乳型乳酸菌饮料

酸乳型乳酸菌饮料是在酸凝乳的基础上将其破碎,配入白糖、香料、稳定剂等均质而制成的均匀一致的液态饮料。

2. 果蔬型乳酸菌饮料

果蔬型乳酸菌饮料是在发酵乳中加入适量的浓缩果汁(如柑橘、苹果、草莓、沙棘、红果等),或在原料中配入适量的蔬菜汁浆(如番茄、胡萝卜、玉米、南瓜等)共同发酵后,再加入白糖、稳定剂或香料等调配、均质后制成。

(二)乳酸菌饮料的加工

1. 乳酸菌饮料的加工工艺流程

```
                                        工作发酵剂   果汁、糖溶液
                                            ↓            ↓
原料(蔬菜汁浆、乳) → 混合原料乳 → 杀菌 → 冷却 → 接种、发酵 → 冷却 → 搅拌 →
混合调配 → 预热均质 → 杀菌 → 冷却 → 灌装 → 产品
        ↑
冷却←杀菌←香精、酸味剂、稳定剂、水
```

2. 操作要点

(1)混合调配:先将经巴氏杀菌冷却至20℃左右的稳定剂、水、糖溶液加入发酵乳中混合均匀并搅拌,然后加入果汁、酸味剂与发酵乳混合后搅拌,最后加入香精等。一般糖的添加量为11%左右,饮料的pH调至3.9~4.2。

(2) 均质:通常用均质机或胶体磨进行均质,使其液滴微细化,提高料液黏度,抑制粒子的沉淀,并增强稳定剂的稳定效果。乳酸菌适宜的均质压力为 20~25MPa,温度为 53℃左右。

(3) 后杀菌:发酵调配后的杀菌目的是延长饮料的保质期。经合理杀菌、无菌灌装后的饮料,其保存期可为 3~6 个月。

(4) 蔬菜处理:在制作蔬菜乳酸饮料时,要首先对蔬菜进行加热处理,以起到灭酶的作用。通常在沸水中处理 6~8min。经灭酶后打浆或取汁,再与杀菌后原料乳混合。

乳酸菌饮料的配合比例见表 2-13。

表 2-13　乳酸菌饮料的配合比例

液体酸奶型		果汁型	
原料	配合比例/%	原料	配合比例/%
发酵脱脂乳	40.00	发酵脱脂乳	5.00
香料	0.05	香料	0.10
蔗糖	14.00	蔗糖	14.00
色素	适量	果汁	10.00
稳定剂	0.35	色素	0.20
水	45.60	稳定剂	若干
		柠檬酸	0.15
		维生素 C	0.05
		水	70.50

模块八　乳粉加工

一、乳粉种类及其化学组成

(一) 乳粉的概念

以新鲜牛乳为原料或主要原料,添加一定数量的植物或动物蛋白质、脂肪、维生素、矿物质等配料,用冷冻或加热的方法,除去鲜乳中的水分,经干燥而成的粉末状乳制品,称为乳粉。

乳粉营养价值高,保留了鲜乳的品质和全部营养成分。在现代乳粉生产中,从净乳到干燥过程中的每一道工序都严格控制温度和时间,从而保证了乳粉中营养成分的完整性。乳粉贮藏期长,主要是由于乳粉中水分含量较低,发生了所谓的生理干燥现象,使微生物细胞和周围环境的渗透压差增大,使乳粉中的微生物不能繁殖,且会死亡。但如果乳粉中存在抵抗力较强的芽孢菌时,当乳粉吸潮后又会重新繁殖。乳粉除去了几乎全部的水分,重量减轻,体积减小,便于贮藏与运输。乳粉除供饮用外还可供制造糖果、冷饮、糕点等食品加工用。

(二) 乳粉的种类

根据乳粉加工所用原料、原料处理和加工工艺不同,乳粉可分为以下几种:

1. 全脂乳粉

用全脂牛乳为原料直接加工而成。由于脂肪含量高,易被氧化,在室温下贮藏3个月左右。

2. 脱脂乳粉

将牛乳中的脂肪分离出去后,用脱脂乳制成。因其脂肪含量较低,在室温下可保藏1年以上。

3. 速溶乳粉

将全脂牛乳、脱脂牛乳经过特殊的工艺操作而制成的乳粉,对温水或冷水具有较好的润湿性、分散性及溶解性。

4. 加糖乳粉

在新鲜牛乳中添加一定比例的蔗糖后加工而成。

5. 配制乳粉

根据特定消费者的生理特点,去除了乳中的某些营养物质或添加某些营养物质(也可能两者兼有),而使产品具有某些特定的生理功能,如婴幼儿乳粉、中老年高钙乳粉、双歧杆菌乳粉、降糖乳粉、低脂乳粉等。

6. 乳油粉

在鲜乳中添加一定比例的稀奶油或在稀奶油中添加部分鲜乳后加工而成的乳粉。

7. 酪乳粉

利用制造奶油时的副产品酪乳制成的乳粉。

8. 麦乳精粉

在牛乳中添加可溶性麦芽糖、糊精、香料等,经真空干燥而成的乳粉。

9. 冰淇淋粉

在牛乳中配以乳脂肪、香料、稳定剂、抗氧化剂、蔗糖或部分植物油等物质,经干燥而成的乳粉。

10. 乳清粉

利用制造干酪或干酪素的副产品乳清而制成的乳粉。

(三) 乳粉的化学组成

乳粉的化学组成依原料乳的种类和添加料的不同而不同(表2-14)。

表 2-14　主要乳粉种类的化学组成

种类	水分/%	脂肪/%	蛋白质/%	乳糖/%	灰分/%	乳酸/%
全脂乳粉	2.00	27.00	26.50	38.00	6.05	0.16
脱脂乳粉	3.23	0.88	36.89	47.84	7.80	1.55
麦精乳粉	3.29	7.55	13.19	72.40	3.66	—
婴儿乳粉	2.60	20.00	19.00	54.00	4.40	0.17
母乳化乳粉	2.50	26.00	13.00	56.00	3.20	0.17
乳油粉	0.66	65.15	13.42	17.86	2.91	—
甜性酪乳粉	3.90	4.68	35.88	47.84	7.80	1.55

二、全脂乳粉的加工工艺

虽然乳粉的类型有很多种,但是目前生产最多的还是全脂乳粉和脱脂乳粉。现以加糖全脂乳粉为例介绍乳粉的加工工艺。

(一) 工艺流程

化糖 → 糖浆
↓
原料乳验收 → 标准化 → 加糖 → 均质 → 杀菌 → 真空浓缩 → 喷雾干燥 → 筛粉、冷却 → 检验 → 包装 → 成品

(二) 操作要点

1. 原料乳的验收

只有优质的原料乳才可能生产出优质的乳粉。原料乳必须符合国家标准规定的各项要求,严格地进行感官检验、理化性质检验和微生物检验。

2. 标准化

用于加工全脂甜乳粉的原料乳要进行乳脂肪标准化处理,标准化是在离心机净乳时同时进行。如果净乳机没有分离甩油的功能,则要单独设置离心分离机。如果原料乳含脂率过高,则应调整净乳机或离心分离机分离出一部分稀奶油;如果原料乳含脂率偏低,则要加入稀奶油,使成品中含有 25%~30% 的脂肪。由于这个含量变动范围较大,所以在生产全脂乳粉时一般不对乳脂肪含量进行调整。但要经常检查原料乳的含脂率,掌握其变化规律,以便适当调整。

3. 加糖

常用的加糖方法有以下几种:

(1) 净乳之前加糖。

(2) 将杀菌过滤后的糖浆加入浓缩乳中。

（3）在产品包装前加蔗糖细粉于奶粉干粉中。

（4）预处理前加一部分，包装前再加一部分。

加糖方法的选择，取决于产品配方和设备条件。当产品含糖在20%以下时，最好是在15%左右，采用（1）、（2）法为宜；当产品含糖量在20%以上时，应采用（3）、（4）法为宜。净乳之前加糖，可以减少杂质，同时糖和原料乳也可以一起杀菌，减少了糖浆单独杀菌的工序。带有二次干燥的设备，以采用加干糖法为宜。溶解加糖法所制成的乳粉冲调性好于加干糖的乳粉，但是容重小，体积较大。无论哪种加糖方法，均应做到不影响乳粉的微生物指标和杂质度指标。

4. 均质

加工全脂乳粉的原料一般不经均质，但如进行了标准化，添加了稀奶油或脱脂乳，则应进行均质，使混合原料乳形成一个均匀的分散系。即使未进行标准化，经过均质的全脂乳粉质量也优于未经均质的乳粉。制成的乳粉冲调后复原性更好。均质之前，原料乳温度达到60℃~65℃时，才能有较好的均质效果。因此，标准化后的原料乳可以经冷却后暂贮藏在冷藏罐中，加工乳粉时，再将温度预热至60℃左右进行均质。

5. 杀菌

大规模生产乳粉的加工厂，为了便于加工，经过均质后的原料乳用片式交换器进行杀菌后，冷却至4℃~6℃，返回冷藏罐贮藏，随时取用。小规模乳粉加工厂，将净化、冷却后的原料乳直接预热、均质、杀菌后用于乳粉生产。

原料乳的杀菌方法须根据成品的特性进行选择。生产全脂乳粉时，杀菌温度和保持时间对乳粉的品质，特别是溶解度和保藏性有很大影响。一般认为，高温杀菌可以防止或推迟乳脂肪的氧化，但长时间高温加热会严重影响乳粉的溶解度，最好采用高温短时杀菌方法。乳粉常用的杀菌方法见表2-15。

表2-15 原料乳常用杀菌方法

杀菌方法	杀菌温度、时间	杀菌效果	设备
LTLT	62℃~65℃、30min；70℃~72℃、15~20min；80℃~85℃、10~15min	可以杀死病原微生物，不能破坏所有酶类，效果不如其他两种	容器式杀菌缸
HTST	80℃~87℃、15~20s；94℃、10~15s	效果较理想	连续式杀菌器，如板式、列管式、滚筒式
UHT	120℃~140℃、2~4s	微生物几乎全部被杀死	板式、管式、蒸汽直接喷射式

高温短时杀菌或超高温瞬时灭菌比低温长时杀菌效果好，乳的营养成分破坏程度小，乳粉的溶解性及保藏性良好，因此，得到广泛应用。尤其是超高温瞬时灭菌，不仅能使乳

中微生物全部被杀死,还可以使乳中蛋白质达到软凝化,食用后更容易被消化吸收。

6. 真空浓缩

真空浓缩的设备种类繁多,按加热部分的结构可分为盘管式、直管式和板式三种;按其二次蒸汽利用与否,可分为单效和多效浓缩设备。影响浓缩的因素有以下几点。

(1)乳的热交换:乳的热交换效率主要受以下三方面因素的影响。

① 加热器总加热面积(即乳受热面积):加热面积越大,在相同时间内乳接受的热量也越大,浓缩速度就越快。

② 加热蒸汽的温度与物料间的温差:温差越大,蒸发速度越快,加大浓缩设备的真空度,可以降低乳的沸点;加大蒸汽压力,可以提高加热蒸汽的温度。但是压力过大容易"焦管",影响质量。因此,加热蒸汽的压力一般控制在$(4.9 \sim 19.6) \times 10^4 Pa$为宜。

③ 乳翻动速度:乳翻动速度越大,乳的对流越好,加热器传给乳的热量也越多,乳既受热均匀又不易发生"焦管"现象。另外,乳翻动速度大,在加热表面不易形成液膜,而液膜能阻碍乳的热交换。乳的翻动速度还受乳与加热器之间的温差、乳的黏度等因素的影响。

(2)乳的浓度与黏度:在浓缩开始时,由于乳的浓度和黏度小,对翻动速度影响不大。随着浓缩的进行,浓度提高,比重增加,乳逐渐变得黏稠,沸腾逐渐减弱,流动性变差。提高温度可以降低黏度,但易导致"焦管"。

(3)浓缩质量控制:

① 连续式蒸发器:对于连续式蒸发器来说,浓缩过程必须控制各项条件的稳定,诸如进料流量、浓缩与温度、蒸汽压力与流量、冷却水的温度与流量、真空泵的正常状态等。保证了这些条件的稳定,即可实现正常的连续进料和出料。

② 间歇式盘管真空浓缩锅:在设备清洗消毒后,即可开放冷凝水和启动真空泵。当真空度达$6.666 \times 10^4 Pa$时,即可进料浓缩。待乳液面浸过各排加热盘管后,顺次开启各排盘管的蒸汽阀。开始时蒸汽压力不能过高,以免乳中空气突然形成泡沫而导致跑奶损失。待乳形成稳定的沸腾状态时,再徐徐提高蒸汽压。控制蒸汽压及进乳量,使真空度保持在$8.40 \times 10^4 \sim 8.53 \times 10^4 kPa$,乳温保持在$51℃ \sim 56℃$,形成稳定的沸腾状态,使乳液面略高于最上层加热盘管,不使沸腾液面过高而造成雾沫损失。随着浓缩的进行,乳的比重和黏度逐渐升高,并由于吸入糖浆,使蒸发速度逐渐减慢。一般在乳全部吸入后,再继续浓缩10~20min,即可达到要求的浓度。

蒸汽压的控制一般可分五个阶段进行:第一阶段为乳进料初期,要控制较低的压力,防止跑奶;第二阶段为进料2/3以前,乳处于稳定的沸腾期,采用$9.9 \times 10^4 Pa(1kg/cm^2)$左右的压力,以保持较快的蒸发速度;第三阶段为进料2/3以后,因黏度上升,压力可降至

8.0×10^4Pa(0.8kg/cm^2);第四阶段为进糖后,压力再降至6.0×10^4Pa(0.6kg/cm^2)左右;第五阶段即浓缩后期,应采用不高于5.0×10^4Pa(0.5kg/cm^2)的压力,并随着浓缩终点的接近而逐渐关闭蒸汽阀。总之,压力宜采用由低到高再逐渐降低的步骤。

(4)浓缩终点的确定:连续式蒸发器在稳定的操作条件下,可正常连续出料,其浓度需通过检测而加以控制;间歇式浓缩锅需逐锅测定浓缩终点,在浓缩接近要求浓度时,浓缩乳沸腾状态滞缓,黏度升高,微细的气泡集中在中心,表面稍呈光泽。根据经验观察即可判定浓缩的终点。为准确起见,可迅速取样,测定其比重、黏度或折射率来判定浓缩终点。一般要求原料乳浓缩至原体积的1/4,乳干物质含量达45%左右。浓缩后乳温一般为47℃~50℃,相对密度为1.089~1.100,浓度为14~16波美度。若生产大颗粒甜乳粉,浓乳浓度可提高为18~19波美度。

7. 喷雾干燥

干燥即为液体产品(乳)中的水分被除去,使得产品以固体状态存在。乳粉中水分含量为2.5%~5%,抑制了细菌的繁殖,延长了乳的货架寿命,大大降低了重量与容积,减少了产品的运输与储存费用。乳粉生产中常用的干燥方法有滚筒干燥法和喷雾干燥法。因滚筒干燥法生产的乳粉溶解度低,现很少采用。目前,国内外广泛采用的是喷雾干燥法。

在喷雾干燥法中,乳首先在蒸发器中浓缩,然后在干燥塔内干燥。喷雾干燥法一般分两个阶段进行:第一阶段,预处理后的乳被蒸发浓缩至干物质含量为45%~55%;第二阶段,浓缩乳被泵送至干燥塔进行最后干燥。第二阶段分三个步骤:首先浓缩物分散为细小液滴;其次将细小分散的浓缩乳与热空气混合,使其中水分快速蒸发;最后将干粉颗粒与干燥空气分离。

(1)喷雾干燥工艺流程:

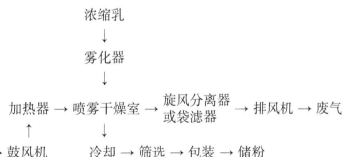

(2)喷雾干燥操作原理:

① 一段干燥的原理:图2-2为一段干燥生产线图,浓缩乳由高压泵送至干燥室继续进入喷雾器,被喷入混合室形成极细小乳滴与热空气进行混合。空气由风扇吸入并通过空

气过滤器,然后在加热器内加热至150℃~250℃,热空气经分散进入喷雾塔,在塔内经喷雾的乳与热空气完全混合蒸发出乳中的水分。水分脱除使液滴的质量、容积、尺寸大大降低,在理想条件下,质量将会下降50%,容积降至原来的40%,颗粒大小降至从喷雾器中出来时颗粒尺寸的75%。在干燥过程中乳粉在塔中沉降到塔底排出。乳粉被冷风冷却下来并传送到包装段,冷风由风扇送至输送管道,冷却之后,混着冷风的乳粉流动到排放单元,在包装之前乳粉由空气中分离出来。一些小的、轻的颗粒可能与空气混在一起离开干燥空间,经一个或多个旋风分离器中分离,这些粉再混回到包装乳粉中。

② 两段干燥的原理:若生产的乳粉湿度过高,在喷雾干燥中可结合使用再干燥段,形成两段加工。工艺流程见图2-3。两段干燥方法生产乳粉包括了喷雾干燥第一段和流化床干燥第二段。乳粉离开干燥室的湿度比最终产品要求高2%~3%,流化床干燥器的作用就是除去这部分水分并最后将乳粉冷却下来。

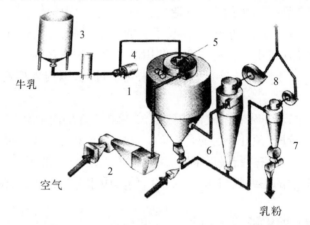

1. 干燥室　2. 蒸气加热器　3. 乳浓缩罐　4. 高压泵　5. 喷雾器　6. 主旋风分离器
7. 旋风分离器运输系统　8. 排风机

图2-2　一段喷雾干燥法生产乳粉工艺流程图(传统喷雾干燥)

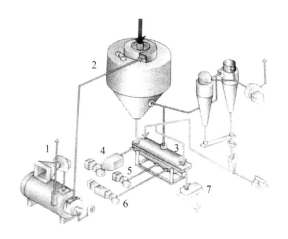

1. 空气加热器　2. 干燥室　3. 振动流化床　4. 用于流化床空气加热器　5. 用于流化床的冷却空气
6. 流化床除湿冷却气　7. 过滤筛

图 2-3　二段喷雾干燥法生产乳粉工艺流程图

（3）喷雾干燥设备组成：

① 干燥室：是乳粉干燥的主体设备，有立式和卧式两种。立式一般为圆柱体锥形底或平底。干燥室体积庞大，是浓缩乳干燥成乳粉的场所。

② 雾化器：是区别压力喷雾干燥机和离心喷雾干燥机的关键。理想的雾化器应能将浓乳稳定地雾化成均匀的乳滴，且散布于干燥室的有效部位而不喷到壁上。还可与其他喷雾条件配合，喷出符合质量要求的成品。离心式雾化器种类很多，良好的离心式雾化器在运转时应时雾滴大小均匀，能使乳液达到高转速，离心盘坚固而质轻，结构简单，无死角易清洗，生产效率高。

③ 高压泵：凡压力式喷雾均需使用高压泵。高压泵一般为三柱塞式往复泵，可供产生高压和均质，使浓缩乳在高压作用下由雾化器喷出，形成雾状。离心式喷雾不需要高压泵，使用一般泵即可。

④ 空气过滤器：喷雾干燥时所使用的热风必须是清洁的空气，因此由鼓风机吸入的空气必须经过滤除尘。过滤层一般使用由金属网内充以涂过油的细不锈钢丝、尼龙丝、海绵、泡沫、塑料等填充物，厚约10cm。空气过滤器的性能为每分钟处理空气约$100m^3/m^2$，风压为147Pa，风速为2m/s。应经常洗刷过滤器，以保持其工作效率。

⑤ 空气加热器：空气加热器的作用是将过滤后的空气在进入干燥室之前加热到150℃~160℃或160℃~200℃。一般有蒸汽加热和燃油炉加热两种方式，前者可加热到150℃~170℃，后者可加热到180℃~200℃。加热器一般多用钢管或紫铜管制造，加热面

积受管径、散热片及排列状态等因素的影响。

⑥进、排风机：进风机的作用是将热空气吸入干燥室内，与牛乳雾滴接触，达到干燥目的。排风机则是将牛乳蒸发出去的水蒸气及时排出，以保持干燥室的干燥作用正常进行。为避免粉尘向外飞扬，干燥室必须维持98~196Pa的负压状态，故排风机的风压要比进风机大，排风机的风量比进风机风量也要大20%~40%。

⑦捕粉装置：是将干燥室排出的废气中带有的粉粒（占总乳粉量的25%~45%）与气流进行分离的装置。常用旋风分离器、布袋过滤器或两者结合使用。

旋风分离器是将湿空气被抽出时所夹带的细小粉粒分离并收集起来。根据除尘要求旋风分离器可两级串联使用。

布袋过滤器是将旋风分离器分离不掉的微小粉粒进行二次分离，由多只布制圆筒形滤袋组成，布袋均采用白色单面厚绒的棉织品或涤纶布织品制成，绒面在布袋外侧，直径为1.4~2.8m，长度为1.5~2m。

⑧气流调节装置：在热风进入干燥室分风室处安装有气流调节装置，目的是使进入的气流均匀无涡流，与雾滴进行良好的接触，避免出现焦粉、局部积粉或潮粉现象。

(4)喷雾干燥方法：喷雾干燥对产品质量影响很大，必须严格按照操作规程进行。喷雾干燥法包括压力喷雾法和离心喷雾法。

①压力喷雾干燥法：浓乳借助高压泵的压力，高速地通过雾化器的锐角，连续均匀地扇形雾膜状喷射到干燥室内，并散成微细雾滴，与同时进入的热风接触，水分被瞬间蒸发，乳滴即被干燥成粉末。压力喷雾干燥工艺条件通常控制范围见表2-16。

表2-16 压力喷雾法生产乳粉时的工艺条件

项目	全脂乳粉	全脂加糖乳粉	速溶加糖乳粉
浓乳浓度/波美度	12~13	14~16	18~18.5
浓乳温度/℃	40~45	40~45	45~47
乳干物质含量/%	45~55	45~55	55~60
高压泵压力/MPa	13~20	13~20	8~10
喷嘴孔径/mm	1.2~1.8	1.2~1.8	1.3~3.0
喷雾角度/°	70~80	70~80	60~70
芯子流乳沟槽/mm	0.5×0.3	0.5×0.3	0.7×0.5
进风温度/℃	130~170	140~170	150~170
排风温度/℃	70~80	75~80	80~85
排风相对湿度/%	10~13	10~13	10~13
干燥室负压/Pa	98~196	98~196	98~196

雾化状态的优劣取决于雾化器的结构、喷雾压力、浓乳的物理性质(浓度、黏度、表面张力等)。若喷嘴孔径不圆或有豁口时,雾膜则厚薄不匀,喷距偏斜,雾化不良。当喷雾孔径和浓乳的物理性质不变时,提高喷雾压力,则喷雾角度增大,雾滴粒度变小;反之,降低喷雾压力,则喷雾角度变小,雾滴粒度增大;若喷雾压力不稳定,则喷雾角度时大时小,雾滴粒度大小不匀。当喷雾孔径和喷雾压力不变时,若浓乳浓度低、黏度小,则雾滴粒度小;反之,雾滴粒度大。雾滴粒度的大小和均匀度,直接影响乳粉颗粒的大小和均匀度。

② 离心喷雾干燥法:离心喷雾干燥法是利用在水平方向作高速旋转的圆盘的离心力作用进行雾化,将浓乳喷成雾状,同时与热风接触而达到干燥的目的。雾化器一般有圆盘式、钟式、多嘴式或多盘式等类型。离心喷雾干燥工艺条件通常控制范围见表2-17。

表2-17 离心喷雾法生产乳粉时的工艺条件

项目	全脂乳粉	全脂加糖乳粉
浓乳浓度/波美度	13~15	14~16
浓乳温度/℃	45~55	45~55
浓乳干物质含量/%	45~50	45~50
转盘数量/只	1	1
转盘转速/(r/min)	5 000~20 000	5 000~20 000
进风温度/℃	200 左右	200 左右
排风温度/℃	85 左右	85 左右
干燥温度/℃	90 左右	90 左右

雾化状态的优劣取决于转盘的结构、圆盘的直径与转速、浓乳的流量与流速、浓乳的物理性质(浓度、黏度、表面张力等)。

当转盘直径固定、浓乳的流量和物理性质不变时,雾滴大小与转速成反比,即转速高则雾滴粒度小。反之,转速低则粒度大。当转盘直径与转速固定、浓乳物理性质不变时,雾滴粒度大小与进料速率成反比,即进料速率大则粒度小。反之,进料速率小则粒度大。当转盘转速固定、进料速率不变时,雾滴粒度大小与浓乳黏度成正比,即黏度大则粒度大,反之,黏度小则粒度小。在其他参数不变时,雾滴粒度与表面张力成正比,即表面张力大,则粒度大;反之,表面张力小,则粒度小。

8. 出粉、冷却、包装

喷雾干燥结束后,应立即将乳粉送至干燥室外及时冷却,避免乳粉受热时间过长。特别对于全脂乳粉,受热时间过长会使乳粉的游离脂肪增加,严重影响乳粉的质量,使之在保存中易引起脂肪氧化变质,乳粉的色泽、气味、滋味、溶解度等均会受到影响。

(1) 出粉与冷却:干燥的乳粉落入干燥室的底部,乳粉温度达60℃。出粉、冷却的方

法一般有以下几种:

① 气流输粉、冷却:气流输粉装置可连续出粉、冷却、筛粉、储粉、计量包装。优点是:出粉速度快,在约5s内即可将乳粉送走,在输粉管内进行冷却。缺点是:易产生过多的微细粉尘,且冷却效率不高,一般只能冷却至高于气温9℃左右。

② 流化床输粉、冷却:流化床输粉冷却装置的优点是:可获得颗粒较大而均匀的乳粉,微细粉尘较少;冷却效率较高,乳粉可冷却至18℃左右;因乳粉不受高速气流摩擦,乳粉质量不受损害;乳粉在输粉导管和旋风分离器内所占比例少,可减轻旋风分离器的负担,同时可节省输粉中消耗的动力。

③ 其他输粉方式:可连续出粉的装置还有电磁振荡器、绞龙输粉器、转鼓型阀、涡流气封法等。这些装置既能保持干燥室的连续工作状态,又可将乳粉及时送出干燥室外。但是需立即进行筛粉、凉粉,使乳粉尽快冷却。

人工出粉时,乳粉受热时间过长,且操作时劳动强度大,乳粉易受污染。因此,人工出粉的方式目前已很少使用。

(2) 筛粉与贮粉:乳粉过筛的目的是将粗粉与细粉(布袋过滤器或旋风分离器内的粉)混合均匀,并除去乳粉团块、粉渣,使乳粉均匀、松散,便于凉粉冷却、包装。

筛粉:一般采用机械振动筛,筛底网眼为40~60目(0.30~0.44mm),在连续化生产线上,乳粉经过振动筛后即进入锥形积粉斗中存放。

贮粉:乳粉经过贮存一段时间后,不仅使乳粉的温度降低,同时乳粉的表观密度可提高15%,有利于包装。在非连续化出粉线中,筛粉后的凉粉也达到了贮粉的目的。在连续化出粉线上,冷却的乳粉需经过一定时间(12~24h)的贮存后再包装为好。

(3) 包装:当乳粉贮放时间达到要求后,即可包装。包装容器、材质及规格依乳粉的用途不同而异。小包装容器常用的有:马口铁罐、塑料袋、塑料铝箔复合袋、塑料复合纸袋。规格以454g、500g最多,也有150g、250g。大包装容器有马口铁箱和圆筒,12.5kg装;有塑料袋套牛皮纸袋,25kg装。或根据购货合同要求决定包装的大小。大包装主要供应特别需要者,如出口或作为食品工业原料,一般铝箔复合袋的保质期为1年,而真空包装和充氮包装技术可使乳粉质量保持3~5年。

包装要求称量准确、排气彻底、封口严密、包装整齐、打包牢固。每天工作之前,包装室必须经紫外线照射30min灭菌后方可使用。包装室最好配置空调设施,使室温保持20℃~25℃,相对湿度为75%。

模块九　干酪加工

一、干酪的概念及种类

1. 干酪的概念

在鲜乳中或脱脂乳中加入适量的乳酸菌发酵剂与凝乳酶,使乳蛋白凝固,排去乳清压制成块,新鲜的或经发酵成熟而制成的一种乳制品。

干酪的生产在世界乳品工业中占有重要地位,它不仅是一种营养价值较高的乳制品,也是糖果、糕点等食品生产的重要原料。目前发达国家近半数生乳以奶酪形式消费,世界范围内产量稳中有升。消费热点已在后期形成消费习惯的国家和地区形成,中国也形成了较大的潜在干酪消费市场。

2. 干酪的种类

所有乳制品中,以干酪的种类最多。据美国农业部统计,世界上已经命名的干酪种类达 800 多种,其中 400 多种较为著名。随着新品种的开发,干酪的种类仍不断增加。干酪主要依据原产地、制作方法、外观形状、理化性质和微生物学特性等进行命名和分类。

通常将干酪分为天然干酪、融化干酪、干酪食品三大类。

(1) 天然干酪:指以鲜乳、稀奶油、部分脱脂乳、酪乳或混合乳为原料,经凝乳后,排出乳清而获得的新鲜或经微生物作用而成熟的产品。制作过程中,未经发酵的称新鲜干酪。经长时间发酵成熟而制成的产品称为成熟干酪。两者统称为天然干酪。生产天然干酪时允许添加天然香辛料以增加产品的香味和滋味。

(2) 融化干酪:指用一种或一种以上的天然干酪,加入香料、调味料等食品添加剂(或不加添加剂)经粉碎、混合、加热融化、乳化后而制成的产品,含乳固体 40% 以上。

生产融化干酪时,允许添加稀奶油、奶油或乳脂以调整脂肪含量。另外,添加的香料、调味料及其他食品,必须控制在乳固体的 1/6 以内。不得添加全脂乳粉、脱脂乳粉、乳糖、干酪素以及不是来自乳中的脂肪、蛋白质及碳水化合物。

(3) 干酪食品:是用一种或一种以上的天然干酪或酪化干酪,添加香料、调味料等食品添加剂(或不加添加剂),经粉碎、混合、加热、融化而制成的产品。干酪食品中干酪数量需占 50% 以上。此外,添加香料、调味料或其他食品时,必须控制在产品干物质的 1/6 以内;添加不是来自乳中的脂肪、蛋白质及碳水化合物时,不得超过产品的 10%。

国际乳品联盟(IDF,1972)提出以水分含量为标准,将天然干酪分为硬质、半硬质、软质三大类,并根据成熟的特征或固形物中的脂肪含量来分类的方案。现在习惯上以干酪的软硬度及与成熟有关的微生物来进行分类。主要干酪的分类如表 2-18 所示。

表 2-18　干酪的品种分类

种类		与成熟有关的微生物	水分含量/%	主要产品
软质干酪	新鲜	不成熟	40~60	农家干酪(cottage cheese) 稀奶油干酪(cream cheese) 里科塔干酪(ricotta cheese)
	成熟	细菌		手工干酪(hand cheese) 比利时干酪(Limburg cheese)
		霉菌		布里干酪(brie cheese) 法国浓味干酪(camembert cheese)
半硬质干酪		细菌	36~40	砖状干酪(brick cheese) 修道院干酪(trappist cheese)
		霉菌		法国羊奶干酪(Roquefort cheese) 青纹干酪(blue cheese)
硬质干酪	实心	细菌	25~36	荷兰干酪(gouda cheese) 荷兰圆形干酪(edma cheese)
	有气孔	细菌(丙酸菌)		埃门塔尔干酪(Emmentaler cheese) 瑞士干酪(Swiss cheese)
特硬干酪		细菌	<25	帕尔逊干酪(parmesan cheese) 罗马诺干酪(romano cheese)
融化干酪			<40	融化干酪(processed cheese)

二、干酪的组成

干酪中含有丰富的脂肪、蛋白质、糖类、有机酸、维生素和矿物元素等多种营养成分。干酪的营养组成见表 2-19。

表 2-19　干酪的组成(100g 中的含量)

干酪名称	类型	水分/%	热量/J	蛋白质/g	脂肪/g	钙/mg	磷/mg	维生素 A/IU	维生素 B_1/mg	维生素 B_2/mg	尼克酸/mg
契达干酪	硬质(细菌发酵)	37.0	1663	25.0	32.0	750	478	1310	0.03	0.46	0.1
法国羊奶干酪	半硬(霉菌发酵)	40.0	1538	21.5	30.5	315	184	1240	0.03	0.61	0.2
法国浓味干酪	软质(霉菌发酵)	52.2	1250	17.5	24.7	105	339	1010	0.04	0.75	0.8
农家干酪	软质(新鲜不发酵)	79.0	359	17.0	0.3	90	175	10.0	0.03	0.28	0.1

三、干酪发酵剂

（一）干酪发酵剂的概念与种类

1. 干酪发酵剂的概念

干酪发酵剂指在干酪制造过程中使干酪发酵与成熟的特定微生物培养物。

2. 干酪发酵剂的分类

干酪发酵剂可分为细菌发酵剂和霉菌发酵剂两大类。

细菌发酵剂主要以乳酸菌为主，其中主要有嗜酸乳杆菌、保加利亚乳杆菌、乳酸链球菌、乳油链球菌、丁二酮链球菌、嗜柠檬酸明串珠菌等。细菌发酵剂主要用于产生风味物质和产酸。

霉菌发酵剂主要有卡门培尔干酪青霉、干酪青霉、娄地青霉等。某些酵母如解脂假丝酵母也在一些品种的干酪中应用。霉菌发酵剂对脂肪分解能力较强。

根据制品需要和菌种组成情况，可将干酪发酵剂分为单菌种发酵剂和混合菌种发酵剂两种。单菌种发酵剂只含一种菌种，优点是在长期活化和使用中，其活力和性状变化较小；缺点是易受到噬菌体的侵染，造成繁殖受阻和产酸减少等。

混合菌种发酵剂是由两种或两种以上的菌种，按一定比例组成的发酵剂。优点是能够形成乳酸菌的活性平衡，较好地满足制品成熟发酵的要求；缺点是因为有多种菌的共生作用，其活力和性质易发生改变，培养后较难长期保存，每次活化培养很难保持几种菌的比例稳定发展，而使发酵剂及产品中的菌种易发生变化。实际生产中多采用混合菌种发酵剂。干酪发酵剂微生物及其使用制品如表 2-20 所示。

表 2-20　干酪发酵剂微生物及其使用制品

发酵剂用微生物		使用制品、作用
一般名	菌种名	
乳酸杆菌	乳酸杆菌（*L. lactis*） 干酪乳杆菌（*L. casei*） 嗜热乳杆菌（*L. thremophilus*） 胚芽乳杆菌（*L. plantarum*）	瑞士干酪 各种干酪，产酸、风味 干酪，产酸、风味 切达干酪
乳酸球菌	嗜热乳链球菌（*Str. therpomhilus*） 乳酸链球菌（*Str. lactis*） 乳酪链球菌（*Str. cremoris*） 粪链球菌（*Str. faecalis*）	各种干酪，产酸及风味 各种干酪，产酸 各种干酪，产酸 切达干酪
丙酸菌	薛氏丙酸菌（*Prop. shermanii*）	瑞士干酪
酵母菌	解脂假丝酵母（*Cand. lypolytica*）	青纹干酪、瑞士干酪

续表

发酵剂用微生物		使用制品、作用
一般名	菌种名	
曲霉菌	米曲霉(Asp. Oryzae) 娄地青霉(Pen. roqueforti) 卡门培尔干酪青霉(Pen. camenberti)	法国绵羊乳干酪、法国卡门培尔干酪
短密青霉菌	短密青霉素(Brevi. lines)	砖状干酪、林堡干酪

（二）干酪发酵剂的制备

1. 乳酸菌发酵剂的制备

通常乳酸菌发酵剂的制备分三个阶段：乳酸菌纯培养物、母发酵剂和生产发酵剂。具体制备方法与酸乳发酵剂相似，当生产发酵剂酸度达 0.75%～0.80% 时冷却，在 0℃～5℃条件下保存备用。

2. 霉菌发酵剂的制备

霉菌发酵剂的制备除所用菌种及培养温度有差异外，基本方法与乳酸菌发酵剂的制备方法相似，将去除表皮的面包切成小立方体，盛于三角瓶中加适量蒸馏水进行高压灭菌处理，若添加少量乳酸菌效果更好。将霉菌悬浮于无菌水中，再喷洒到灭菌面包上。置于恒温箱（21℃～25℃）中培养 8～12 天，使面包表面布满霉菌。取出后在 30℃条件下干燥 10 天，或在室温下真空干燥，最后研成粉末，筛选后盛于容器中保存备用。

四、天然干酪的加工

（一）工艺流程

原料乳预处理→添加发酵剂→加入添加剂与调整酸度→添加凝乳酶→凝块切割→凝块的搅拌及加温→排除乳清→堆积→成型压榨→加盐→成熟、上色、挂蜡→成品

（二）操作要点

1. 原料乳预处理

必须经感官检查、酸度测定或酒精试验，必要时进行青霉素及其他抗生素试验，验收合格后进行预处理，即净乳、标准化、杀菌。

（1）净乳：巴氏杀菌不能杀灭形成芽孢的细菌，这类细菌对干酪的生产和成熟有很大的危害，如丁酸梭状芽孢杆菌在干酪成熟过程中会产生大量气体，破坏干酪的组织状态，且会产生不良风味。用离心式除菌机进行净乳处理，不仅可以除去乳中大量杂质，还可以将乳中 90% 的细菌除去，尤其对于相对密度较大的芽孢菌特别有效。

（2）标准化：在加工之前必须对原料乳进行标准化处理，才能保证每一批干酪质量的均一、组成一致。首先要准确测定原料乳的乳脂率和酪蛋白的含量，调整原料乳中的脂肪

和非脂乳固体之间的比例,使其比值符合产品要求,一般要求酪蛋白与脂肪比例(C/F)为0.7。

标准化的方法主要通过离心等方法除去部分乳脂肪、加入脱脂牛乳、稀奶油、脱脂乳粉等。

例 今有原料乳 1 000 kg,含脂率为 4%,用含酪蛋白 2.6%、脂肪 0.01% 的脱脂乳进行标准化,使 $C/F=0.7$,试计算所需脱脂乳量。

解:① 全乳中的脂肪量 = 1 000 × 4% = 40(kg)

② 原料乳中酪蛋白比率根据公式计算可知为 2.5%,计算方法如下:

酪蛋白比率(%) = $0.4F + 0.9 = 0.4 \times 4\% + 0.9 = 2.5\%$

③ 全乳中酪蛋白量 = 1000 × 2.5% = 25(kg)

④ 原料乳中 $C/F = 25/40 = 0.625$

⑤ 由于希望标准化后的 C/F 为 0.7,所以标准化后乳中酪蛋白应为:40 × 0.7 = 28(kg)

⑥ 应补充酪蛋白量为 28 - 25 = 3(kg)

⑦ 所需脱脂乳量 3 ÷ 2.6% = 115.4(kg)

(3) 杀菌:在干酪生产中通常采用巴氏杀菌法,即 63℃ ~ 65℃、30min 或 75℃、15s。常用的杀菌设备为保温杀菌缸或片式热交换杀菌机。

2. 添加发酵剂和预酸化

原料乳杀菌后,直接打入干酪槽(图 2-4)中。干酪槽为水平卧式长椭圆形不锈钢槽,且有保温(加热或冷却)夹层和搅拌器(手工操作时为干酪铲和干酪耙)。待乳温冷却至 30℃ ~ 32℃ 时加入发酵剂。

取原料乳量 1% ~ 2% 的工作发酵剂边搅拌边加入原料乳中,并在 30℃ ~ 32℃ 下充分搅拌 3 ~ 5min。然后在此条件下发酵 1h,以保证充足的乳酸菌数量和一定的酸度,此过程称为预酸化。

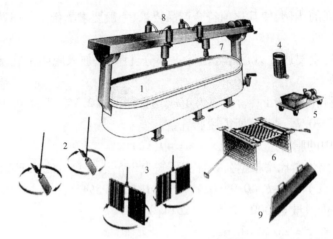

1. 带有横梁和驱动电机的夹层干酪槽 2. 搅拌工具 3. 切割工具
4. 置于出口处干酪槽内侧的过滤器 5. 带有一个浅容器小车上的乳清泵
6. 用于圆孔干酪生产的预压板 7. 工具支撑架 8. 用于预压设备的液压筒 9. 干酪切刀

图 2-4 带有干酪生产用具的普通干酪槽

3. 调整酸度与加入添加剂

（1）调整酸度：预酸化后要求酸度达 0.18%~0.22%，但该发酵酸度很难控制，为使干酪成品质量一致，可取样测定酸度后，用 1mol/L 的盐酸来调整酸度，使之达到 0.21% 左右。具体的酸度值应根据干酪的品种而定。

（2）加添加剂：为了改善凝乳性能，提高干酪质量，可在 100kg 的原料乳中添加 5~20g 氯化钙（预先配成 10% 溶液），以调节盐类平衡，促进凝块形成。为使产品的色泽一致，需在原料乳中加胡萝卜素等色素物质，现多使用胭脂树橙的碳酸钠抽取液。通常每 1 000 kg 原料乳中加入 30~60g 色素（以水稀释约 6 倍，充分混匀后加入）。为防止和抑制产气菌，可同时加入适量硝酸盐。

4. 添加凝乳酶

凝乳酶的主要作用是促进乳的凝结和利于乳清排出。一般以皱胃酶为主，由于皱胃酶来源于犊牛的第四胃，靠宰杀小牛而得，成本较高，因此，开发和研制皱胃酶的代用酶受到普遍重视。目前已有很多种代用酶，如胃蛋白酶、植物性凝乳酶、微生物凝乳酶及遗传工程凝乳酶已经应用到干酪生产中。

凝乳酶的添加方法是：按凝乳酶的效价和原料乳的量计算凝乳酶的用量，使用前用 1% 的食盐水将凝乳酶配成 2% 溶液，并在 32℃ 下保温 30min，然后加入到原料乳中，充分搅拌 2~3min 后加盖，在 32℃ 下条件下静置 40min 左右，即可凝固成半固体状。

5. 凝块切割

当乳凝固后,凝块达到一定硬度时,用刀在凝乳表面切割深为2cm、长为5cm的切口,这个步骤称为切割。切割的目的是增大凝块的表面积,加快乳清的排除,控制成品水分。正确判断恰当的切割时机非常重要。如果在尚未充分凝固时切割(过早切割),酪蛋白或脂肪损失大,且生成柔软的干酪;反之,切割时间迟,凝乳变硬不易脱水。

切割时机的判定:用消毒过的温度计以45°角插入凝块中,并挑开凝块,如裂口恰如锐刀切痕,并呈现透明乳清,说明凝块达到了适当硬度,即可进行切割。切割时需用干酪刀,干酪刀有水平式和垂直式两种,钢丝刃间距一般为0.79~1.27cm。先沿干酪槽长轴用水平式刀平行切割,再用垂直刀先沿长轴垂直切割后,沿短轴垂直切。注意动作要轻、稳,防止将凝块切得过碎或不均匀,影响干酪质量。

6. 凝块的搅拌、加温

由于凝块具有相互凝聚的倾向,必须搅拌以促进凝块的收缩和乳清的渗出,防止凝块沉淀和相互粘连。当凝块中乳清酸度达0.17%~0.18%时,开始用干酪搅拌器或干酪耙轻轻搅拌。先慢搅15min后再加快搅拌。在搅拌的同时,在干酪槽的夹层中通入热水,使温度逐渐升高。升温的速度严格控制,开始时每3~5min上升1℃,当温度达到35℃后,则每隔3min升高1℃,当温度升至38℃~42℃(根据干酪的品种具体确定终止温度)停止加热并维持此时温度。升温的速度不宜过快,否则干酪凝块收缩过快,表面形成硬膜,影响干酪粒内部乳清的析出,使成品水分含量过高。凝块的搅拌和加温终止时期可用下列标准判断:①乳清的酸度为0.17%~0.18%;②凝乳粒收缩为切割时的1/2;③凝乳粒内外硬度均一。

7. 排除乳清

当乳清酸度达到要求(依据干酪种类而异),干酪粒已收缩到适当硬度时,即可将乳清排出。判断干酪粒硬度的方法是:用手握一把干酪粒在手掌中,尽力压出水分后放松手掌,如干酪粒富有弹性,搓开仍能重新分离时,表示干酪粒已达到适当硬度。

将干酪粒堆积在干酪槽的两侧,促进乳清的进一步排出。排除的乳清脂肪含量一般约为0.3%,蛋白质为0.9%。若脂肪含量在0.4%以上,表明操作不理想,应将乳清回收,作为副产品进行综合加工利用。

8. 堆积

乳清排除后,将干酪粒堆积在干酪槽的一端或专用的堆积槽中,上面用带孔木板或不锈钢板压5~10min,压出乳清使其成块,这一过程即为堆积。

9. 压榨成型

压榨的目的是为进一步排掉乳清,使凝乳颗粒成块,并形成一定的形状,同时表面变硬。具体方法是:将堆积后的干酪块切成方砖形或小立方体,装入成型器中。在内衬网成型器内装满干酪块,放入压榨机上进行压榨定型。压榨的压力与时间依干酪的品种而定。先进行预压榨,一般压力为 0.2~0.3 MPa,时间为 20~30min;或直接正式压榨,压力为 0.4~0.5 MPa,时间为 12~24h。压榨结束后,从成型器中取出的干酪称为生干酪。如果制作软质干酪,则不需压榨。

10. 加盐

加盐的目的在于:改进干酪的风味、组织和外观;增加干酪的硬度;排出内部水分和乳清;抑制乳酸菌的活力,调节乳酸生成和干酪的成熟;抑制和防止杂菌的繁殖。加盐量依据成品的含盐量而定,一般为 1.5%~2.5%。

依据干酪品种不同加盐的方式也不一同,通常有以下三种:①干盐法:指在定型压榨前,将食盐撒布在干酪粒中或将食盐涂布在生干酪表面(如法国浓味干酪)。②湿盐法:将压榨后的生干酪置于盐水池中腌制,盐水浓度在第 1~2 天为 17%~18%,以后保持 20%~23% 的浓度。盐水温度应控制在 8℃ 左右,浸盐时间为 4~6 天(如荷兰干酪、荷兰圆形干酪)。③混合法:指在定型压榨后先涂布食盐,过一段时间再浸入盐水中的方法(如瑞士干酪、砖状干酪)。

11. 成熟、上色挂蜡

鲜干酪在一定温度和湿度条件下,在乳酸菌等有益微生物和凝乳酶的作用下,经一定时间使干酪发生一系列物理和化学变化的过程,称为干酪的成熟。成熟的主要目的是改善组织状态、营养价值和增加干酪特有的风味。

(1) 成熟条件:成熟库(室)内低温比高温效果好,一般为 5℃~15℃。相对湿度一般为 85%~90%。当相对湿度一定时,硬质干酪在 7℃ 需 8 个月以上成熟,在 10℃ 需 6 个月以上,而在 15℃ 需 4 个月左右。软质干酪或霉菌成熟干酪需 20~30 天。

(2) 成熟过程的管理:前期成熟主要是防止霉菌的繁殖、反转放置,持续 15~20 天。后期成熟和储藏需继续成熟 2~6 个月(5℃、80%~90%),可形成良好的风味、口感。

(3) 上色挂蜡:上色的目的是为了防止霉菌生长和增加美观。挂蜡的目的是为了防止霉菌生长,延长保存时间。具体方法为:先用红色食用色素染色(也有不染色的),待干酪表面色素干燥后,再放入 160℃ 的石蜡(熔点以 54℃~56℃)中进行挂蜡。近年来已逐渐采用合成树脂取代石蜡。为了食用方便和防止形成干酪皮,现多采用食用塑料薄膜真空包装或热缩密封。

模块十　奶油加工

一、奶油的概念

奶油又名乳酪、黄油、酥油,是指将牛乳经奶油分离机分离所得的稀奶油再经成熟、搅拌、压炼而制成的一种乳制品。奶油含脂肪80%~83%,含水分约16%。

二、奶油的种类

按制造方法不同可分为鲜制奶油、酸制奶油、重制奶油和连续式机制奶油。

1. 鲜制奶油

用高温杀菌的稀奶油制成的无盐或加盐奶油。

2. 酸制奶油

用高温杀菌的稀奶油添加乳酸菌发酵而成的无盐或加盐奶油。

3. 重制奶油

将奶油或稀奶油经过加热熔化,进一步去除蛋白质和水分而成。

4. 连续式机制奶油

用高温杀菌的稀奶油,不经过乳酸发酵,在连续制造机中制成的奶油。奶油的主要营养成分见表2-21。

表2-21　奶油的组成成分

项目	加盐奶油	无盐奶油	重制奶油
脂肪/%	≥80	≥82	≥98
水分/%	≤16	≤16	≤1
盐/%	≤2.5	—	—
酸度/°T	≤20	≤20	—

三、奶油的加工工艺

(一)工艺流程

原料乳验收→稀奶油分离→稀奶油的中和→杀菌→冷却→物理成熟→添加色素→搅拌→洗涤→加盐压炼→包装→成品。

(二)加工方法

1. 原料乳的选择

制造奶油用的原料乳必须是健康乳牛生产的鲜乳,其感官指标、理化及细菌指标必须符合 NY 5045—2001,卫生指标必须符合国家卫生标准 GB 32—77 的要求。含有抗生素和消毒剂的乳不能用于酸制奶油的生产。

2. 稀奶油的分离

加工奶油需先将乳脂肪从牛乳中分离出来,将乳分成稀奶油和脱脂乳的过程称为奶油分离。现代化的乳品加工厂多用奶油分离机分离奶油,分离的原理是:根据乳脂肪和脱脂乳的比重不同,在 6 000~8 000 r/min 的离心机中高速旋转离心作用下,使两者分开,各自沿分离机的不同出口流出。

分离机使用时注意事项如下:

① 分离机必须安装在牢固的地面上。

② 原料乳必须加热到 32℃~35℃,再经纱布过滤后倒入分离机受乳器内。

③ 开动分离机时最初慢速,逐步加快转速,待达到正常速度后,再打开进乳口进行分离。

④ 分离 3~5min 后,测定稀奶油与脱脂乳在同一时间内流出的比例,大致确定稀奶油的含脂率(通常以 1:10 的比例较为合适)。不同分离比例下稀奶油的含脂率不同,具体数值见表 2-22。

表 2-22 不同分离比例稀奶油的含脂率

原料乳脂肪含量 /(g/100mL)	不同产量稀奶油的含脂率/%			
	10L	12L	14L	16L
3.2	31.5	26.5	22.5	20.0
3.4	33.5	28.0	24.0	21.0
3.6	36.5	29.6	25.4	22.2
3.8	37.5	31.5	26.8	23.5
4.0	39.5	32.9	28.2	24.7
4.2	41.5	34.6	29.7	26.6

不同加工目的对稀奶油含脂率要求不同,一般用于制作奶油的稀奶油,含脂率要求在 32%~40%;供作酸制奶油用的为 30%;供作冰淇淋用的为 22%~25%。可通过调节奶油分离机上的调节栓,使稀奶油达到要求的含脂率。

分离结束后,用部分脱脂乳倒入分离钵内,将稀奶油全部冲出,然后用 0.5% 的碱水和热水冲洗干净。

分离出的稀奶油可随即进行奶油加工,也可用于标准化或其他乳制品加工。

3. 稀奶油的中和

加工奶油用的稀奶油必须进行中和,以降低酸度,这样可改变奶油的风味,防止加工过程中脂肪和酪蛋白凝结从酪乳中排出,还可防止奶油变质。中和限度酸度为 0.15%~0.25% 为宜。常用石灰作为中和剂,具体方法是:先计算稀奶油中乳酸的含量,再计算中和乳酸的石灰用量,将石灰配制为 20% 的乳剂后,缓慢加入稀奶油中,并搅拌均匀。计算公式如下：

$$稀奶油中乳酸量 = 稀奶油量 \times (稀奶油酸度 - 限度酸度)$$

$$石灰量 = 稀奶油中乳酸量 \times 74 \div 90 \times \frac{1}{2}$$

式中：74 为氢氧化钙分子量；90 为乳酸分子量。

例 今有稀奶油 200kg，酸度为 0.6%，欲将酸度中和至 0.2%，需加石灰多少？

$$乳酸量 = 200 \times (0.6\% - 0.2\%) = 0.8(kg) = 800g$$

$$加石灰量 = 800 \times 74 \div 90 \times \frac{1}{2} \approx 329(g)$$

4．稀奶油的杀菌

杀菌的温度和时间依据稀奶油的质量而定，若用新鲜稀奶油加工奶油并立即销售者，可采用 63℃ 保持 30min 的巴氏杀菌法；若制成的奶油需贮藏或稀奶油略有金属味，可采用 70℃、30min 杀菌；质量差的稀奶油可用 85℃~90℃，保持 15min 的杀菌法。

5．稀奶油的冷却

杀菌后的稀奶油应尽快冷却。快速冷却对于稀奶油的成熟有重要意义，它可更有效地抑制残存微生物的活动，阻止芳香物质的挥发，以获得较好的成品。稀奶油的冷却可采用二段冷却法，即杀菌后先冷却至 25℃ 左右，再继续冷却至 2℃~10℃。

6．稀奶油的物理成熟

乳脂肪中含有多种不同的脂肪酸，有的在较高温度下也能硬化成结晶状态，有的在 0℃ 时仍保持液态，乳脂肪由液态转变为结晶的固体状态，称物理成熟。

稀奶油成熟时的温度愈低，脂肪结晶愈快，成熟所需要的时间也愈短。成熟时间与温度的关系见表 2-23。

表 2-23　稀奶油成熟时间与温度的关系表

成熟温度/℃	成熟持续时间/h	成熟温度/℃	成熟持续时间/h
0	0.5~1	4	4~6
1	1~2	6	6~8
2	2~4	8	8~12
3	3~5	—	—

稀奶油的成熟程度对奶油质量有很大影响，如果成熟温度过高，成熟时间不足，所得的奶油颗粒软，黏度高，不仅搅拌时易黏附在搅拌机壁上，且排出的酪乳中脂肪含量也高，另外由于水分高也不易压炼，造成奶油产量的降低。如果在过低的温度下成熟，会造成搅拌时间延长，奶油颗粒硬，压炼后奶油水分含量低，特别是制作加盐奶油，压炼困难，影响

奶油组织状态。稀奶油的成熟温度一般控制在5℃以下为宜。

7. 添加色素

为了使奶油颜色一致,对于白色或色淡的稀奶油需添加色素。常用色素为安那妥,为天然植物色素。3%的安那妥溶液叫奶油黄,一般用量为稀奶油的0.01%~0.05%。夏季奶油色较浓,不需另加入色素。加色素时应对照标准奶油色标本,调整添加量,色素通常在搅拌前直接加入搅拌器中。

8. 搅拌

将稀奶油置于搅拌器中,利用机械的冲击力使脂肪球膜破坏形成脂肪团粒并将酪乳从中分离出来,这个过程叫搅拌。物理成熟后的稀奶油即可进入搅拌工序。

在杀菌后的搅拌机中进行,夏季温度保持在8℃~12℃,冬季10℃~14℃,酸度16~18°T。搅拌的方法是:将物理成熟后的稀奶油装入搅拌器容桶中,装入量为1/3~1/2,然后关紧门,旋转3~5min,停机,打开放气栓,排出空气和二氧化碳,再关闭放气栓,继续旋转到奶油粒形成为止。转速一般控制在20~25r/min,历时45~60min。当奶油形成直径2~5mm大小的颗粒时,即可停止搅拌。结束后放出酪乳即可进行下道工序。

9. 洗涤

用杀菌冷却后的水进行洗涤,第一次加入的水温为8℃~10℃,加入量为稀奶油量的30%,慢慢转动搅拌机4~5圈,放出洗涤水;再加入5℃~7℃杀菌冷水,加入量为50%,慢慢旋转8~10圈,放出洗涤水;最后再加入5℃的杀菌冷水,50%用量,旋转10圈,放出水即可结束。

10. 加盐压炼

鲜制咸奶油含食盐量为2%~2.5%,在压炼时,因有少量食盐会随水分流失,所以压炼时可按洗涤奶油颗粒的2.5%~3.0%加入食盐。选用精制特级或一级盐,通常放在奶油压炼器内,通过压炼过程与奶油混合。

模块十一　炼乳加工

一、炼乳的概念及种类

鲜乳经真空浓缩除去大部分水分而制成的产品称炼乳。炼乳种类有很多,按照成品是否加糖可以分为加糖与不加糖炼乳;按照脱脂与否,可分为全脂炼乳、脱脂炼乳及半脱脂炼乳;加入可可、咖啡或其他辅料,可制成各种花色炼乳;添加维生素D等营养物质则可制成各种强化炼乳。目前我国主要生产的是全脂甜炼乳和淡炼乳。

二、甜炼乳加工

甜炼乳是指在牛乳中加入约17%的蔗糖,经杀菌、浓缩至原体积的40%左右而制成的产品。因其蔗糖含量较高,不适宜作为婴儿代乳品,甜炼乳主要作为饮料及其他食品加工的原料。

(一) 工艺流程

```
                                          空罐 → 洗罐 → 灭菌 → 干燥
                                                              ↓
原料乳的验收与预处理 → 预热杀菌 → 加糖 → 真空浓缩 → 冷却结晶 → 装罐、包装及贮藏
                                  ↓                           ↓
                         蔗糖溶解 → 过滤杀菌 → 冷却             成品
```

(二) 操作要点

1. 原料乳的验收与预处理

按常规的方法严格进行验收,验收合格的乳经称重、过滤、净乳、冷却后泵入贮乳罐。

2. 预热杀菌

预热杀菌的目的是杀灭原料乳中的致病菌和病毒,破坏和钝化酶的活力,保证食品卫生安全,同时延长成品的保存期;为牛乳在真空浓缩过程中起预热作用,防止结焦,加速蒸发;使蛋白质适当变性,推迟成品变稠。甜炼乳一般可采用110℃~120℃瞬间杀菌或80℃~85℃保温10min,也可采用95℃保温3~5min。

3. 加糖

加糖是甜炼乳生产中的一个步骤,其目的是利用蔗糖溶液的渗透压作用,抑制炼乳中微生物的繁殖,提高成品的贮存性,同时赋予成品甜味。所使用的蔗糖必须符合我国国家标准 GB 317—64 中规定的一级或优级品标准。要求蔗糖松散洁白而有光泽,无异味,所含蔗糖应不少于 99.65%。

蔗糖的添加量要适当,就抑制微生物生长繁殖而言,糖浓度越高越好。但加糖量过高易产生糖沉淀等缺陷。可通过以下方法计算实际添加量:

(1) 先计算蔗糖比。甜炼乳中的蔗糖与其溶液的百分比,称为蔗糖比,用公式表示为:

$$蔗糖比 = \frac{蔗糖}{蔗糖 + 水分} \times 100\%$$

或:

$$蔗糖比 = \frac{蔗糖}{100 - 乳固体} \times 100\%$$

蔗糖比是决定甜炼乳应含蔗糖的浓度和向原料乳中添加糖量的计算基准。据研究,蔗糖比必须在60%以上,为安全起见可控制在62.5%以上。在原料乳质量较好,且杀菌充分和卫生管理良好的情况下,蔗糖比为62.5%时即能防止由于细菌造成的质量不良。

若蔗糖比在65%以上,则有析出蔗糖结晶的危险。因此,蔗糖比一般控制在62.5% ~ 64.5%较适宜。

(2) 根据所要求的蔗糖比计算出甜炼乳中的蔗糖百分率:

$$甜炼乳中蔗糖百分率 = \frac{(100 - 总乳固体) \times 所要求的蔗糖比}{100} \times 100\%$$

(3) 计算出浓缩比。

$$浓缩比 = 甜炼乳中的总乳固体 \div 原料乳中的总乳固体$$

(4) 计算应添加蔗糖量。

$$应添加蔗糖量 = 甜炼乳中的蔗糖 \div 浓缩比$$

例1 含28%乳固体及45%蔗糖的甜炼乳,其蔗糖比是多少?

$$蔗糖比 = 45 \div (100 - 28) \times 100\% = 62.5\%$$

例2 乳固体28%的甜炼乳,其蔗糖比为62.5%时,甜炼乳中的蔗糖百分率为多少?

$$甜炼乳中蔗糖百分率 = (100 - 28) \times 62.5\% \div 100 \times 100\% = 45\%$$

例3 用乳固体为11.8%的标准化后的原料乳制造乳固体为30%及蔗糖44%的甜炼乳,在100kg原料乳中应添加多少蔗糖?

$$浓缩比 = 30 \div 11.8 = 2.542$$

$$应添加蔗糖量 = 44 \div 2.542 = 17.31$$

即每100kg原料乳中应添加蔗糖为17.31kg。此时成品中的蔗糖比为:

$$蔗糖比 = \frac{蔗糖}{100 - 乳固体} \times 100\%$$

$$= \frac{44}{100 - 30} \times 100\% = 62.9\%$$

加糖方法一般采用三种:① 将蔗糖直接加入原料乳中,加热溶解,预热后进入真空浓缩锅中进行浓缩;② 把原料乳与糖浆分别进行预热和杀菌,混合后进行浓缩;③ 当牛乳浓缩即将结束时,把经杀菌的浓糖浆吸入真空浓缩锅内。

加糖方法不同,对于成品的稳定性有很大影响。一般来讲,乳与糖接触时间越长,变稠趋势就越显著。由此可见,上述方法中,第③种为最好,第②种其次,第①种方法由于杀菌时糖的影响提高了细菌的耐热性,且储存中容易变稠,故一般不采用。

4. 真空浓缩

其目的是除去部分水分,有利于保存;减少体积和重量,便于保藏和运输。真空浓缩的原理、方法及设备和乳粉生产中浓缩过程基本相同,不再赘述。

5. 冷却结晶

冷却结晶的目的是迅速将浓缩乳冷却至常温,防止甜炼乳在储藏期变稠变色;另一方面,控制冷却结晶的条件,使处于过饱和状态的乳糖形成细微的结晶,使甜炼乳的组织状态细腻、柔润,流动性好,舌感细腻;还可使细小的乳糖结晶悬浮于甜炼乳内不致沉淀。

冷却结晶的方法一般分为间歇式及连续式两大类。

间歇式冷却结晶通常采用蛇管冷却结晶器,冷却过程可分为三个阶段:第一阶段为冷却初期,浓缩乳出料后应将乳温由50℃左右迅速降至35℃左右;第二阶段为强制结晶期,继续冷却至接近28℃,此期间可投入0.025%的乳糖晶种或1%的成品炼乳,边加边搅拌,使其分布均匀。结晶的最适温度就处于这一阶段,此阶段应保持半小时左右;第三阶段为冷却后期,把炼乳冷却至20℃后停止冷却,继续搅拌1h,即完成冷却结晶操作。

连续式冷却结晶采用连续瞬间冷却结晶机,炼乳在强烈的搅拌作用下,在几十秒到几分钟内,即被冷却至20℃以下。用这种设备冷却结晶,即使不添加晶种,也可得到微细的乳糖结晶。而且由于强烈搅拌,使炼乳不易变稠和变色,并可防止污染。

6. 装罐、包装及贮藏

将产品按一定规格分装并密封,便于贮存、运输和销售,还可以提高商品价值。我国甜炼乳包装多采用397g马口铁罐,也有250g玻璃瓶。装罐前需将包装材料采用蒸气杀菌(90℃以上保持10min),沥去水分或烘干后使用。

采用自动装罐机灌罐,一般使用真空自动封罐机封口。因甜炼乳装罐时要求装满,尽可能地排除顶隙的空气。所以甜炼乳装罐都不用抽真空,抽真空反而会吸收罐内炼乳。然后经清洗、贴标、装箱,即可入库贮藏。

贮藏时仓库内的温度应恒定,不高于15℃,空气相对湿度应不高于85%。若温度常常发生变动,则可能引起乳糖形成大的结晶。贮藏期间,每月需进行1~2次翻罐,防止糖沉淀的形成。

三、淡炼乳加工

淡炼乳是指将牛乳浓缩至原体积的40%左右,装罐封罐后经高温灭菌而制成的浓缩灭菌乳。淡炼乳加工方法与甜炼乳加工方法比较有三点区别:第一,不加糖;第二,进行均质处理;第三,需经高温灭菌和添加稳定剂。

(一)生产工艺流程

原料乳的验收 → 标准化 → 预热杀菌 → 真空浓缩 → 均质 → 冷却 → 再标准化 → 小样试验 → 装罐 → 灭菌 → 振荡 → 保存试验 → 包装
      ↑
  干燥 ← 灭菌 ← 洗灌 ← 空灌

(二)操作要点

1. 原料乳的验收及标准化

用于生产淡炼乳的原料乳质量要求比甜炼乳严格,除采用75%酒精试验外,还必须做热稳定性试验（如磷酸酶试验），检验合格后方能使用。标准化的方法参照相关标准进行。

2. 添加稳定剂

添加稳定剂的目的在于增加原料乳的稳定性，防止灭菌时乳发生凝固。通常每100 kg 原料乳加柠檬酸钠或磷酸氢二钠 5～25 g，或每 100 kg 淡炼乳中添加 12～62 g，也有每 100 kg 原料乳添加碳酸氢钠 1～20 g。实际使用量最好根据浓缩后的小样试验来决定，若使用过量则产品风味不好且易褐变。

3. 预热杀菌

预热杀菌的目的除了杀菌和破坏酶类外，还可使酪蛋白的稳定性提高，以防止乳灭菌时发凝固。一般采用 95℃～100℃、10～15min 高温预热。若预热温度低于 95℃，尤其在 80℃～90℃时，乳的热稳定性明显降低。高温预热可降低钙离子、镁离子的浓度，相应减少了与酪蛋白结合的钙，因此随杀菌温度升高而热稳定性提高。适当提高温度可使乳清蛋白凝固成微细的粒子，仍分散在乳浆中，灭菌时不会形成感官可见的凝块。近年来采用超高温瞬间杀菌，进一步提高了热稳定性。如 120℃～140℃、25s 杀菌，乳干物质为 26% 的成品的热稳定性是 95℃、10min 杀菌产品的 6 倍，是 95℃、10min 杀菌并加稳定剂产品的 2 倍。因此，超高温处理可降低稳定剂的使用量，甚至不加稳定剂也能获得稳定性高、褐变低的产品。

4. 浓缩

淡炼乳的浓缩方法基本与甜炼乳相同，但因预热温度高，浓缩时乳沸腾剧烈，易起泡和焦管，应注意加热蒸气的控制。浓缩终点可由操作工根据经验估计乳的浓度或抽样用波美相对密度计来测定相对密度加以确定。当浓缩乳温度为 50℃左右，测得的波美度为 6.27～8.24°Bé 即可。

5. 均质

淡炼乳在长期放置后会发生脂肪上浮现象，其上部形成稀奶油层，严重时一经振荡还会形成奶油粒，影响产品质量。所以必须进行均质。均质不仅可以破碎脂肪球，防止脂肪上浮，使产品易于消化吸收，还可以适当增加产品浓度，改善产品感官质量。

均质的方法有一次均质和二次均质。若是二次均质，第一次均质应在预热杀菌前进行，第二次应在真空浓缩之后。均质的压力要求为 12.5～25MPa。目前多采用二段均质，第一段均质压力为 14.7～16.6MPa，第二段压力为 5MPa。均质温度以 50℃～60℃为宜，试验表明，65℃时均质效果最好。

6. 冷却

均质后的炼乳温度一般为 50℃左右，若不及时冷却，则可能出现耐热性细菌繁殖和酸度上升的现象,从而使灭菌效果和热稳定性降低。因此,必须及时且迅速地使浓缩乳的温度下降。淡炼乳冷却温度与装罐时间有关,当日装罐者,需冷却至10℃以下,若次日装罐者,则需冷却至4℃,但贮存时间最好不要超过16h。

7. 再标准化

浓缩后进行的标准化是为了使淡炼乳的总乳固体符合要求,即调节浓度而已。由于淡炼乳的浓度往往较难正确掌握,故一般浓缩到比产品所要求的浓度稍高一些,在浓缩后再加蒸馏水以调整浓度,又称为加水。加水量按下式计算:

$$加水量 = \frac{A}{F_1} - \frac{A}{F_2}$$

式中:A 为标准化乳的脂肪总量;F_1 为成品的含脂率(%);F_2 为浓缩乳的含脂率(%)。

8. 小样试验

小样试验的目的是防止不可预计的变化而造成大量损失,灭菌前先按不同剂量添加稳定剂,试封几罐进行灭菌,然后开罐检查以决定添加稳定剂的数量、灭菌温度和时间。

小样试验方法:先由贮乳槽取样,通常按每千克原料乳取0.25g为限,调制成含有各剂量稳定剂的样品,分别装罐。稳定剂可配制成饱和溶液,用刻度为0.1mm的吸管添加较为方便。乳样与稳定剂混合均匀后加盖密封,再将样品罐放入小型高压灭菌器中进行灭菌(灭菌的条件与成批生产的条件应一致),最后开罐检查。

开罐检查方法:先检查有无凝固物,然后检查黏度、色泽、风味。开罐后,将炼乳倒入烧杯中,观察烧杯壁的附着状态,如果呈均一的、乳白色、半透明、滑腻的稀奶油状者为良好,如果有斑纹并有小点者为不好;色泽呈稀奶油者为好,暗褐色为不好。如果凝固成斑纹状,可把灭菌温度降低0.5℃,或缩短保存时间1min,或者保温时旋转5min即停止,或使灭菌机旋转速度减慢。

9. 装罐灭菌

经小样试验后确定稳定剂的添加量,并将稳定剂溶于灭菌蒸馏水后再加入浓缩乳中,搅拌均匀,即可装罐、封罐。装罐不能太满,必须留有空隙,以防止高温灭菌时胀罐。灭菌不仅可以杀灭微生物、钝化酶类,延长产品的贮藏期,还可提高淡炼乳的黏度,防止脂肪上浮,并赋予成品特殊的芳香味。灭菌方法分连续式灭菌法和间歇式两种。

(1)连续式灭菌法:分三个阶段,即预热段、灭菌段和冷却段。封罐后罐内乳温在18℃以下,进入预热区预热至93℃~95℃,然后进入灭菌区,加热至114℃~119℃,经过一段时间运转后进入冷却区,冷却至室温。连续式灭菌机可在2min内加热到125℃~138℃,并保持1~3min,然后急速冷却,全部过程只需6~7min。连续式灭菌法灭菌时间短,操作可实现自动化,适合大规模生产。

（2）间歇式灭菌法：适用于小规模生产，也可用回转灭菌机进行。灭菌方法如下：先经 17~18min 升温至 87℃，然后经 6~8min 升温至 100℃，再经 6~8min 升温至 116℃，此温度保持 15min 后排气，最后约经 5min 冷却至室温。

10. 振荡

如果使用的原料乳热稳定性较差或灭菌操作不当，则淡炼乳常常会出现软的凝块，此时通过振荡可使凝块分散复原成均一的流体。振荡操作一般在灭菌后 2~3 天内进行，通常使用水平式振荡机进行振荡，往复冲程为 6.5cm，300~400r/min，在室温下振荡 15~60s 即可。在高温下振荡或振荡时间过长均会导致炼乳的黏度降低。

如果原料乳的热稳定性好，灭菌操作及稳定剂添加量得当，没有凝块出现，则不必进行振荡。

11. 保温检查

淡炼乳在出厂之前，还需要进行保温试验，即将成品在 25℃~30℃ 下保藏 3~4 周，观察有无胀罐现象，并开罐检查有无缺陷。必要时，抽取一定比例的样品，在 37℃ 下保藏 7~10 天后观察检验。保温检查合格的产品方可贴标签装箱出厂。

模块十二　冰淇淋的加工

一、冰淇淋的概念及种类

（一）冰淇淋的概念

冰淇淋是以饮用水、牛乳、乳制品、食糖、蛋品等为主要原料，加入适量的乳化剂、稳定剂、着色剂及香精等食品添加剂，经混合、灭菌、均质、老化、凝冻、硬化等工艺而加工制成的体积膨胀的冷冻饮品。

冰淇淋营养价值高、易于消化，口感细腻、柔滑，是夏季人们喜爱的消暑食品。

（二）冰淇淋的种类

由于原料种类、原料配合比例以及赋型物的不同，冰淇淋的种类分为很多种，具体分类方法见表 2-24。

表 2-24　冰淇淋的分类

分类依据	种　类
含脂率高低	高级奶油冰淇淋、奶油冰淇淋、牛奶冰淇淋
香料的种类	香草冰淇淋、巧克力冰淇淋等
赋型物种类	散装冰淇淋、蛋卷冰淇淋、杯状冰淇淋、夹心冰淇淋、软质冰淇淋等
特色原料	果仁冰淇淋、水果冰淇淋、布丁冰淇淋、豆乳冰淇淋、外涂巧克力冰淇淋、酸味冰淇淋等

二、冰淇淋的质量标准

（一）感官指标

（1）色泽均匀，符合该品种应有的色泽。
（2）形态完整，大小一致，无变形，无软塌，无收缩，涂层无破损。
（3）组织细腻滑润，无凝粒（即明显粗糙的冰晶），无空洞。
（4）滋味和顺，香气纯正，符合该品种应有的滋味、气味，无异臭味。
（5）无肉眼可见的杂质。

（二）理化指标

不同种类的冰淇淋理化标准不同，如表 2-25 所示。

表 2-25　冰淇淋的理化指标

项　目	要　求		
	高脂型	中脂型	低脂型
脂肪含量/%	≥10.0	≥8.0	≥6.0
总糖含量（以蔗糖计）/%	≥15.0	≥15.0	≥15.0
总固形物含量/%	≥35.0	≥32.0	≥30.0
膨胀率/%	≥95.0	≥90.0	≥80.0

（三）卫生指标

卫生指标应符合 GB 2759—1996 的规定。主要指标要求如下：
（1）不得检出致病菌（肠道致病菌、致病性球菌）。
（2）大肠菌群≤450 cfu/mL。
（3）杂菌数≤30 000 cfu/mL。

三、冰淇淋的生产工艺

（一）工艺流程

原辅料混合与预处理 → 均质 → 杀菌 → 冷却 → 成熟（老化）→ 凝冻 → 成型灌装 → 硬化 → 成品冷藏

（二）加工方法

1. 原料标准化和原料配合

为了使产品符合标准要求，具有稳定的质量，必须对原料进行标准化，制出原料配合表。在制作原料配合表时，首先要掌握各种原料的成分含量。常用各种原料的成分如表 2-26 所示。一般以 100kg 为单位，各种原料的配合量就是配合百分比中的分子数值。

表2-26　原辅料的成分

原料	脂肪/%	非脂肪固体/%	总固形物/%	甜度
牛乳	3.3	8.2	11.5	—
脱脂乳	—	8.5	8.5	—
奶油	82	1.0	83.0	—
稀奶油	40	5.1	45.1	—
脱脂炼乳	—	30.0	72.0	42.0
全脂炼乳	8.2	21.5	72.5	43.0
脱脂乳粉	—	97.0	97.0	—
蔗糖	—	—	100.0	100.0
饴糖粉	—	—	95.0	19.0
乳化增稠剂	—	—	100.0	—

例　要配成的混合料成分为乳脂肪12.00,非脂肪固体10.00,砂糖15.00,乳化增稠剂0.50,总固体物37.50,可供选用的原料包括稀奶油、奶油、脱脂乳粉、脱脂炼乳、蔗糖和乳化增稠剂,要求稀奶油和奶油提供的乳脂肪各占一半,脱脂乳粉提供的非脂乳固体占一半,计算原料配合量。

解　① 稀奶油的配合量:$12 \times 0.5 \div 0.40 = 15.00$

② 奶油的配合量:$12 \times 0.5 \div 0.82 = 7.32$

③ 脱脂乳粉的配合量:$10 \times 0.5 \div 0.97 = 5.15$

④ 脱脂炼乳的配合量:

　　稀奶油中非脂乳固体含量为:$15.00 \times 0.051 = 0.77$

　　奶油中非脂乳固体含量为:$7.32 \times 0.01 = 0.07$

　　脱脂乳粉中非脂乳固体含量为:$5.15 \times 0.97 = 5.00$

　　由脱脂炼乳提供的非脂乳固体含量应为:$10 - (0.77 + 0.07 + 5.00) = 4.16$

　　故脱脂炼乳的配合量为:$4.16 \times 1 \div 0.30 = 13.87$

⑤ 蔗糖配合量:因脱脂炼乳中蔗糖含量为:$13.87 \times 0.42 = 5.83$

故蔗糖的配合量为:$(15 - 5.83) \times 1 \div 1.00 = 9.17$

⑥ 乳化增稠剂的配合量:$0.50 \times 1 \div 1.00 = 0.50$

加水量的计算:$100.00 - (15.00 + 7.32 + 5.15 + 13.87 + 9.17 + 0.50) = 48.93$

将上述原辅料的配合量与成分列成表格即成配合表(表2-27)。

表 2-27　配合表

原辅料	配合比/%	乳脂肪/%	非脂肪固体/%	砂糖/%	总固体物/%
奶油	7.32	5.00	0.07	—	5.07
稀奶油	15.00	6.00	0.77	—	6.77
脱脂炼乳	13.87	—	4.16	5.83	9.99
脱脂乳粉	5.15	—	5.00	—	5.00
蔗糖	9.17	—	—	9.17	9.17
乳化增稠剂	0.50	—	—	—	0.50
加水量	48.93	—	—	—	0.00
合计	100.0	11.00	10.00	15.00	37.50

2. 按量配合

各种原料的数量确定之后,即可进行混合调制。操作方法是:先将液态原料如稀奶油、牛乳、炼乳等放入带有搅拌器的乳化设备(夹层锅)中,在不断搅拌下,将温度缓慢加热至65℃~70℃。然后在已加入了液态物料并高速搅拌的乳化设备中再加入蔗糖、稳定剂、增稠剂等固型物使其溶解,最后应加入乳化剂。加乳化剂时,为防止乳化剂凝胶化,可先将其混合在油脂中使其充分分散之后,再与混合料混合。如用奶粉、鸡蛋等,也可先用少量水或液料混合,再与其他液料混合。如果添加酸性物质,为防止混合料形成凝块,应在混合料凝冻后添加。添加香料、色素、果仁、点心等,应在混合料成熟后添加。待各种原料溶解后,需将混合料过滤,通常使用 80~100 目筛孔(筛径为 0.172~0.216mm)的不锈钢金属网或带孔眼的金属过滤器。所有原料混合结束后应测定酸度,标准酸度以 0.18%~0.20% 为宜,酸度过大时,须用小苏打或碱进行调整。

3. 均质

均质的目的是将为了使混合料中较大颗粒的脂肪球破碎成 1~2μm 的细小微球,以防聚集形成脂肪层,有效阻止凝冻过程中奶油颗粒的形成。同时,还可使混合料的黏度增加,使冰淇淋组织细腻,缩短成熟时间,节省乳化剂和增稠剂。

混合料的均质一般采用两段均质,依据物料、温度和所用的均质机类型不同,采用不同的前后压力。第一段压力为 14.7~17.6MPa,第二段 3~4MPa,均质时温度控制在 65℃~70℃较适宜。

4. 杀菌

对混合料进行杀菌不仅可以杀灭其中的有害微生物,还能保证成品组织均匀,气味一致。杀菌方法有低温长时杀菌、高温短时杀菌和超高温杀菌三种方法。低温长时杀菌法通常为62℃~65℃,保持 30min 或 75℃保持 15min。高温短时杀菌法为 80℃~82℃,保持

15~30s。超高温杀菌法为100℃~130℃,保持2~3s。如果混合料中使用海藻酸钠,常用70℃保持20min杀菌;如果使用鸡蛋,常采用80℃保持15s的杀菌法;如果有淀粉,常用82℃保持30s的杀菌法。

5. 冷却

混合料经杀菌后,应采用片式热交换器迅速将温度冷却至2℃~4℃。

6. 成熟

将混合料在2℃~4℃温度下保持一定时间,称为"成熟"或"老化"。其实质是脂肪、蛋白质和稳定剂的水合作用,稳定剂充分吸收水分使液料黏度增加,有利于凝冻搅拌时膨胀率的提高,并使产品的组织状态、稳定性变佳。

成熟的时间与液料的温度、原料组成成分和稳定剂的品种有关,一般在2℃~4℃的条件下,需6~24h。近年来,由于加工设备的改进,乳化剂、增稠剂的改良,使成熟时间大大缩短。省去成熟工序对于成品质量影响也不大,但脂肪固化,蛋白质、增稠剂的完全水合仍需2~4h。在成熟结束的混合料中添加香精、色素等,通过强力搅拌使之混合均匀后送到凝冻工序。

7. 凝冻

凝冻是将混合料在强制搅拌下进行冰冻,使空气以极微小的气泡状态均匀分布于混合料中,使物料形成细微气泡密布、体积膨胀、凝结体组织疏松的过程。凝冻的目的主要是:使混合料更加均匀;使冰淇淋组织更加细腻;使冰淇淋得到合适的膨胀率;使冰淇淋稳定性提高;可加速硬化成型进程。

冰淇淋料液凝冻的过程大体分为以下三个阶段:

(1)液态阶段:料液经凝冻机搅拌2~3min后,温度由进料时的4℃降至2℃。由于此时温度尚高,未达到使空气混入的条件,故称为液态阶段。

(2)半固态阶段:继续将料液搅拌2~3min,此时,温度降为-2℃~-1℃。由于料液的黏度提高了,空气得以大量混入,料液变得浓厚而体积膨胀,这个阶段称为半固态阶段。

(3)固态阶段:这是料液即将形成软冰淇淋的最后阶段,经过半固态阶段后,继续凝冻搅拌料液3~4min,料液的温度已降低到-6℃~-4℃,同时,空气继续混入,并不断被料液层层包围,这时,冰淇淋内的空气含量已接近饱和。整个料液的体积不断膨胀,最终成为浓厚、体积膨大的固态物质,此阶段即固态阶段。

凝冻机按生产方式分为间歇式和连续式两种。间歇式凝冻机凝冻时间为15~20min,冰淇淋的出料温度一般在-5℃~-3℃,连续式凝冻机进出料是连续的,出料温度为-6℃~-4℃。

连续凝冻必须经常检查膨胀率,从而控制冰淇淋恰当的进出量以及混入的空气量。

冰淇淋的膨胀率是指冰淇淋混合原料在凝冻时,由于均匀混入许多细小的气泡,使制品体积增加的百分率。按下列公式计算:

$$膨胀率 = \frac{混合料的质量 - 同体积的冰淇淋的质量}{同体积冰淇淋的质量} \times 100\%$$

或

$$膨胀率 = \frac{制出冰淇淋的容量 - 混合料容量}{混合料容量} \times 100\%$$

实际生产中,膨胀率按质量计算较为方便。膨胀率并非越大越好,膨胀率过高,组织松软,缺乏持久性,风味和凉爽感均差;过低则组织坚实,口感不良。膨胀率一般在80%~100%,各种冰淇淋有其相应的膨胀率要求,控制不当,则会降低冰淇淋的品质。

8. 成型灌装、硬化

凝冻后的冰淇淋必须立即成型灌装和硬化,以满足销售和贮藏的需要。冰淇淋的成型有冰砖、纸杯、蛋筒、浇模成型、巧克力涂层冰淇淋、异形冰淇淋切割线等多种成型灌装机。冰淇淋的形状多种多样,但主要为杯形,也有蛋卷锥形、盒式等形状。

所谓硬化是指将经成型灌装机灌装和包装后的冰淇淋迅速置于 $-40℃ \sim -25℃$ 的温度,经过一定时间(10~12h)的速冻,成品温度保持在 $-18℃$ 以下,使其组织状态固定、硬度增加的过程。硬化方法有:速冻库($-25℃ \sim -23℃$),10~12h;速冻隧道($-40℃ \sim -35℃$),30~50min;盐水硬化设备($-27℃ \sim -25℃$),20~30min。

硬化的优劣与品质有密切的关系。硬化迅速,则冰淇淋融化减少,冰晶细小,组织细腻。若硬化迟缓,则部分冰淇淋融化,冰晶变大,成品组织粗糙,品质低劣。

9. 贮藏

硬化后的冰淇淋产品,在销售前应保存在低温冷库中,冷库的温度为 $-20℃$,相对湿度为85%~90%。若温度高于 $-16℃$,冰淇淋部分冻结水融化,此时即使温度再次降低,其组织状态也会明显粗糙化。因此,贮藏期间,冷库温度要稳定,不可忽高忽低,以免影响冰淇淋的品质。

单元小结

一、乳的化学组成及性质
1. 乳中的化学成分：水分、蛋白质、脂肪、乳糖、无机盐、维生素。
2. 加工处理对乳化学性质的影响：热处理的影响，冷冻的影响。

二、牛乳的物理性质
牛乳的色泽、气味与滋味、冰点、沸点、比热、乳比重与密度、酸度、黏度与表面张力。

三、乳中的微生物
1. 乳中微生物的来源、种类、微生物变化以及微生物在乳品工业中的应用。

四、异常乳
异常乳的概念和种类及产生原因。

五、原料乳的质量管理
1. 原料乳的质量标准：感官指标、理化指标、细菌指标。
2. 原料乳的验收方法：感官检验、酒精检验、酸度测定、密度测定、掺假检验、细菌检验。
3. 原料乳的过滤与净化的目的与方法。
4. 原料乳的冷却、原料乳的贮存与运输。

六、消毒乳加工
1. 消毒乳的概念和种类、杀菌和灭菌的概念目的与方法。
2. 巴氏消毒乳加工工艺流程与操作要点、标准化的计算方法。

七、发酵乳制品的加工
1. 发酵乳制品的种类及营养特点。
2. 发酵剂的制备：发酵剂的概念与种类、发酵剂的主要作用、发酵剂菌种的选择、发酵剂的制备过程、发酵剂的质量要求及鉴定。
3. 凝固型酸乳的加工工艺流程与操作要点。
4. 搅拌型酸乳的加工工艺流程与操作要点。
5. 乳酸菌饮料的加工工艺流程与操作要点。

八、乳粉加工
1. 乳粉概念、种类、化学组成。
2. 全脂乳粉的加工工艺流程与操作要点。

九、干酪的加工
1. 干酪的概念及种类。

2. 天然干酪的加工工艺流程。

十、奶油的加工
1. 奶油的概念、种类。
2. 奶油的加工工艺流程与操作要点、稀奶油中和的方法。

十一、炼乳
1. 炼乳的概念、种类。
2. 甜炼乳的加工工艺流程与操作要点。
3. 淡炼乳的加工工艺流程与操作要点。

十二、冰淇淋
1. 冰淇淋的概念、种类。
2. 冰淇淋的加工工艺流程与操作要点。

单元综合练习

一、名词解释
1. 初乳   2. 末乳   3. 异常乳   4. 杀菌   5. 灭菌   6. 酒精阳性乳
7. LTLT   8. HTST   9. UHT   10. 奶油   11. 炼乳   12. 干酪

二、判断题
1. 牛乳中掺水以后比重会减小。　　　　　　　　　　　　　　　　(　　)
2. 再制奶就是对消毒乳进行再加工的奶。　　　　　　　　　　　　(　　)
3. 只有常乳可用于乳制品的生产。　　　　　　　　　　　　　　　(　　)
4. 牛乳中掺淀粉后可以使比重增加。　　　　　　　　　　　　　　(　　)
5. 掺水以后牛乳的冰点会变大。　　　　　　　　　　　　　　　　(　　)
6. 掺水以后牛乳的沸点会变大。　　　　　　　　　　　　　　　　(　　)
7. 原料乳杀菌时温度越高、时间越长越好。　　　　　　　　　　　(　　)
8. 制作酸乳时,发酵时间越长酸乳的质量越好。　　　　　　　　　(　　)
9. 冰淇淋制作时,膨胀率越大越好。　　　　　　　　　　　　　　(　　)
10. 巴氏杀菌法的工艺条件为62℃~65℃、保温60min。　　　　　　(　　)

三、选择题
1. 能够用做乳品加工的原料乳是　　　　　　　　　　　　　　　　(　　)
A. 初乳   B. 末乳   C. 常乳   D. 异常乳

2. 下列因素对酸乳制品酸度影响最小的因素是 （   ）
   A. 菌种　　　　B. 发酵温度　　　C. 冷藏温度　　　D. 冷藏湿度
3. 下列几种处理对微生物杀灭效果最好的是 （   ）
   A. 低温长时杀菌　B. 高温短时杀菌　C. 超高温灭菌　　D. 低温短时杀菌
4. 乳均质不具备的作用是 （   ）
   A. 杀菌　　　　B. 防止脂肪上浮　C. 提高消化率　　D. 改善产品风味
5. 乳品杀菌最直接的目的是 （   ）
   A. 提高消化率　　　　　　　　　B. 杀灭致病菌及有害微生物
   C. 延长产品保质期　　　　　　　D. 改善产品风味
6. 乳中含量最多的是 （   ）
   A. 脂肪　　　　B. 蛋白质　　　　C. 水分　　　　　D. 乳糖
7. 用脱脂乳制成的乳粉称为 （   ）
   A. 奶油粉　　　B. 脱脂乳粉　　　C. 加糖乳粉　　　D. 全脂淡乳粉
8. 下列几种处理能够保证乳制品品质相对稳定的是 （   ）
   A. 分离　　　　B. 净化　　　　　C. 贮存　　　　　D. 标准化

四、计算题

1. 今有稀奶油 200kg，酸度为 0.65%，欲将酸度中和至 0.25%，需加石灰多少克？
2. 今有含脂率为 3.3% 的原料乳 5 000 kg，欲标准化后含脂率为 3.5%，问需要加入含脂率为 35% 的稀奶油或含脂率为 0.1% 的脱脂乳多少千克？

五、简答题

1. 简述异常乳的种类和产生原因。
2. 简述原料乳中常见掺假物质种类与检验方法。
3. 试述消毒乳加工的工艺流程，并注明操作要点。
4. 试述凝固型酸乳加工的工艺流程，并注明操作要点。
5. 试述奶油的加工工艺和操作要点。
6. 试述甜炼乳的加工工艺和操作要点。
7. 试述淡炼乳的加工工艺和操作要点。
8. 试述干酪的加工工艺和操作要点。
9. 试述奶粉的加工工艺和操作要点。
10. 试述冰淇淋的加工工艺和操作要点。

单元三 肉与肉制品加工

单元概述

本单元共分十个模块,分别为肉的基础知识与品质鉴别、畜禽的屠宰与分割、肉的贮藏与保鲜、肉品加工辅助材料、腌制品加工、灌制品加工、酱卤制品加工、干制品加工、熏烤制品加工、其他肉制品加工。在简要介绍肉的结构和化学成分的基础上,对于各类肉制品的加工原理及工艺作了详细描述。通过本单元学习,要求学生掌握以下目标。

知识目标

1. 了解肉的形态结构、化学成分及品质特性
2. 理解肉成熟、腐败的机制及过程
3. 掌握畜禽的屠宰工艺与分割方法
4. 掌握肉的贮藏与保鲜方法
5. 掌握肉加工辅料的品种、特性及用途
6. 了解腌制品的种类、特点;理解腌肉制品的腌制原理;掌握腊肉制品的工艺要点
7. 了解灌肠肉制品的一般分类方法及各类灌肠肉制品的特点;初步学会灌肠制品的一般加工工艺和各类灌肠制品的加工方法
8. 了解酱卤制品的种类和加工过程;掌握几种主要酱卤制品的加工技术
9. 了解干制品的加工工艺;掌握肉干、肉松、肉脯加工的基本生产工艺
10. 掌握熏制和烤制对肉品的作用及熏烤肉制品加工原理
11. 了解其他肉制品的加工工艺

技能目标

1. 能熟练进行肉的品质鉴别
2. 熟练进行畜禽的屠宰与分割

3. 运用正确的方法进行肉的贮藏与保鲜

4. 会识别常见的肉品加工辅料

5. 能够制作咸肉、腊肉、板鸭及中式火腿等腌腊制品

6. 使学生具备灌肠制品配方设计、工艺控制和新产品开发的能力。能够进行常见灌制品的加工

7. 运用酱卤制品的加工原理,学会酱卤肉制品配方设计、工艺控制和新产品开发的能力

8. 掌握典型干制肉制品的配方设计及生产工艺;掌握典型干制肉制品在加工过程中常见问题的解决方法

9. 熟练掌握肉品熏烤技术,熟悉熏烤肉制品的加工工艺

10. 熟练加工其他肉制品

模块一　肉的基础知识与品质鉴别

广义地讲,肉与肉制品包括动物的骨骼肌、动物腺体、器官(舌、肝、心、肾和脑等)及以上对象进行加工的各类制品。从商品学观点出发,一般把肉理解为胴体,指畜禽屠宰放血致死后,除去毛、皮、头、尾、四肢下部和内脏后余下的部分。

一、肉的组织及化学成分

(一) 肉的组织

肉在形态学上分为肌肉组织、骨骼组织、脂肪组织和结缔组织,肉的品质与以上各组织的构成比例有密切的关系。一般而言,肉中的肌肉组织越多,含蛋白质越多,营养价值越高;脂肪组织越多,热能含量越高;骨骼和结缔组织越多,质量越差,营养价值越低(图3-1)。

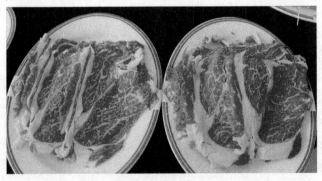

图3-1　新鲜猪肉片

1. 肌肉组织

肌肉组织是肉在质与量上最重要的组成部分。可分为横纹肌、心肌、平滑肌三种。横纹肌是附着在骨骼上的肌肉,心肌是构成心脏的肌肉,平滑肌分布在消化道、血管壁等处。用于肉制品加工的主要原料是横纹肌,它占动物机体重量的30%～40%,占整个肉尸重量的50%～60%。横纹肌是由多数的肌纤维和比较少量的结缔组织,以及脂肪细胞、肌腱、血管、神经纤维、淋巴结或淋巴腺等,按一定秩序排列构成的。在加工肉制品时主要研究的就是这类肌肉。

2. 骨骼组织

骨骼组织按其性质可分为硬骨、软骨二大类。硬骨按其形状可分为管状骨和扁平状骨;按骨质构造的致密度可分为密质骨和疏松骨,其中疏松骨具有巨大的食用意义,它在熬煮时可得到达22.65%的油脂和31.85%的胶原物质。成年动物骨骼含量比较恒定,变动幅度较小。猪骨占胴体5%～9%,牛骨占15%～20%,羊骨占8%～17%,兔骨占12%～15%,鸡骨占8%～17%。

3. 脂肪组织

脂肪组织大多附着在动物皮下、脏器的周围和腹腔等处,它具有储存脂肪,保持体温,保护脏器等作用。若脂肪组织沉积于肉中,能使肉的柔软性、致密度、滋味及气味等明显提高。脂肪组织是由脂肪细胞所构成的,脂肪细胞是由很多胶原纤维将它们互相连接起来,再由很多的脂肪细胞构成集团,用结缔组织膜把它包住形成脂肪小叶,很多个脂肪小叶聚集起来构成脂肪组织(图3-2)。

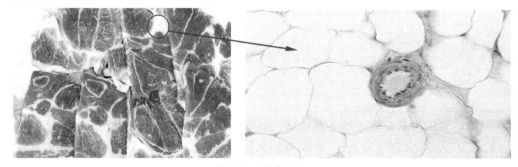

图 3-2 脂肪组织

4. 结缔组织

结缔组织在动物体内分布极广,在肉内构成肌腱、筋鞘、韧带、肌肉组织的肉外膜。它的主要功能是赋予肉以伸缩性和韧性。结缔组织是由少量的细胞和大量的细胞外基质构成,后者的性质变异很大,可以是柔软的胶体,也可以是坚韧的纤维。其重量占尸体重量的9.7%～12.4%。

(二) 化学成分

肉的成分因动物种类有所不同(表3-1),一般成分主要包括水分、蛋白质、脂肪及少量碳水化合物等物质。另外,肉中还会有其他各种非蛋白质含氮化合物、无氮有机化合物及维生素 A、维生素 B_1、维生素 B_2、维生素 C 等。

表3-1 各种畜禽肉的标准成分(每100g可食部分)

类别	名称	水分/g	蛋白质/g	脂质/g	碳水化合物/g	灰分/g
牛肉	肩肉	66.8	19.3	12.5	0.3	1.1
	肋肉	58.3	17.9	22.6	0.3	0.9
	腹肉	63.7	18.8	16.3	0.3	0.9
	腿肉	71.0	22.3	4.9	0.7	1.1
猪肉	肩肉	71.6	19.3	7.8	0.3	1.0
	通脊	65.4	19.7	13.2	0.6	1.1
	腹肉	53.1	15.0	30.8	0.3	0.8
	腿肉	73.3	21.5	3.5	0.5	1.2
	猪皮	46.3	26.4	22.7	4.0	0.6
绵羊	肩肉	64.2	16.9	18.0	0.1	0.8
	腿肉	65.0	18.8	15.3	0.1	0.8
其他	马肉	76.1	20.1	2.5	0.3	1.0
	家兔肉	72.2	20.5	6.3	0.1	1.0
	鸡胸	66.0	20.6	12.3	0.2	0.9
	鸡腿	67.1	17.3	14.6	0.1	0.9
	家鸭肉	54.3	16.0	28.6	0.1	1.0
	火鸡肉	72.9	19.6	6.5	0.1	0.9

目前屠宰厂加工毛重约95kg的生猪,能够产出白条肉约63kg,产肉合计55~60kg,其中1#(颈背肌肉或颈部五花肉)、2#(前腿肌肉)、3#(大排肌肉)、4#(后腿肌肉)号肉合计约20kg,3∶7碎肉合计约10kg,另外是猪副产品、头、蹄约占30%。

1. 水分

水分是肉中含量最多的组分,约占70%,所以水分对肉质的影响很大。例如,加热时容易脱水的肉为持水性差的肉,持水性差的肉的风味比持水性好的肉风味要差。肉的水分不仅与风味有关,还与肉的保存性、色调等有关系。含水分过多时容易引起细菌、霉菌等微生物繁殖,导致肉的腐败变质;当水分含量下降或脱水后肉的颜色、风味和组织状态受到严重影响,并加速脂肪氧化。

通常把食肉中水分的状态分为结合水(占总水分5%),不易流动的水(占总水分80%)和自由水(占总水分15%)。肉中的水分含量随脂肪的积蓄而变化,含脂肪率高的肉有水分含量降低的倾向。

2. 蛋白质

去脂肪层的新鲜肉中的蛋白质含量为20%左右,仅次于水,占固形物的80%。肌肉中的蛋白质,可分为肌原蛋白、肌浆蛋白、结缔组织蛋白三类(图3-3)。

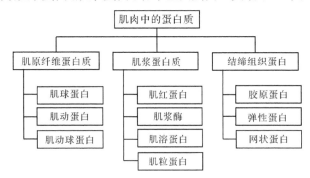

图3-3 肌肉中的蛋白质分类

肌浆中的蛋白质约占肌肉蛋白质的30%左右。它是水溶性肌浆蛋白和在低盐溶液中可溶性球蛋白的总和。

肌原纤维蛋白质,常称为肌肉的结构蛋白,它直接参与肌肉的收缩过程也称为肌肉的不溶性蛋白,占肌肉蛋白质总量的50%左右。

结缔组织蛋白约占肌肉蛋白质总量的10%左右,主要有胶原蛋白、弹性蛋白、网硬蛋白。它们构成了结缔组织,其数量与肉的硬度有关,其中胶原蛋白的含量最多。

3. 脂质

在肉的可食部分,不同部位脂质含量的变动最大,性质差别也大,直接影响肉的多汁性和嫩度。

$$脂质\begin{cases}中性脂肪\begin{cases}饱和脂肪酸:棕榈酸、硬脂酸\\不饱和脂肪酸:油酸、亚油酸\end{cases}\\磷脂和固醇:卵磷脂、脑磷脂、神经磷脂等\end{cases}$$

牛、羊等反刍动物的体脂肪都比猪脂的硬脂酸多,但亚油酸含量少,所以它的熔点高,而且较硬。

鸡的脂肪属于软脂,含有油酸、亚麻酸、棕榈酸等主要的脂肪酸,构成脂肪酸的不饱和度很高。

不同动物脂肪的熔点也多不相同:一般牛脂为40℃~50℃,羊脂为44℃~45℃,猪脂为33℃~46℃,鸡脂为30℃~32℃。所以以猪肉为原料的火腿、香肠不经加热,直接食用时,嚼起来很香,就是因为猪脂的熔点和人的体温接近造成的。其他的原料产品冷食口味会差些。

另外,还有非蛋白质含氮化合物、不含氮的有机化合物,及其他一些无机物、维生素、酶等。特别是无机物对肉的持水性和脂质腐败等都有影响,因为它可保持细胞液的盐类浓度,参与酶的作用等,所以它们在肉利用时不仅在营养上,而且在肉加工上起重要作用。

二、肉的感官性质

(一) 肉色

对肉及肉制品的评价,大都从色、香、味和嫩度等几个方面来评价,其中给人的第一印象就是颜色。肉的颜色主要取决于肌肉中的色素物质——肌红蛋白和血红蛋白,如果牲畜放血充分,前者在肉中比例为80%~90%,红色占主导地位,所以肌红蛋白的多少和化学状态的变化会造成不同动物、不同肌肉颜色深浅不一,肉色千变万化,从紫色到鲜红色,从褐色到灰色,甚至还会出现绿色。

肌红蛋白的含量决定肉色的深浅,它受动物种类、肌肉部位、运动程度、年龄以及性别的影响。不同种类的动物肌红蛋白含量差异很大,在肉用动物中,牛>羊>猪>兔,肉颜色的深度也依次排列,牛、羊肉深红,猪肉次之,兔肉就近乎于白色。在同一种动物的肌肉中差异也很大,最典型的是鸡的腿肉和胸脯肉,前者肌红蛋白含量是后者的5~10倍,所以前者肉色红,后者肉色白。

肌红蛋白本身是紫红色,与氧结合可生成氧合肌红蛋白,呈鲜红色是新鲜肉的象征;肌红蛋白和氧合肌红蛋白均可以被氧化生成高铁肌红蛋白,呈褐色,使肉色变暗;有硫化物存在时肌红蛋白还可被氧化生成硫代肌红蛋白,呈绿色,是一种异色;肌红蛋白与亚硝酸盐反应可生成亚硝基肌红蛋白,呈亮红色,是腌肉加热后的典型色泽;肌红蛋白加热后蛋白质变性形成球蛋白氯化血色原,呈灰褐色,是熟肉的典型色泽。肉色变化情况见图3-4。

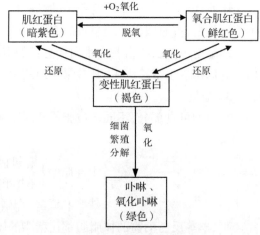

图3-4 肉色变化过程示意图

氧合肌红蛋白和高铁肌红蛋白(即变性肌红蛋白)的形成和转化对肉色泽的影响最为重要。因为前者为鲜红色,代表肉新鲜,为消费者所钟爱。以上转化受氧气量和温度的影响,所以屠宰后的胴体冷却时一般在7℃左右条件下放置一会,以促进肉产生理想的红色,此操作称作增艳。而后者为褐色,是肉放置时间长久的象征。如果不采取措施,一般肉的颜色将经过两个转变:第一个是紫色转变为鲜红色,第二个是鲜红色转变为褐色。第一个转变很快,置于空气中在30min内就发生,而第二个转变快则几个小时,慢则几天。转色快慢受环境中 O_2 分压、pH、细菌繁殖程度、温度等诸多因素的影响,减缓第二个转变是保色的关键,如采用真空包装、气调包装、低温存贮、抑菌和添加抗氧化剂等措施,可达到以上目的。

（二）嫩度

嫩度是肉的重要感官指标之一。肉质太软或太硬都不受人们的欢迎。决定和影响嫩度的因素很多,主要取决于肌肉的组织结构及成分和动物死后结构蛋白的生物化学变化等。

影响肉嫩度的最基本因素是各种肉中的肌原纤维和肌纤维的粗细、构成肌肉的纤维数量和纤维的长度不等。一般肌纤维越长,构成数量越多肉质越硬,纤维越短肉质越软。另外,肉的嫩度也受结缔组织的存在量和各种硬质蛋白构成比的影响,肉中结缔组织量因动物种类、部位、营养状态等而不同。牛、马这样的大动物即使同一部位的结缔组织量也比猪要多,同一头家畜,前肩、肋腹肉比后腿、背部肉的结缔组织要多,另外瘦的家畜比肥的家畜结缔组织量要多。

由于屠宰后的肉中 ATP 酶减少和活体时的肌肉收缩,同时肌动蛋白和肌球蛋白的结合加快,形成肉质硬化。随着时间的推移,带骨肉受其反作用的抗拉强度作用引起肉的切断、小片化,使肉的嫩度逐渐增加。

（三）持水性

肌肉中70%是水,其中大部分呈比较容易游离的状态,所以将烹调过的肉放入口中咀嚼时,这些水分就和肉中的可溶性蛋白,气味成分一起流出,使人感到鲜美的风味。肉的风味受其所含汁液的多少和流出难易程度的影响,这样的肉品性质称作多汁性或汁液性。

肉品中给肉提供汁液性的是不易流动的结合水和游离水,其中特别重要的是不易流动的结合水。我们把保持肉的这种不易流动水的能力称作保水力或持水性。保水力大,即持水性高时,不易流动水的比例就变大,肉的汁液就丰富。讲到持水性,就必须再了解一下肉的 pH。

（四）肉的 pH

在肉类加工业中了解关于肉的 pH 的知识和它与肉品质量的关系是十分必要的,目前对肉品质量的认识主要是通过 pH 的测量,该法具有快速、容易和可靠的优点。

1. pH 对肉品的影响

pH 主要会对肉的色泽、嫩度、口味、持水力、保质期产生影响。

2. pH 与肉的质量关系

活体肌肉的 pH 在中性点以上,约为 7.2,宰后由于糖酵解的作用使乳酸在肌肉中累计,pH 下降,肌肉 pH 下降的速度和程度对肉的颜色、系水力、蛋白质溶解度以及细菌的繁殖速度等均有影响。正常的肌肉糖酵解是缓慢的,pH 在宰后 24h 内最终降至 5.3 ~ 5.8。如果肌肉 pH 在宰后 45min 后快速下降至 5.3 以下,就产生了 PSE(Pale,Soft,Exude)肉,这种原料肉因 pH 下降过快造成蛋白质变性、肌肉失水、肉色灰白、系水力很差。还有一些肌肉在宰后糖酵解太少,pH 只下降零点几,24h 后 pH 仍然保持在 6.2 以上,我们称其为 DFD(Dark,Firm,Dry)肉,这种原料肉有很好的系水力,但是肉色深,存放期短。

pH 下降的速度与牲畜遗传因素和牲畜宰前、宰杀过程中受到的刺激压迫有关。

3. PSE 和 DFD 肉的特性

PSE 和 DFD 肉的特性详见表 3-2。

表 3-2　PSE 肉与 DFD 肉的特性

特性	PSE 肉	DFD 肉
pH 下降速度	快	慢,并不充分
pH	<5.8	>6.2
色泽	苍白,光亮	深色
坚硬度	软	坚硬
系水性	少	多
滴水性	多	少
保存期	有时减少	肯定减少
嫩度	降低	较好

4. 如何利用 PSE、DFD 肉加工产品

尽管 PSE、DFD 肉与正常的肉有区别,但是我们仍然可以利用其特点使用它们(表 3-3、表 3-4)。例如,PSE 肉系水性差,不适合用于加工熟香肠和火腿;DFD 肉有好的系水性,所以它们不适合加工生火腿和生香肠。另外,可以在正常肉中混合一部分 PSE 和 DFD 肉使用,最多不能超过原料肉总量的 20%。

表 3-3　PSE 肉(pH<5.8)利用情况

在以下产品中可以加入 PSE 肉	在以下产品中不能加入 PSE 肉
生香肠(一般肉混合)	罐装火腿
熟香肠(一般肉和 DFD 肉混合)	烟熏火腿
涂抹香肠	生香肠(全部 PSE 肉)
	熟香肠(全部 PSE 肉)
	自然肉排

表 3-4　DFD 肉(pH>6.2)利用情况

在以下产品中可以加入 DFD 肉	在以下产品中不能加入 DFD 肉
熟香肠	煮熟的腌肉
熟火腿	生火腿
烤肉	生香肠
烧烤肉	包装产品
	带骨火腿

原料肉的质量决定了加工出产品的最终质量,有一些肉制品的质量因素(腌制效果、保存期、口味),是由低 pH 原料造成的,因而需要高 pH 原料(较强的系水性)来平衡正常原料肉。不同原料肉的 pH 不同,详见表 3-5。

表 3-5　不同原料肉的 pH

原料情况	pH
活体肌肉	7.0~7.2
正常的肉(24h 后)	5.3~5.8
可以承受猪肉(24h)	5.8~6.2
可以承受牛肉(24h)	5.8~6.0
PSE 肉	<5.8
DFD 肉	>6.2
生香肠原料	5.3~5.9
不适合生香肠原料	>6.0
不适合生火腿原料	>6.0
熟香肠原料	5.4~6.2
不新鲜原料	>6.5

肉制品的 pH 会因添加剂、微生物（生香肠）和加热过程而改变。最终产品得到的 pH 与原料肉的 pH 是不同的。测量原料的 pH 有助我们控制产品质量，如果原料 pH 与正常值有较大差距，我们可以肯定产品质量存在问题。

动物宰后肉的 pH 变化见（图 3-5）。在 pH 最终下降到低部后，停留一段时间然后开始上爬，如果肉存放时间过长，微生物开始繁殖直至肉腐败发臭。pH 在爬升过程中受到温度、细菌状况、有无空气（氧气、CO_2、真空度）和肉的种类的影响。

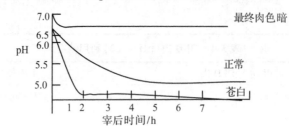

图 3-5　宰后 pH 变化曲线

（五）风味

肉的风味又称肉的味质，是指生鲜肉的气味和加热后肉及肉制品的香气和滋味。它是肉中固有成分经过美拉德反应、脂质氧化和一些物质的热降解这三种途径形成。目前已经从不同肉品的挥发性物质中鉴定出超过 1 000 种化合物，但是绝大多数的挥发性化合物对肉的风味几乎没有影响，而且没有一种化合物能代表肉品的风味。

鉴于肉的基本组成类似，包括蛋白质、脂肪、碳水化合物等，而风味又是由这些物质反应生成，加上烹调方法具有共同性，如加热，所以无论来源于何种动物的肉均具有一些共性的呈味物质。但是，不同来源的肉有其独特的风味，如牛、羊、猪、禽肉有明显的不同风味。风味的差异主要来自于脂肪氧化，这是由于不同种动物脂肪酸组成明显不同，造成氧化产物及风味的差异。

生肉的香味很弱，但加热后，肉能生成很强的特有风味。这是由于加热所导致肉中的水溶性成分和脂肪的变化造成的。肉在烹调时的脂肪氧化（加热氧化）原理与常温脂肪氧化相似，但加热脂肪氧化，由于热能的存在使其产物与常温氧化大不相同，常温氧化产生酸败味，而加热氧化产生风味物质。把肉加热到 80℃ 以上时会有硫化氢产生，随着加热温度的提高，其量也增加，同时增加的还有游离脂肪酸的量，因而加热温度对风味影响较大。同时随着温度的升高所产生的美拉德反应也给肉增加了特有的香味。

肉的风味还受加热时间影响，在 3h 以内随时间的增加风味也增加，更长的时间则减少，因此加热时间（杀菌时间）要适度。

肉的风味由肉的滋味和香味组合而成，滋味是非挥发性的，主要靠人的舌面味蕾（味觉细胞)感觉。香味是挥发性芳香物质,主要靠人的嗅觉细胞感受。

三、肉的成熟

(一) 概念

刚刚屠宰的动物的肉是柔软的,并具有很高的持水性,经过一段时间的放置,则肉质变粗硬,持水性也大为降低,继续延长放置时间,则粗硬的肉又变成柔软的,持水性有所恢复,而且风味也有极大的改善。在外观上的表现是宰后会发生死后僵直(尸僵),经过一段时间后这种僵硬现象会逐渐消失变软。这是由于家畜被屠宰以后,活体时正常生化平衡被打破,氧气供给停止(即有氧代谢受到了阻碍),在缺氧的环境中和体内组织酶的作用下,肉组织内发生一系列较复杂的生物化学变化所引起的。这一变化过程为肉的成熟。

(二) 成熟肉的特征

成熟肉的特征主要有以下几点:

(1) 胴体表面形成一层干枯的薄膜,用手触摸,感觉光滑且有沙沙的响声。

(2) 肉汁较多,切开时断面有肉汁看见。

(3) 肉的组织柔软具有弹性。

(4) 肉呈酸性反应。

(5) 具有肉的特殊香味。

(三) 成熟的过程

肉的成熟过程分两个阶段,即尸僵过程和自溶过程。

1. 尸僵

屠宰后胴体变硬,这一过程为尸僵。其原因为:新鲜的畜禽肌肉呈中性或弱碱性,肉中蛋白质为半流动状,随着肉中糖原、肌磷酸分解产生乳酸、磷酸,肉逐渐变成酸性,当肉中 pH 达到 6.0~6.2 时,肌浆蛋白质持水性降低,肌肉开始变硬,关节失去活动性——进入由肉内蛋白质膨胀而造成的尸僵过程。这时肌肉增厚,长度变短。

2. 自溶

肉内酸性物质的不断增加,使胶体的持水性减弱,肉蛋白质与水分分离而收缩,使尸僵过程停止。同时,由于肌肉内自溶酶的作用,使部分蛋白质分解生成水溶性蛋白质、肽及氨基酸等,这一过程叫自溶。这时肉就变得柔软多汁,并获得细致的结构及美好的滋味。从糖原的分解至肉的尸僵而自溶,这一整个过程也就是肉的成熟过程。但自溶过程必须严格控制,以免造成腐败,失去食用价值。

肉的成熟过程如下所示:

刚屠宰的家畜肌肉蛋白质处于生理的胶溶状态 pH 7.2 左右(肉柔软) → 体内糖原在糖原酵解酶的作用下,开始无氧酵解,生成乳酸,放出能量 乳酸蓄积使肉中 pH 下降到 6.5 以下 → 肌肉开始变硬(一般需 4~8h)

```
                    糖原酵解酶活力逐渐消失，无机磷酸
 肌肉开始变硬 ─────化酶分解 ATP 产生磷酸放出能量───── 全身僵直出现尸僵
                    pH 继续下降，肌凝蛋白与肌纤蛋白结
                    合成肌纤凝蛋白，直到 pH 降至 5.4~6.2

                    随着肌肉中糖原消耗
                    殆尽，ATP 大量分解而减少            肉变得柔软多汁，富有弹性，
 全身僵直出现尸僵 ─────────────────────────── 
                    组织蛋白酶活性急剧增强，肌纤凝蛋白解    并有特殊的香味和鲜味
                    离为肌凝蛋白和肌纤蛋白，肌纤维松弛，
                    结缔组织被软化，部分蛋白质被轻度水解
```

（四）肉的成熟方法

肉的成熟与温度密切相关，室温高，成熟快，反之则慢。但高温会促进微生物的大量繁殖，加速肉的腐败，因此，需将胴体吊挂在一个较低温度的环境中，使之适当成熟。一般将牛肉倒挂在 2℃~4℃的冷藏库内保存 2~3 昼夜；猪肉由于纤维较牛肉细嫩，一般将其倒挂在 0℃冷藏库内 1~2 昼夜即可。

肉的成熟还必须适当控制，不能过度，否则会带来保质期的损失。

在生产中为达到更好的产品品质，对不同的产品要使用不同处理的原料肉。例如，加工灌肠类制品（烤肠、维也纳香肠等）应尽量利用热鲜肉（牛肉宰杀后 3~4h 内，猪肉 1h 之内），因为其持水性、黏结力均较好；加工火腿类、培根类制品应尽量选用经吊挂冷却处理的冷却肉，因其色泽、风味、持水性均较好。

四、肉的新鲜度的检查

肉的腐败变质是一个渐进的过程，变化十分复杂，同时受多种因素的影响，所以肉的新鲜度检查要通过感官检查和实验室检查相结合的方法，才能比较客观地对其变质或卫生状态作出判断。

肉成熟后如果在不良的条件下贮藏，由于微生物、酶和外界因素的作用，就会产生腐败变质现象。新鲜肉发生腐败后，外观主要表现为肉失去弹性，切面无光泽，色暗呈灰绿，气味恶化，表面发黏。发黏是肉腐败的主要标志。通常肉的腐败是指肉中蛋白质和脂肪的腐败。

（一）感官检查

通常最常用的是用感官检查方法观察肉的腐败分解产物的特性和数量，以及细菌污染的程度来进行。感官检查总是先以有无腐败气味来作为检验的开始。但如果新鲜肉与腐败肉一起存放，其腐败气味很可能被新鲜肉吸收，因此还需别的方法来鉴别，如把被检验的肉切成重 2~3g 的若干小块盛于烧杯中，加入冷水煮开，然后判其气味、观察汤的透明度和表面浮游脂肪的状态。新鲜猪肉的感官指标见表 3-6。

表 3-6　新鲜猪肉的感官指标

指标	一级鲜度	二级鲜度	变质肉(不能供食用)
色泽	肌肉有光泽,红色均匀,脂肪洁白	肌肉色稍暗,脂肪缺乏光泽	肌肉无光泽,脂肪灰绿色
黏度	外表微干或微湿润,不黏手	外表干燥或黏手,新切面湿润	外表极度干燥或黏手,新切面发黏
弹性	指压后的凹陷立即恢复	指压后的凹陷恢复慢,且不能完全恢复	纤维疏松,指压后凹陷不能完全恢复,留有明显痕迹
气味	具有鲜猪肉正常气味	稍有氨味或酸味	有臭味
煮沸后肉汤	透明澄清、脂肪团聚于表面,具有香味	稍有浑浊,脂肪呈小滴浮于表面,无鲜味	混浊,有黄色絮状物,脂肪极少浮于表面,有臭味

（二）实验室检查

主要包括理化检验和微生物检验。

1. 理化检验

新鲜肉的理化指标见表 3-7。

表 3-7　肉的理化指标

项目	指标	
	一级鲜度	二级鲜度
挥发性盐基氮含量/(mg/100g)	≤15	≤20
汞含量/(mg/kg,以 Hg 计)	≤0.05	

（1）挥发性盐基氮(TVBN)测定：挥发性盐基氮是指蛋白质分解后产生碱性含氮物质,如氨、伯胺、仲胺等。此类物质具有挥发性,在碱性溶液中蒸出后,可用酸滴定定量测得。

挥发性盐基氮在肉的变质过程中,能有规律地反映肉品质量鲜度变化,新鲜肉、冷鲜肉、变质肉之间差异非常明显。挥发性盐基氮是评定肉品质量鲜度变化的客观指标。

（2）氢离子浓度(pH)测定：肉腐败变质时,由于肉中蛋白质在细菌及酶的作用下,被分解为氨和胺类化合物等碱性物质,使肉趋于碱性,其 pH 比新鲜肉高,因此肉中 pH 在一定范围内可以反映肉的新鲜程度。也就是说它只能作为肉质量鉴定的一项参考指标。

2. 微生物检验

肉的腐败是由于细菌大量繁殖,所以可以通过检测肉中的微生物污染情况来判断其新鲜度。其方法有触片镜检和细菌菌落总数的测定。

肉品质量卫生综合指标见表 3-8。

表 3-8　肉质量卫生指标综合表

项目	纯瘦肉		
	一级鲜度	二级鲜度	变质肉
挥发性盐基氮/(mg/100g)	≤15	≤20	>20
pH	5.8~6.2	6.3~6.6	>6.7
细菌菌落总数	≤5×10^4	$5 \times 10^4 \sim 5 \times 10^6$	>5×10^6
触片镜检/(个/视野)	看不到细菌,或只见个别的细菌	表层20~30个,中层20个,球菌、杆菌都有	30个以上,以杆菌为主
项目	肥肉		
	良质	次质	变质
酸价	≤2.25	≤3.5	>3.5
过氧化值	≤0.06	≤0.1	>0.15
TBA 值	0.202~0.664	>1	

模块二　畜禽的屠宰与分割

畜禽屠宰,指对各种畜禽进行宰杀,以及鲜肉冷冻等保鲜活动,但不包括商业冷藏。包括牛、羊、猪类的屠宰、鲜肉分割、冷藏或冷冻加工;鸡、鸭、鹅等家禽的屠宰、鲜肉分割、冷藏或冷冻加工。

一、屠宰前的准备

畜禽在屠宰前经过严格检验和选择,是屠宰加工过程中的一个重要环节。

(一)宰前检疫

1. 检验步骤和程序

查阅当地兽医部门签发的检疫证明书;检疫人员仔细察看畜禽群,核对种类和头数,了解产地有无疫情和途中有无病死情况。如发现数目不符或见到死畜禽和症状明显的畜禽时,必须认真查明原因。如果发现有疫情或有疫情可疑时,不得卸载,立即将该批畜禽转入隔离圈(栏)内,进行仔细的检查和必要的实验室诊断,确诊后根据疾病的性质按有关规定处理。经上述查验认可的商品畜禽,准予卸载。

2. 宰前临床检验的方法

生产实践中多采用群体检查和个体检查相结合的办法。

(1) 群体检查是将来自同一地区或同批的畜禽作为一组,或以圈、笼、箱划群进行检查;检查时可按静态、动态、饮食状态三个环节进行,对发现的异常个体标上记号。

(2) 个体检查的方法可归纳为看、听、摸、检四大要领。① 通过观察畜禽的精神、被毛和皮肤、运步姿态、呼吸动作、可视黏膜、排泄物等是否正常;② 听畜禽的叫声、呼吸音、心音、胃肠音等是否正常;③ 通过触摸耳和角根大概判定其体温的高低,摸体表皮肤,注意胸前、颌下、腹下、四肢、阴鞘及会阴部等处有无肿胀、疹块或结节,摸体表淋巴结以检查淋巴结的大小、形状、硬度、温度、敏感性及活动性,摸胸廓和腹部,触摸时注意有无敏感或压痛;④ 检测体温是否正常。

(二) 宰前病畜禽的处理

1. 扑杀(禁宰)

经检查确诊为炭疽、鼻疽、牛瘟、恶性水肿、气肿疽、狂犬病、羊快疫、羊肠毒血症、马流行性淋巴管炎、马传染性贫血等恶性传染病的牲畜,采取不放血法扑杀,一律销毁或工业用,严禁食用。

2. 急宰

凡疑似或确诊为口蹄疫的牲畜立即急宰,其同群牲畜也应全部宰完;患乳房炎和其他传染病及普通病的病畜,均须在指定的地点或急宰间屠宰。

3. 缓宰

确认为一般性传染病和普通病,且有治愈希望者,或患有疑似传染病而未确诊的屠畜应予以缓宰。

(三) 宰前的饲养管理

1. 宰前休息

畜禽运输时,由于环境的改变和受到惊恐等外界环境因素的刺激,易使畜禽过度紧张而引起疲劳,正常的生理功能受到抑制或破坏,致使血液循环加速,体温上升,肌肉组织内的毛细血管充满血液。屠宰时,易造成放血不全,肌肉中的乳酸量较多,加速肉的腐败过程。

如果应激时间长,肌糖原消耗过大,就会导致 DFD 肉。如果应激是在接近屠宰或正在屠宰时发生,糖酵解加剧就会导致 PSE 肉。

为消除应激反应,必须使其休息一天以上,且在驱赶时禁止鞭棍打、惊恐及冷热刺激。

2. 宰前禁食、供水

宰前禁食可降低宰后猪肠道的内容物,减少胴体因切割破损而被微生物污染的可能性,避免放血不全,减少猪群因打斗而造成的皮肤损伤。通常情况下,畜禽在屠宰前 12~24h 断食。动物种类不同,禁食时间有所差异,如牛、羊宰前禁食 24h,猪 12h,家禽 18~24h。但禁食时间不能过长,当禁食时间超过 24h,机体会利用体脂来重建肌肉中的能量储备,这会对肉的风味产生不利影响。

此外,在断食时应供给足量的饮水,以促进粪便排出,使屠宰时放血完全,获得高质畜产品。对家禽而言,尤为重要,通常用2%的芒硝来喂家禽,以促进排粪。

3. 畜禽屠宰前的淋浴

经过断食管理和宰前检验后的畜禽,即送入屠宰间。为保证肉的清洁,避免污染和改善人工操作卫生条件,活畜禽应经过淋浴或水浴2~3min。

二、屠宰及初步加工

活体畜禽从宰杀放血到加工成白条畜禽,并得到其他副产品的过程,称为畜禽的屠宰加工。这是进一步深加工前的处理,因而又叫初步加工。

我国正规的屠宰场,都采用流水线作业,用传送带和吊轨移动屠畜禽。这样既减少了劳动强度,提高了工作效率,又减少了污染概率,从而保证肉的新鲜和质量。屠宰和初步加工的工序如下:

(一)家畜的屠宰加工工艺

1. 工艺流程

2. 淋浴

通过淋浴,可去掉体表污染物和细菌,以防在以后的解体分割过程中肉被污染。淋浴水温在夏季以20℃为宜,冬季以25℃为宜;水流不应过急,应从不同角度、不同方向设置喷头,以保证体表冲洗完全;淋浴时间不宜过长,以体表面污物洗净为宜。

3. 致昏

应用物理的(如机械、电击)或化学的(如吸入CO_2)方法,使家畜在宰杀前短时间内处于昏迷状态,谓之致昏,也叫击晕。

常用的方法有机械致昏法、枪击致昏法、电致昏法和二氧化碳麻醉法等。我国最常用的方法是电致昏法,即常说的"麻电法"。

麻电法除了能使畜禽晕倒,便于放血外,还有以下优点:一是避免刺杀时造成危险;二是能获得大量食用血,缩短放血时间;三是生产效率高;四是击晕后苏醒的时间为2min以上,有足够的时间进行吊挂和刺杀等工序。

我国使用的麻电器,猪有手握式和自动触电式两种(图3-6),牛麻电器有手持式和自动麻电装置两种形式,而羊的麻电器与猪的手握式麻电器相似。

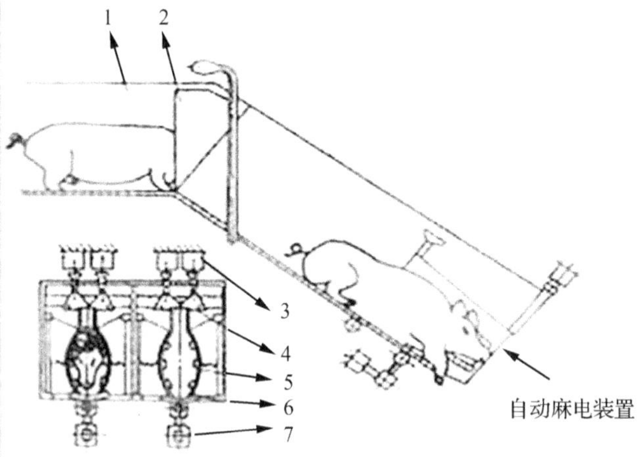

1. 机架　2. 铁门　3. 磁力牵引器　4. 挡板　5. 触电　6. 底板　7. 自动插销

图 3-6　猪自动麻电装置及工作示意图

我国目前多采用低电压,其具体电压和麻电时间,因畜禽种类、品种、产地、季节及个体大小不同而异(表 3-9)。具体操作时,手握式麻电器使用时工人穿胶鞋并带胶手套,手持麻电器,两端分别浸沾 5% 的食盐水(增加导电性),但不可将两端同时浸入盐水,防止短路。如电击晕猪时,用力将电极的一端按在猪皮肤与耳根交界处 1~4s 即可。

表 3-9　畜禽屠宰时的电击晕条件

畜种	电压/V	电流强度/A	麻电时间/s
猪	70~100	0.5~1.0	1~4
牛	75~120	1.0~1.5	5~8
羊	90	0.2	3~4
兔	75	0.75	2~4
家禽	65~85	0.1~0.2	3~4

4. 刺杀放血

家畜致昏后将后腿拴在滑轮的套腿或铁链上,立即倒挂并刺杀放血。家畜击晕后应快速放血,一般以 9~12s 为最佳,最好不超过 30s,以免引起肌肉出血。

切断颈动脉和颈静脉是目前广泛采用的比较理想的一种放血方法,既能保证放血良好,操作起来又简便、安全。宰杀时操作人员手抓住猪前脚,另一手握刀,刀尖向上,刀锋向前,对准第一肋骨咽喉正中偏右 0.5~1cm 处向心脏方向刺入,再侧刀下拖切断颈动脉和颈静脉,不得刺破心脏和气管。刺杀放血刀口长度不大于 5cm,沥血时间为 5~7min。

牛的刺杀部位在距离胸骨 16~20cm 的颈下中线处斜向上方刺入胸腔 30~35cm，刀尖再向左偏，切断颈总动脉，然后沥血 6~8min；而羊的刺杀部位在右侧颈动脉下颌骨附近，将刀刺入后沥血 5~6min。

5. 浸烫、煺毛或剥皮

家畜放血后解体前，猪需烫毛、煺毛，牛、羊需进行剥皮，猪也可以剥皮。

（1）浸烫：放血后的猪经 5~7min 沥血，由悬空轨道上卸入烫毛池进行浸烫。为了使毛根及周围毛囊的蛋白质受热变性收缩，毛根和毛囊易于分离，烫毛池中水温水保持在 60℃~66℃，并需经过 5min 左右的浸烫。

（2）煺毛：又称刮毛，分机械刮毛和手工刮毛。刮毛机国内有三滚筒式刮毛机、拉式刮毛机和螺旋式刮毛机三种。我国大中型肉联厂多用滚筒式刮毛机。刮毛过程中刮毛机中的软硬刮片与猪体相互摩擦，将毛刮去。同时向猪体喷淋 35℃的温水，刮毛 30~60s 即可。然后再由人工将未刮净的部位如耳根、大腿内侧的毛刮去。刮毛后进行体表检验，合格的屠体进行燎毛。我国多用喷灯火焰（800℃~1 300℃）燎毛，然后用刮刀刮去焦毛。最后进行清洗、脱毛检验，从而完成非清洁区的操作。

（3）剥皮：剥皮没有规定的方法，通常有倒悬剥皮（图 3-7）和横卧剥皮两种。倒悬剥皮时，将放血后畜体的后肢悬挂于吊车上，先沿腹部正中线切开，然后依腹壁、四肢、颈、头、背的顺序剥离；横卧剥皮时，也是先沿腹正中线切开，然后切开四肢内侧，将四肢及胸腹部皮肤挑开，再顺次将腹壁、颈、背等部分的皮剥离。现代加工企业多倾向于吊挂剥皮。

图 3-7　猪屠宰车间（倒悬剥皮）

6. 开膛解体

开膛解体包括剖腹取内脏和劈半。煺毛或剥皮后应尽快开膛取内脏,以防脏器变质而影响屠畜肉的质量。取内脏后,用电锯将胴体劈成两半。

7. 检验盖章、称重出厂

在整个屠宰加工过程中,经兽医检验合格者盖"兽医验讫"印章,然后经自动吊秤称重、入库冷藏或出厂。

(二)家禽的屠宰加工工艺

1. 洗浴

待宰家禽经过断食处理和宰前检验后,即可送入屠宰间。为了清除家禽体表的污物,减少污染,保证肉体卫生和改善操作卫生条件,活禽应经过淋浴或水浴。

2. 宰杀放血

根据习惯和对产品的要求,屠宰家禽通常采用口腔宰杀放血法和颈部宰杀放血法两种。

(1)颈部宰杀放血法:固定家禽的两翅,夹于两膝之间,左手握住家禽的颈部,背向后方,拇指和食指夹住禽的喉部,将禽固定。在靠近禽头部的颈下方,在第一颈椎与头骨相连的骨缝处下刀,切断颈部的血管、气管和食管。左手提禽两脚,倒悬家禽,将血放尽。

在宰杀前,需拔掉进刀部位的羽毛,防止割断的羽毛污染血液。但切口不可过大,影响禽体表的美观,防止微生物污染。一般家庭、小型屠宰场常使用该种方法。

(2)口腔宰杀放血法:操作者将家禽的翅膀反剪交叉,使禽头朝下,两脚向上固定好。用一只手的拇指和食指掰开禽嘴,另一手持尖刀伸入口腔,刀刃朝口腔上部,至家禽的头骨底部到颈的第二颈椎处,割断颈静脉和桥状静脉的联合处,随后将刀抽出约一半,从家禽的上颌裂处刺入,沿着两耳之间斜刺延脑,破坏神经中枢,促进死亡,也容易拔毛。为利于血流畅通,避免呛血,将家禽舌从嘴内扭转拉出,放在嘴角的外面。

3. 热烫

为提高产品质量,应严格掌握烫毛的水温与时间。一般情况下,高温烫毛条件为:71℃~82℃,30~60s;中温烫毛:58.9℃~65℃,30~75s;低温烫毛:50℃~54℃,90~120s。然后进入拔毛机拔毛。应该注意的是,尚未完全死亡或血液还未流尽的家禽不应该浸烫,否则因表皮组织中血液凝固而使躯体皮肤发红,煮熟后的肉色暗淡;也不能让禽体宰杀后久置不烫,否则家禽体温散失冷却,毛孔冷缩,不易煺毛。

4. 煺毛

褪毛有手工煺毛和机械打毛两种方法。

无论是手工煺毛还是机械打毛,禽体上还会残留一些绒毛、细毛和毛管。此时,可以通过钳毛、松香拔毛、火焰喷射机烧毛等方式去除。

5. 净膛

指将内脏清除的过程。正规工厂化屠宰(图3-8)多采用全净膛方法,即从肛门到胸骨的正中线切开皮肤和肌肉,打开腹腔或剖开腹腔,将全部内脏(包括生殖器官)及气管、食管取出。

图3-8　家禽屠宰车间

6. 产品整理

经过屠宰加工,得到白条禽、内脏、血液和羽毛等,应按照产品的用途分门别类收集整理。如白条禽可放入清水中浸泡0.5~1h,洗净体内的残留血液和内脏残渣,悬挂沥干水分。再根据加工目的,进一步深加工或冷加工,或分割加工,或直接上市出售。

三、宰后检验

畜禽在屠宰过程中,要同期进行宰后兽医卫生检验,检查方法主要包括头部检验、皮肤检验、内脏检验、肉尸检验和旋毛虫检验。合格者盖"兽医验讫"的印章,入库冷藏或出厂。检验不合格者,则根据损伤和病害程度,进行冷冻处理、产酸处理、高温处理、盐腌处理、炼制食用油或销毁处理。

四、胴体的分割

(一)猪、牛胴体的分割

1. 原料肉的分级和分割

动物在宰后,要对其胴体进行分级和分割。

(1)胴体的分级:一般的胴体分级包括产量级和质量级两部分。

① 产量级:产量反映胴体中主要肉块的产率,现初步选定由胴体的体重、眼肌面积和

背膘厚来测算产肉率,产率越高等级越高。眼肌面积与产肉率成正比,而背膘厚与产肉率成反比。

② 质量级:质量级主要反映胴体肉的品质。初步选定由胴体的生理成熟度、脂肪交杂程度以及肌肉的颜色来判断。生理成熟度越小、脂肪交杂程度越高的胴体质量越好。

(2) 宰后肉的分割:

① 猪胴体的分割方法:我国供市场零售的猪胴体一般分割为以下几部分(图3-9):臀腿肉、背腰肉、肩颈肉、肋腹肉、前后肘子、前颈部及修整下来的腹肋肉。供内、外销的猪半胴体可分割为颈背肌肉、前腿肌肉、脊背大排、臀腿肌肉四大部分。

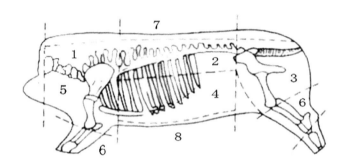

1. 肩颈肉 2. 背腰肉 3. 臀腿肉 4. 肋腹肉 5. 前颈肉 6. 肘子肉 7. 肥膘 8. 奶脯

图 3-9　猪肉按部位切割分级

② 牛胴体的分割方法:标准的牛胴体充分割成二分体,然后再分成臀腿肉、腹部肉、腰部肉、胸部肉、肋部肉、肩颈肉、前腿肉七部分(图3-10)。在部位肉的基础上再将牛胴体分割成13块不同的零售肉块:里脊、外脊、眼肉、上脑、嫩肩肉、臀肉、大米龙、小米龙、膝圆、腰肉、颈肉、腹肉(图3-11)。

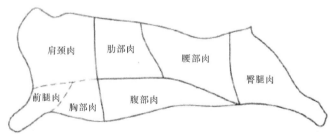

图 3-10　部位肉分割示意图

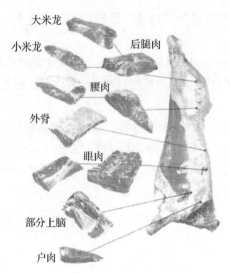

图 3-11　零售肉块分割肉块概图

③ 羊胴体的分割方法：一般羊胴体可被分割成腿部肉、腰部肉、腹部肉、胸部肉、肋部肉、前腿肉、颈部肉、肩部肉。

（二）猪、牛胴体等级的划分

我国猪肉的分级标准与各国不一样，基本上按肥膘量定级，规定鲜猪肉肥膘在3cm以上为1级，2cm以上为2级，1cm以上为3级，1cm以下为4级。但是这种按肥膘定级的方法与现代城乡消费者喜食瘦肉的倾向已不适应，目前已多不采用。现在国内还没有一个国家统一的、消费者公认的生猪收购屠宰标准，而是企业各自制定的标准，这样不同的地区不同的企业执行的标准都不一样。

日本在1961年对牛肉交易制定了标准，标准大致可分为：最小片肉重量、外观、肉质三个方面。外观项目包括瘦肉呈大理石纹状情况、色泽、纹理和致密性，脂肪质量和色泽。根据以上要求将牛肉胴体分为6个等级，即精选、特等、上、中、下及外等。猪肉胴体等级依据胴体的重量范围、外观、肉质等定级。外观项目包括：胴体的匀称程度，瘦肉率、脂肪附着率和处理情况；肉质项目包括：肉的纹理和致密性，肉的色泽、脂肪的色泽和质量及脂肪的沉着情况。评定等级共分五等，即特等、上、中、下及等外。

美国牛肉的质量级别依据牛肉的大理石纹和生理成熟度（年龄）将牛肉分为：特优（prime）、优选（choice）、精选（select）、标准（standard）、商用（commercial）、可用（utility）、切碎（cutler）和制罐（canner）8个级别。

美国猪胴体等级主要根据肉和脂肪的质量及四个主要分割部位肉块的产量来综合确定，包括最后肋骨外的皮下脂肪厚度和肌肉发育情况两个指标，并建有专门的等级计算公式,对阉公猪和小母猪等级共分四级,对母猪共分五级,公猪与小公猪则不分级。

（三）猪、牛分割及适用于加工的产品

1. 猪胴体的分割

猪肉胴体可分割成:背脊肉(shoulder)、腰腹部肉(loin/belly)、后腿肉(leg)三部分。

（1）准备修割过的猪肉适合用于餐饮、酒店和厨房(表3-10)。

表3-10 分割猪肉适用情况表

原料名称		适合加工产品				
		西餐猪排及烧烤	风干火腿	高级注射火腿	香肠	中式产品
背脊肉	槽头肉(jowls cheeks)				√	
	颈肉、1#肉(neck)	√	√	√	√	√
	前腿肉、2#肉(shoulder)	√		√	√	√
	前肘(knuckle)	√			√	√
腰腹部肉	外脊、大排、3#肉(带骨、去骨)(loin,bonein,boneless)	√	√	√		√
	里脊、5#肉(tenderloin)	√				√
	培根肉、五花肉(带皮、去皮)(belly,skin on,skin less)	√	√	√		√
	肋排(ribs)	√				√
	脊膘(back fat)				√	
后腿肉	带骨整后腿(leg full bone in)		√	√		
	去骨去皮去脂后腿、4#肉(leg boneless skinless, fatless)	√	√	√	√	√
	后肘(knuckle)	√	√		√	√
其他	修割碎肉(trimmins) 皮(skin)				√	√
	肝(liver)、头(head)、心(hearts)、舌(tongues)				√	
	蹄(feet)、耳(ears)、尾(tails)、胃(stomachs)、肠(intestine)、腰子(kidneys)					√

（2）猪的分割流程:

① 在吊挂的白条猪上去除板油、里脊。

② 在后腹根部下刀,向外画弧形至末尾第二根脊椎处沿骨缝开,将后腿割下并留在吊钩上,剩余部分置分割台板上。

③ 下前腿:在台板上将猪肘对人,猪脊向外,猪皮向上,在前腿根部划大扇形入刀,在

扇形顶部放斜刀口找到扇子骨后用刀划开,取下前腿。

④ 下肋腹:将猪只翻过来,皮向下,脊骨向外在平行于脊椎 4 指处锯开肋骨,然后一定用刀将肉皮组织划下,保证美观。

⑤ 下颈脊肉:在正数第 5~6 根椎骨处斩下。

⑥ 下小排:在肋腹部的第 5 根肋骨处切下。

⑦ 下通脊肉:先去皮脂,再去骨剔肉取 3#(大排肌肉)肉。

⑧ 对颈脊去皮脂,去骨取 1#(颈背肌肉或颈部五花肉)肉。

⑨ 前腿去骨(去肘子→ 去扇子骨→ 去棒骨去皮脂)。

⑩ 对肋腹去骨。

⑪ 后腿去骨(去肘子→ 去尾骨→ 去髋骨→ 去棒骨)。

2. 牛胴体的分割

牛胴体可分割成:牛后四分体(Hindquarter)和牛前四分体(Forequarter)。准备修割过的牛肉适合用于餐饮、酒店和厨房(表 3-11)。

表 3-11 分割牛肉适用表

原料名称			适合加工产品		
			西餐牛排烧烤原料	高级牛肉火腿原料	香肠原料
牛前四分体	肩胛肉(上脑)(chuck,chuck ribs)		√		√
	肋脊肉、牛肋眼肉(rib,rib eye)		√		
	胸前肉、胸腹肉(brisket/plate/flank)				√
	前腱肉(shank)				√
牛后四分体	腰脊肉(short loin)	上后腰脊肉块(botton sirloin butt)			√
		下后腰脊肉块(top sirloin butt)	√		
		里脊肉(tenderloin)	√		
		外脊肉 西冷肉(striploin,sirloin)	√		
	后腿肉(round)	股肉、针扒(knuckle)		√	
		绘扒(topround)		√	
		米龙(bottom round)		√	
	后腱肉(shank)				√
修割碎肉(trimmings)	脂肪(fat)				√

(四) 分割的个人防护

分割是比较危险的岗位,必须要认真做好安全防护工作,并要做好人员的岗前卫生安全知识的培训。

操作者的具体防护要求是:带上钢网围裙;不拿刀的手要带上钢网手套;要穿上特制的鞋(要求鞋面是硬的、鞋底防滑且绝缘);部分岗位要求操作者带上耳塞(防噪音)以及安全帽。

(五) 鸡肉的分割

首先在冷却间将白条鸡冷却至4℃左右,然后进行分割加工(图3-12)。鸡肉的分割方法主要有手工分割和机械分割两种方法。

1. 手工分割

手工分割包括腿部分割、胸部分割、全翅分割、鸡爪分割、大腿去骨分割和鸡胸去骨分割。

2. 机械分割

采用防护电动环形刀将鸡对着齿旁的刀片,一次性将鸡分成两半、5块、7块、8块或9块。其中,5块分割为2条腿、2块胸、1块腰背,而不带背的腿和胸是最受欢迎的零售规格;7块分割有2块胸肉、2条腿、2只翅和小胸肉;8块切割有2只翅、2条大腿、2条小腿、2块鸡胸;9块切割时要在锁骨与胸骨间做一水平切割,两块带锁骨胸肉重量几乎相同,这种规格最受欢迎。

鸡腿

胸肉

鸡头

鸡脖

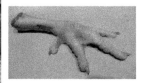
鸡爪

图3-12 鸡肉的分割块

模块三　肉的贮藏与保鲜

肉中含有丰富的营养成分,如在室温下放置时间过久,因受微生物的侵袭产生种种变化而腐败。腐败也即由高分子的化合物变成低分子化合物的过程。因此,贮存肉及肉制品时,首要条件是抑制或消灭微生物的发育。此外,为了达到长期贮藏的目的,还需要将肉进行种种处理,适当改变其性质。具体方法有低温贮藏保鲜法、鲜肉气调保鲜贮藏法、原料肉辐射贮藏法、其他保鲜方法等。

一、肉的贮藏

(一)肉的冷却

1. 冷却肉的定义

牲畜宰杀后吊挂在冷却排酸间内,通过降低环境温度,使肉温迅速下降并始终保持在 $-1℃ \sim 4℃$,在此温度条件下进行分割剔骨、储藏、运输和销售,被称之为冷却肉。简言之,冷却肉是肉在预冷间经冷却排酸后不采用冷冻储存的肉。冷却肉无论风味上、外观上和营养价值上都能保持原有的水平。

因冷却肉的这种先进的加工工艺,使肉得以充分地成熟,在成熟过程中形成的乳酸,松散地固着在各个肌肉纤维的结缔组织上,因而使肉变得柔软和细嫩,烹调后气味芳香,味道鲜美,柔软多汁,从而最大程度地保持了肉的营养。

因为肉冷却到0℃左右进行贮藏时,能有效地抑制微生物的生长和繁殖。冷却肉的加工在全封闭的低温无菌车间进行生产加工,同时"冷藏工艺"贯穿整个生产、加工、贮藏、运输、配送和销售环节,从而确保了肉原料的卫生状况。另一方面,如果生肉在冷却过程中环境湿度达到85%时很快会在表面形成一层水分含量少的干燥层,并可防止细菌的繁殖及水分的散发。

2. 冷却肉的加工方法

冷却肉的加工是发达国家针对畜类的屠宰提出的强制性的加工方法,它通过严格的质量控制(如卫生整修技术、大肠杆菌检验管理、HACCP的实施以及同步检疫),确保了肉的安全、营养、卫生,可使加工前原料的微生物污染处于较低水平,而质量品质达到较高水准。

肉的冷却方法在国内的实际操作中各不相同,但都遵循着同一目的,即通过合理降温来抑制或消灭微生物,降低酶的生物活性,延缓肉内部的物理化学和生物化学变化,以达到延长保鲜期的目的。

冷却肉的加工方法:猪只在屠宰线下来后仍成吊挂状,通过速冷隧道,使猪胴体表面形成一层薄霜,然后进入-2℃的冷却间,胴体进库后库温维持在0℃左右,胴体间的距离为3~5cm,还需采用一定的冷风机吹风保持库内干燥,防止霉菌滋生,通常冷却时间为一天。胴体肉的温度在达到3℃~4℃分割效果最好。此时已完成了排酸冷却过程,此时的肉就可称为冷却肉了,如果立即加工可以得到很好品质的制品。

如果运输销售必须保证在-1℃~0℃,温度升降不得超过0.5℃,进出库时升温不得超过3℃,相对湿度为85%~90%的环境中,空气流速控制在2m/s以内,其保质期猪肉1~2周、牛肉4~5周(在屠宰、冷却、加工各环节都控制较好的情况下)。

需要说明的是冷却肉由于需经过24h的冷却会使一部分的水分流失,还需一定的冷却费用,因此其成本会高一些,且其品质也大大地提高,因此售价也自然会高出很多。

(二)肉的冷冻

1. 冷冻肉的方法

冷冻保存被认为是保存肉品的最好方法。由于冷冻保存的温度较低,微生物的生长和肉品自身的化学变化受到抑制,肉的品质和感官特性变化较小。只有少部分水溶性营养素在解冻滴水中流失,冻结并不破坏肉中的营养成分,且具有一定的稳定市场价格的作用,因此得到广泛的应用。肉的冷冻方法很多,贮藏时间也各不相同(表3-12),这里只介绍常用的两种方法。

(1)冷冻分割肉:一般按上述方法冷却后分割,再进入-33℃的快速冷冻库中(进速冻库前还需适当的再冷却),24h后移入-20℃以下的冷冻库。保质期可达12个月。

(2)冷冻白条肉:一般是经过4h晾肉,使肉内的余热略有散发,并沥去表面水分,再将肉放进冻结间,吊挂在-23℃下冻结24h即成。保质期也可达十二个月。

表3-12 各种温度下各种肉的贮藏时间

类别	贮藏温度			
	-13℃	-18℃	-23℃	-30℃
牛肉	4个月	6个月	12个月	12个月
猪肉	2个月	4个月	8个月	10个月
羊肉	3个月	6个月	12个月	12个月

2. 冻肉出现的变化

(1)汁液流失:由于肉在冻结时,肌肉组织内的水在冻结后,体积增大9%左右,因此当肉被冻结以后,在肉中形成的冰结晶必然要对组织产生一定的机械压力。如系快速冻结,由于生成的冰结晶较小,相对地由此所产生的单位面积压力不大,并且由于肌肉具有一定的弹性,因此尚不致引起肌肉组织破坏。但如系缓慢冻结,所形成的冰结晶体积大,且分布不均匀,因而由冰结晶所产生的单位面积上的压力很大,引起组织结构的损伤和破坏,同时,压迫纤维使之集结,这种由于冰结晶所引起的组织破坏是机械性的,因而是不可逆的。所以在解冻时会造成大量的肉汁流失。快速冻结会略好一点。

(2) 盐析作用:由于肉类在冻结过程中,先发生冻结的是纯水,然后是稀溶液,因此当大部分水转变成为冰后,残存在未冻结部分的溶质浓度逐渐增高,因而使一部分蛋白质盐析自溶液中析出。

(3) 水的冻结:在冻结过程中,自由水先发生冻结,随着温度的继续下降,冻结的水量也逐渐增加,当冻结水量超过一定范围时,结合水就开始冻结,并使结合水与蛋白质质点相离析,这些蛋白质质点易于凝集沉淀,成为脱水型蛋白质,这种变化是不可逆的。

(三) 贮藏中出现的异常现象及其处理方法

1. 发黏

发黏现象多见于冷却肉,其产生原因是由于肉的表面有大量毛霉菌等霉菌、枯草菌等细菌及酵母等微生物生长,可认为已进入初期腐败了。如较早发现,可用流动水洗净立即加工或经修割后洗净加工。

2. 干缩

冷冻肉中还有一种常见的现象是干缩。干缩现象使肉质变为海绵状体,带来肉质和脂肪的严重氧化,这是因为在冻结冷藏时干缩与冰的升华相似,在这个过程中,没有水分的移动,因此,冻结肉表层水分蒸发后就会形成一层脱水的海绵状层,修净后仍可使用。

3. 异味

异味是腐败以外污染的气味,如脏器味等,如果异味较轻,修割后经煮沸试验无异味者,可用于加工。

4. 肉哈味

肉哈味多见于冷冻肉,表层呈黄色,且常随干缩之后发生,主要是由于脂肪在空气、高温、光照、微生物等作用下水解、氧化而成。一般仅在表层,修净后仍可使用,不得用于火腿的制作。

5. 干枯

冻肉存放过久,特别是多次反复解冻,肉中水分丧失,干缩严重形如木渣,营养价值低,不宜做肉制品原料。

6. 发光

在冷库中常见肉上有磷光,这是由一些发光杆菌引起的。肉上有发光现象时一般没有腐败菌生长,一旦有腐败菌生长磷光便消失。发光肉可以使用。

7. 深层腐败

深层腐败常见于股骨部肌肉,大多数是由厌氧芽孢菌引起的,有时也发现其他细菌,一般认为这些细菌是由肠道侵入或放血时污染的,随血液转移至骨骼附近。由于骨膜结构疏松,为细菌特别是厌氧菌的繁殖扩散提供了条件。加上腿部肌肉丰厚,散热较慢,而使细菌得以繁殖形成腐败。为减少这种现象必须注意屠宰后要迅速冷却,然后才能进行冷冻。

二、肉的保鲜

肉类的防腐保鲜自古以来都是人类研究的重要课题,任何一种保鲜措施都有缺点,必须采用综合保鲜技术,发挥各种保藏方法的优势,以达到优势互补、效果相乘的目的。肉类的腐败主要由三种因素引起:①微生物污染、生长繁殖;②脂肪氧化腐败;③肌红蛋白的气体变色。这三种因素相互作用,微生物的繁殖会促进油脂氧化和肌红蛋白变色,而油脂氧化也会改变微生物菌系并促进肌红蛋白变色。下面就目前肉类防腐保鲜的方法进行综述。

(一) 传统的肉品保藏技术

1. 低温冷藏保鲜

低温保鲜是人们普遍采用的技术措施,鉴于我国的国情,冷链系统是肉类保鲜最为重要的手段。冷藏是肉品保存在略高于其冰点的温度,通常为2℃~4℃,这一范围内大部分致病菌停止繁殖,但嗜冷腐败菌仍可生长,另外,李斯特单核增生菌和小肠结炎耶尔森氏菌也可繁殖。细菌在肉中的生长速度相当快,在适宜的条件下,有些细菌繁殖时间只为20min或更短。实际上,如此快的速度是达不到的,因为所有的环境条件同时满足是不可能的。细菌增长期的长短取决于菌种、营养成分及温度、pH和水分活性。

低温保鲜有以下缺点:①冷冻和解冻过程会因冰晶形成和盐析效应,使肉的品质下降;②如包装不良,表面水分会升华而造成"冻烧"现象;③冻藏时运输成本高。

2. 低水分活性保鲜

水分活性并不是食品中全部水分含量,而是指微生物可以利用的水分。微生物的繁殖速度及微生物群构成种类取决于水分活性(A_w)。大多数细菌只能繁殖于A_w高于0.85的基质中,肉毒杆菌水分活性要求为0.94~0.96,沙门氏菌为0.92,一般细菌为0.90,金黄色葡萄球菌为0.87~0.88。当将水分活性降至0.7左右时,绝大部分的微生物均被抑制。在肉制品内部及表面可分离出45种青霉菌,在低水分活性和较高温度时,只有曲霉菌才能生长,最常见的低水分活性保鲜方法有干燥处理及添加食盐和糖,其他添加剂如磷酸盐、淀粉等都可降低肉品的水分活性。

3. 加热处理

加热处理是用来杀死肉品中存在的腐败菌和致病菌,抑制能引起腐败的酶活性的保鲜技术,加热处理虽可起到抑菌、灭酶的作用,而且加热不能防止油脂和肌红蛋白的氧化,反而有促进作用,所以热处理肉制品必须配合其他保藏方法使用。

4. 发酵处理

发酵处理肉制品有较好的保存特性,它是利用人工环境控制,发挥肉制品中乳酸菌的生长优势,将肉制品中碳水化合物转化成乳酸,降低产品的 pH,而抑制其他微生物的生长。发酵处理肉制品也需同其他保藏技术结合使用。

(二) 现代防腐保鲜技术

虽然许多传统的肉类保鲜技术至今仍在使用,但新型防腐保鲜技术发展很快,现代肉类防腐保鲜技术包括防腐保鲜剂、真空包装技术、气调保鲜技术和辐射保鲜技术 4 种。

1. 防腐保鲜剂

肉制品中与保鲜有关的食品添加剂分为 4 类:防腐剂、抗氧化剂、发色剂和品质改良剂。防腐剂又分为化学防腐剂和天然保鲜剂。防腐保鲜剂经常与其他保鲜技术结合使用。

(1) 化学防腐剂:化学防腐剂主要各种有机酸及其盐类。肉类保鲜中使用的有机酸包括乙酸、甲酸、柠檬酸、乳酸及其钠盐、抗坏血酸、山梨酸及其钾盐、磷酸盐等。试验证明,这些酸单独或配合使用,对延长肉保存期均有一定效果,其中使用最多的是乙酸、山梨酸及其盐、乳酸钠。

(2) 天然保鲜剂:天然保鲜剂的一方面卫生上有保证,另一方面也更好地符合消费者的需要。天然防腐剂是今后防腐剂发展的趋势。

① 茶叶中的抗氧化变质的性能:茶多酚对肉品防腐保鲜以三条途径发挥作用,即抗脂质氧化、抑菌、除臭味物质。

② 香辛料提取物:许多香辛料中含有杀菌、抑菌成分,提取后作为防腐剂,既安全又有效。大蒜中的蒜辣素和蒜氨酸,肉豆蔻所含的肉豆蔻挥发油,肉桂中的挥发油以及丁香中的丁香油等,均具有良好的杀菌、抗菌作用。

③ 乳链菌肽(Nisin):Nisin 对肉类保鲜是一种新型的技术,Nisin 是由某些乳酸链球菌合成的一种多肽抗菌素。它只能杀死革兰阳性菌,对酵母、霉菌和革兰阴性菌无作用。Nisin 为窄谱抗菌剂。Nisin 可有效阻止肉毒杆菌,这些产生内生孢子的细菌是食品腐败的主要微生物。目前,利用 Nisin 的形式有两种:一种是将乳酸菌活体接种到食品中;另一种是将其代谢产物 Nisin 加以分离利用。另外,海藻糖、甘露聚糖、壳聚糖、溶菌酶等天然防腐剂正在研究中。

2. 真空包装技术

真空包装技术广泛应用于食品保藏中,我国利用真空包装的肉类产品日益增多。真空包装的作用主要有 3 个方面:①抑制微生物生长,防二次污染;②减缓脂肪氧化速度;

③使肉品整洁,提高竞争力。

真空包装有三种形式:第一种是将整理好的肉放进包装袋内,抽掉空气,然后真空包装,接着吹热风,使受热材料收缩,紧贴于肉品表面;第二种方法是热成型滚动包装;第三种方法为真空紧缩包装,这种方法在欧洲广泛应用。

3. 气调包装技术

气调包装技术也称换气包装,是在密封包装中放入食品,抽掉空气,用选择好的气体代替包装内的气体环境,以抑制微生物的生长,从而延长食品货架期。

气调包装常用的气体有三种:

(1) 二氧化碳抑制细菌和真菌的生长,尤其是细菌繁殖的早期,也能抑制酶的活性,在低温和25%浓度时抑菌效果更佳,并具有水溶性。

(2) 氧气的作用是维持氧合肌红蛋白,使肉色鲜艳,并能抑制厌氧细菌,但也为许多有害菌创造了良好的环境。

(3) 氮气是一种惰性填充气体,氮气不影响肉的色泽,能防止氧化酸败、霉菌的生长和寄生虫害。

在肉类保鲜中,二氧化碳和氮气是两种主要的气体,一定量的氧气存在有利于延长肉类保质期,因此,必须选择适当的比例进行混合,在欧洲鲜肉气调保鲜的气体比例为:氧气、二氧化碳、氮气之比为70:20:10,或氧气与二氧化碳之比为75:25。目前国际上认为最有效的鲜肉保鲜技术是用高二氧化碳充气包装的CAP系统。

4. 辐射保鲜技术

辐射技术是利用原子能射线的辐射能来进行杀菌的。目前认为,用辐射的方法照射食品是安全的。食品辐射联合委员会(EDFI)建议,所有主要食品均可用一亿拉德或更小剂量辐射,这种剂量不会引起毒理学危害。辐射产物的形成仅是简单地分解食品中的正常成分,如蛋白质分解为氨基酸、脂肪氧化分解为甘油和脂肪酸,至于特殊辐射产物(URPS),知之甚少。辐射保鲜技术的效果有待进一步研究。

总之,肉类的保鲜需要综合应用以上各种防腐保鲜措施,发挥各自的优势,达到最佳保鲜效果。未来肉类防腐保鲜的趋势将是天然防腐保鲜剂的应用,新型包装技术的应用和辐照技术的广泛使用。

模块四 肉品加工辅助材料

在肉制品加工中除以肉为主要原料外,还需使用各种辅料。辅料的添加使得肉制品的品种形形色色、多种多样。不同的辅料在肉制品加工过程中发挥不同的作用,如赋予产品独特的色、香、味，改善结构，提高营养价值等。

常见的辅料有调味料、香辛料、发色剂、着色剂、嫩化剂、品质改良剂及其他食品添加剂。

一、调味料和香辛料

在肉制品加工中，凡能突出肉制品口味，赋予肉制品独特香味和口感的物质统称为调味料。有些调味料也有一定的改善肉制品色泽的作用。调味料的种类多、范围广，有狭义和广义之分。狭义的调味料专指具有芳香气和辛辣味道的物质，称为香辛料，如大料、胡椒、丁香、桂皮等；广义的调味料包括咸、甜、酸、鲜等赋味物质，如食盐、酒、醋、酱油、味精等。

调味料在肉制品加工中虽然用量不多，但应用广泛，变化较大。其原因之一是每种调味料都含有区别于其他调味料的特殊成分，这一点是调味料中应注意的重要因素。在肉制品加热过程中，通过这些特殊成分的理化反应，起到改善肉制品滋味、质感和色泽等作用，从而导致肉制品形成众多的特殊风味，有助于提高食欲，增加营养，有的还起到杀菌和防腐的作用。

肉制品中使用调味料的目的，在于产生特定的风味。所用的调味料的种类及分量，应视制品及生产目的的不同而异。由于调味料对风味的影响很大，因此，添加量应以达到所期望的目的为准，切不可认为使用量大味道就好。就中式肉制品来说，几乎所有的产品都离不开调味料，使其产品偏重于浓醇鲜美，料味突出，但如果使用不当，不仅会造成调味料的浪费，而且成本提高，香气过浓反而使产品出现烦腻冲鼻的恶味和中草药味。所以在使用量上应保持恰到好处，从而使制品达到口感鲜美、香味浓郁的目的。

每种调味料基本上都有自己的呈味成分，这与其化学成分的性质有极密切联系；不同的化学成分，可以引起不同的味觉。以下就常见的调味料主要呈现咸、甜、酸、鲜味以及香辛料做简单介绍。

（一）咸味调料

咸味在肉制品加工中是能独立存在的味道，主要存在于食盐中。与食盐类似，具有表达咸味作用的物质有苹果酸钠、谷氨酸钾、葡萄糖碳酸钠和氯化钾等，它们与氯化钠的作用不同，味道也不一样，其他还有腐乳、豆豉等。

1. 食盐

（1）食盐在肉制品加工中的作用：

① 调味作用：添加食盐可增加和改善食品风味。在饮食上的调味功用是能去腥、提鲜、解腻、减少或掩饰异味、平衡风味，又可突出原料的鲜香之味。因此，食盐是人们日常生活中不可缺少的食品之一。

② 提高肉制品的持水能力、改善质地：氯化钠能活化蛋白质，增加水合作用和结合水的能力，从而改善肉制品的质地，增加其嫩度、弹性、凝固性和适口性，使其成品形态完整，质量提高。增加肉糜的黏稠性，促进脂肪混合以形成稳定的乳状物。

③ 抑制微生物的生长：食盐可降低水分活度，提高渗透压，抑制微生物的生长，延长肉制品的保质期。

④ 生理作用：食盐是人体维持正常生理功能所必需的成分，如维持一定的渗透压平衡。

（2）食盐在肉制品中的用量：肉制品中适宜的含盐量可呈现舒适的咸度，突出产品的风味，保证满意的质构。用量过小，产品则寡淡无味，如果超过一定限度，就会造成原料严重脱水，蛋白质过度变性，味道过咸，导致成品质地老韧干硬，破坏了肉制品所具有的风味特点。另外，出于健康的需求，低食盐含量（<2.5%）的肉制品越来越多。所以，无论从加工的角度，还是从保障人体健康的角度，都应该严格控制食盐的用量，且使用盐时必须注意均匀分布，不使它结块。

我国肉制品的食盐用量一般规定是：腌腊制品 6%～10%，酱卤制品 3%～5%，灌肠制品 2.5%～3.5%，油炸及干制品 2%～3.5%，粉肚制品 3%～4%。同时根据季节不同，夏季用盐量比春、秋、冬季要适量增加 0.5%～1.0%，以防肉制品变质，延长保存期。

2. 酱油

酱油是肉制品加工中重要的咸味调味料，一般含盐量在 18% 左右，并含有丰富的氨基酸等风味成分。

酱油在肉制品加工中的作用主要是：

（1）为肉制品提供咸味和鲜味。

（2）添加酱油的肉制品多具有诱人的酱红色，是由酱色的着色作用和糖类与氨基酸的美拉德反应产生。

（3）酿制的酱油具有特殊的酱香气味，可使肉制品增加香气。

（4）酱油生产过程中产生少量的乙醇和乙酸等，具有解除腥腻的作用。

在肉制品加工中以添加酿制酱油为最佳，为使产品呈美观的酱红色，应合理地配合糖类的使用。酱油在香肠制品中还有促进成熟发酵的良好作用。

3. 豆豉

豆豉作为调味品，在肉制品加工中主要起提鲜味、增香味的作用。豆豉除作调味和食用外，医疗功用也很多。中医认为，豆豉性味苦、寒，经常食用豆豉有助于消化，增强脑力，减缓老化，提高肝脏解毒功能，防止高血压和补充维生素，消除疲劳，预防癌症，减轻醉酒，解除病痛等作用。

豆豉在应用中要注意其用量，防止压抑主味。另外，要根据制品要求进行颗粒或蓉泥的加工。在使用保管中，若出现生霉，应视含水情况，酌量加入食盐、白酒或香料，以防止变质，保证其风味质量。

4. 腐乳

腐乳是豆腐经微生物发酵制成的。按色泽和加工方法不同，分为红腐乳、青腐乳、白腐乳等。

在肉制品加工中，红腐乳的应用较为广泛，质量好的红腐乳，应是色泽鲜艳，具有浓郁的酱香及酒香味，细腻无渣，入口即化，无酸苦等怪味。腐乳在肉制品加工中的主要应用是增味、增鲜、增加色彩。

（二）甜味调料

肉制品加工中应用的甜味料主要是食糖、蜂蜜、饴糖、红糖、冰糖、葡萄糖以及淀粉水解糖浆等。

1. 食糖

糖在肉制品加工中赋予甜味并具有矫味、去异味、保色、缓和咸味、增鲜、增色作用。在熏制中使肉质松软、适口。由于糖在肉加工过程中能发生羰氨反应以及焦糖化反应从而能增添肉制品的色泽，尤其是中式肉制品的加工中更离不开食糖，目的都是使产品各自具有独特的色泽和风味。添加量为原料肉的 0.5%~1.0% 较合适，中式肉制品中一般用量为肉重的 0.7%~3%，甚至可达 5%。高档肉制品中经常使用绵白糖。

2. 蜂蜜

蜂蜜在肉制品加工中的应用主要起提高风味、增香、增色、增加光亮度及增加营养的作用。将蜂蜜涂在产品表面，淋油或油炸，是重要的赋色工序。

3. 葡萄糖

葡萄糖在肉制品加工中的应用除了作为调味品，增加营养的目的以外，还有调节 pH 和氧化还原的目的。对于普通的肉制品加工，其使用量为 0.3%~0.5% 比较合适。

葡萄糖应用于发酵的香肠制品，因为它提供了发酵细菌转化为乳酸所需要的碳源。为此目的而加入的葡萄糖量为 0.5%~1.0%，葡萄糖在肉制品中还作为助发色和保色剂用于熏制肉中。

（三）鲜味调料

鲜味调料是指能提高肉制品鲜味的各种调料。鲜味是不能在肉制品中独立存在的，需在本味基础上才能使用和发挥。但它是一种味别，是许多复合味型的主要调味品之一，品种较少，变化不大。在使用中，应恰当掌握用量，不能掩盖制品全味或原料肉的本味，应按"淡而不薄"的原则使用。肉制品加工中主要使用的是味精。

1. 味精

（1）强力味精：强力味精的主要作用除了强化味精鲜味外，还有增强肉制品的滋味，强化肉类鲜味，协调甜、酸、苦、辣等味道的作用，使制品的滋味更浓郁，鲜味更丰厚圆润，并能降低制品中的不良气味，这些效果是任何单一鲜味料所无法达到的。

强力味精不同于普通味精的是：在加工中，要注意尽量不要与生鲜原料接触，或尽可能地缩短其与生鲜原料的接触时间，这是因为强力味精中的肌苷酸钠或鸟苷酸钠很容易被生鲜原料中所含有的酶分解，失去其呈鲜效果，导致鲜味明显下降，最好是在加工制品的加热后期添加强力味精，或者添加在已加热至80℃后冷却下来的熟制品中，总之，应该应可能避免与生鲜原料接触的机会。

（2）复合味精：复合味精可直接作为清汤和浓汤的调味料，由于有香料的增香作用，因此用复合味精进行调味的肉汤其肉香味很醇厚。可作为肉类嫩化剂的调味料，能使老韧的肉类组织变得柔嫩，但有时味道显得不佳，此时添加与这种肉类风味相同的复合味精，可弥补风味的不足，可作为某些制品的涂抹调味料。

（3）营养强化型味精：营养强化型味精是为了更好地满足人体生理的需要，同时也为了某些病理上和某些特殊方面的营养需要而生产的。如赖氨酸味精、维生素A强化味精、营养强化味精、低钠味精、中草药味精、五味味精、芝麻味精、香菇味精、番茄味精等。

2. 肌苷酸钠

肌苷酸钠是白色或无色的结晶性粉末。近年来几乎都是通过合成法或发酵法制成的。性质稳定，在一般食品加工条件下加热100℃、1h无分解现象。但在动植物中磷酸酯酶作用下分解而失去鲜味。肌苷酸钠鲜味是谷氨酸钠的10~20倍，与谷氨酸钠对鲜味有相乘效应，所以一起使用，效果更佳。往肉中加0.01%~0.02%的肌苷酸钠与之对应就要加1/20左右的谷氨酸钠。使用时，由于遇酶容易分解，所以添加酶活力强的物质时，应充分考虑之后再使用。

3. 鸟苷酸钠、胞苷酸钠和尿百酸钠

这三种物质与肌苷酸钠一样是核酸关联物质。它们都是白色或无色的结晶或结晶性粉末。其中鸟苷酸钠是蘑菇香味的，由于它的香味很强，所以使用量为谷氨酸钠的1%~5%就足够。

4. 琥珀酸、琥珀酸钠和琥珀酸二钠

琥珀酸具有海贝的鲜味，由于琥珀酸是呈酸性的，所以一般使用时以一钠盐或二钠盐的形式出现。对于肉制品来说，使用范围在0.02%~0.05%。

5. 鱼露

鱼露又称鱼酱油，它是以海产小鱼为原料，用盐或盐水浸渍，经长期自然发酵，取其汁液滤清后而制成的一种鲜味调料。鱼露的风味与普通酱油有很大区别,它带有鱼腥味,是广东、福建等地区常用的调味料。

鱼露由于是以鱼类作为生产原料,所以营养十分丰富,蛋白质含量高,其呈味成分主要是呈鲜物质肌苷酸钠、鸟苷酸钠、谷氨酸钠等。咸味是以食盐为主。鱼露中所含的氨基酸也很丰富,主要是赖氨酸、谷氨酸、天冬氨酸、丙氨酸、甘氨酸等含量较多。鱼露的质量鉴别应以颜色橙黄和棕色,透明澄清,有香味、不浑浊、不发黑、无异味为上乘。鱼露在肉制品加工中的应用主要起增味、增香及提高风味的作用。在肉制品加工中应用比较广泛,形成许多独特风味的产品。

(四)酸味调料

酸味在肉制品加工中是不能独立存在的味道,必须与其他味道合用才起作用。但是,酸味仍是一种重要的味道,是构成多种复合味的主要调味物质。

酸味调味料品种有许多,在肉制品加工中经常使用的有醋、番茄酱、番茄汁、山楂酱、草莓酱、柠檬酸等。酸味调料在使用中应根据工艺特点及要求去选择,还需注意到人们的习惯、爱好、环境、气候等因素。

1. 食醋

在肉制品加工中的作用如下:

(1)食醋的调味作用:食醋与糖可以调配出一种很适口的甜酸味——糖醋味的特殊风味,如糖醋排骨、糖醋咕咾肉等。任何含量的食醋中加入少量的食盐后,酸味感增强,但是加入的食盐过量以后,则会导致食醋的酸味感下降。与此相反,在具有咸味的食盐溶液中加入少量的食醋,可增加咸味感。

(2)食醋的去腥作用:在肉制品加工中添加一些食醋,用以去除腥气味,尤其鱼类肉原料更具有代表性。在加工过程中,适量添加食醋可明显减少腥味。如用醋洗猪肚,既可保持维生素和铁少受损失,又可去除猪肚的腥臭味。

(3)食醋的调香作用:食醋中的主要成分为醋酸。同时还有一些含量低的其他低分子酸,而制作某些肉制品往往又要加入一定量的黄酒和白酒,酒中的主要成分是乙醇,同时还有一些含量低的其他醇类。当酸类与醇类同在一起时,就会发生酯化反应,在风味化学中称为"生香反应"。炖牛肉、羊肉时加点醋,可使肉加速熟烂及增加芳香气味;骨头汤中加少量食醋可以增加汤的适口感及香味,并利于增加骨中钙的溶出。

2. 柠檬酸

柠檬酸用于处理的腊肉、香肠和火腿,具有较强的抗氧化能力。柠檬酸也可作为多价螯合剂用于提炼动物油和人造黄油的过程。柠檬酸可用于密封包装的肉类食品的保鲜。柠檬酸在肉制品中的作用还可降低肉糜的 pH。在 pH 较低的情况下,亚硝酸盐的分解愈快愈彻底。当然,对香肠的变红就愈有良好的辅助作用。但 pH 的下降,对于肉糜的持水性是不利的。因此,国外已开始在某些混合添加剂中使用糖衣柠檬酸。加热时糖衣溶解,释放出有效的柠檬酸,而不影响肉制品的质构。

(五) 香辛料

香辛料具有刺激性的香味,在赋予肉制品以风味的同时,可增进食欲,帮助消化和吸收。

1. 分类

(1) 整体形式:即保持完整的香辛料,不经任何预加工。在使用时一般在水中与肉制品一起加工,使味道和香气溶于水中,让肉制品吸收,达到调味目的。

(2) 破碎形式:香辛料经过晒干、烘干等干燥过程,再经粉碎机粉碎成不同粒度的颗粒状或粉末。使用时一般直接加到食品中混合,或者包在布袋中与食品一起在水中煮制。

(3) 抽提物形式:将香辛料通过蒸馏、萃取等工艺,使香辛料的有效成分——精油提取出来,通过稀释后形成液态油。使用时直接加到食品中去。

(4) 胶囊形式:天然香辛料的提取物常常呈精油形式,不溶于水中,经胶囊化后应用于肉制品中,分散性较好,抑臭或矫臭效果好,香味不易逸散,产品不易氧化,质量稳定。

2. 常用香辛料

(1) 胡椒(图 3-13):胡椒在肉制品加工中有去腥、提味、增香、增鲜及除异味等作用。胡椒还有防腐、防霉的作用,其原因是胡椒含有挥发性香油,辛辣成分的胡椒碱、水芹烯、丁香烯等芳香成分,能抑制细菌生长,在短时间内可防止食物腐败变质。

图 3-13 胡椒植株与胡椒晒干果实

(2) 花椒(图 3-14、图 3-15):肉制品加工中应用它的香气可达到除腥去异味、增香味、防哈变的目的。

图 3-14　干花椒　　　　　图 3-15　花椒植株

（3）姜（图 3-16）：又称生姜、白姜，姜中的油树脂，可以抑制人体对胆固醇的吸收，防止肝脏和血清中胆固醇的蓄积。姜中的挥发性姜油酮和姜油酚，具有活血、祛寒、除湿、发汗、增温等功能，还有健胃、止呕、避腥臭、消水肿之功效。

图 3-16　生姜　　　　　图 3-17　小茴香

（4）小茴香（图 3-17）：小茴香在肉制品加工中的应用主要起避秽去异味、调香和良好的防腐作用。小茴香既可单独使用，也可与其他香味料配合使用。小茴香常用于酱卤肉制品中，往往和花椒配合使用，能起到增加香味，去除异味的功用。使用时应将小茴香及其他香料用料袋捆扎后放入老汤内，以免粘连原料肉。小茴香是配制五香粉的原料之一。

（5）桂皮（图 3-18）：是肉桂树的树皮，具有强烈的肉桂香气，味甜，略苦。桂皮成品为褐色，可磨成粉末状，加入肉制品中，可提高肉品的复合芳香滋味。桂皮是我国特有的珍贵香料，产于广东、广西、云南、福建等地，也是传统的出口商品。

图 3-18　桂皮　　　　　图 3-19　月桂叶　　　　　图 3-20　大茴香（八角）

（6）月桂叶（图3-19）：月桂叶是樟科常绿乔木月桂树的叶子。其味清香，微苦，有去臭除腥的作用。与食物共煮后香味特浓，常用于肉类罐头和西式肉制品的加工。

（7）大茴香（图3-20）：俗称大料、八角，系木兰科的常绿乔木八角茴香树的成熟果实。干燥后裂成八至九瓣，故称八角。它具有独特芳香，稍带甜味，有去腥防腐作用，是酱卤制品广泛使用的香辛料。

除了上述几种外，肉制品加工中还用到以下香辛料：肉豆蔻、辣椒、丁香、砂仁、肉桂、孜然、豆蒙、草果、白芷、百里香、迷迭香、葫芦巴、姜黄、洋葱等。常用香辛料的呈味特点与作用见表3-13。

表3-13 常见天然香辛料的呈味特点与作用

名称	香气	辛辣味	苦味	抗氧化	抑菌性	矫臭性	其他功能
多香果	强	弱	中		有	有	助消化
大茴香				有	有	有	
月桂叶	中		弱				
香芹籽	强		中				健胃、驱风寒
小豆蔻	强		中			有	健胃、驱风寒、健齿
桂皮	强	中			有	有	助消化、矫味
丁香	强	中		有	有		助消化、健齿、胃、驱风寒
小茴香	强					有	健胃、驱风寒、矫味、祛痰
大蒜	中	中		有			
生姜	弱	强	中	有		有	助消化、驱风寒
芥末籽		强		有	有		健胃、助浴剂（神经痛、肺炎）
肉豆蔻	强	中	中	有	有	有	健胃、助消化、口腔清凉剂
胡椒		强		有			健胃、驱风寒
红辣椒		强			有	有	健胃
藏红花			中				镇静、健胃、通经、驱虫
姜黄	中		中				止血、治外伤、腹痛、眩晕

3．香辛料在肉制品加工中的应用

肉制品加工中香辛料的配比在各肉制品加工企业是各不相同的。一般来说，在哪一种产品中加入什么样的香辛料，如何调配，是有讲究的。在实际使用各种香辛料时，应在加工前考虑材料的不同情况来选用哪种香辛料可获得满意的效果。使用香辛料归根到底是个味觉问题，必须要根据当地消费者口味和原料肉的不同种类而异，不影响肉的自然风味。

二、发色剂和着色剂

肉制品的色泽是评判其质量好坏的一个重要因素。在肉制品加工中,常用于增强肉制品色泽的添加剂有发色剂和着色剂两类。

1. 发色剂

肉制品加工中最常用的是硝酸盐与亚硝酸盐。

(1) 硝酸盐:硝酸盐在肉中亚硝酸盐菌或还原物质的作用下,还原成亚硝酸盐,然后与肉中的乳酸反应而生成亚硝酸,亚硝酸再分解生成一氧化氮,一氧化氮与肌肉组织中的肌红蛋白结合生成亚硝基肌红蛋白,使肉呈现鲜艳的肉红色。

我国规定硝酸钠可用于肉制品,最大使用量为 0.5g/kg,残留量控制同亚硝酸钠。联合国食品添加剂法规委员会(CCFA)建议本品用于火腿和猪脊肉,最大用量为 0.5g/kg,单独或与硝酸钾并用。

(2) 亚硝酸盐:亚硝酸盐的作用有:具有良好的呈色和发色作用,发色迅速;抑制肉制品中造成食物中毒及腐败菌的生长;具有增强肉制品风味作用。亚硝酸盐对于肉制品的风味可有两个方面的影响:①产生特殊熏制风味,这是其他辅料所无法取代的;②防止脂肪氧化酸败,以保持熏制肉制品独有的风味。

国际上对食品中添加硝酸盐和亚硝酸盐的问题很重视,FAO/WHO、联合国食品添加剂法规委员会(CCFA)建议在目前还没有理想的替代品之前,把用量限制在最低水平。

我国规定亚硝酸盐的加入量为 0.15g/kg,此量在国际规定的限量以下。

肉制品中加入亚硝酸盐时应按照《中华人民共和国食品添加剂卫生管理办法》进行,要做到专人保管,随领随用,用多少领多少。对领取后没有用完的添加剂要进行妥善处理,以防发生人身安全事故,对发色剂亚硝酸盐的使用更要特别谨慎。

2. 发色助剂

为了提高发色效果,降低硝酸盐类的使用量,往往加入发色助剂,如异抗坏血酸钠、烟酰胺、葡萄糖酸内酯等。

(1) 异抗坏血酸钠:由于能抑制亚硝胺的形成,故有利人们的身体健康,对火腿等熏制肉制品的使用量为 0.5~1.0g/kg。

(2) 葡萄糖酸内酯:通常 1% 葡萄糖酸内酯水溶液缩短肉制品的成熟过程,增加出品率。我国规定葡萄糖酸内酯可用于午餐肉、香肠(肠制品),最大使用量为 3.0g/kg,残留量为 0.01mg/kg。

(3) 烟酰胺:胺与肌红蛋白结合生成稳定的烟酚肌红蛋白,不被氧化,可防止肌红蛋白在亚硝酸生成亚硝基期间氧化变色。添加 0.01%~0.02% 的烟酚胺可保持和增强火腿、香肠的色、香、味,同时也是重要的营养强化剂。

3. 着色剂

以食品着色为目的的食品添加剂为着色剂(食用色素)。着色剂的功能是提高商品价值和促进食欲。使用者须了解所选用的食用天然色素的理化性质,在肉制品加工中予以科学合理地使用,从而达到较理想的着色效果。

(1) 红曲米和红曲色素:红曲米和红曲色素在肉制品加工中常用于酱卤制品类、灌肠制品类、火腿制品类、干制品和油炸制品等,其使用量一般控制在0.6%~1.5%。如酱鸡用量为1%,酱鸭1%,红粉蒸肉0.6%~1%,红粉蒸牛肉0.8%~1.3%,红肠1.2%~1.5%,糖醋排骨0.8%~1%,樱桃肉1.2%,叉烧肉1%。但红曲米和红曲色素应注意不能使用太多,否则将使制品的口味略有苦酸味,并且颜色太重而发暗。另外,使用红曲米和红曲色素时需添加适量的食糖,用以调和酸味,减轻苦味,使肉制品的滋味达到和谐。

(2) 焦糖:焦糖又称酱色或糖色,外观是红褐色或黑褐色的液体,也有的呈团体状或粉末状。可以溶解于水以及乙醇中,但在大多数有机溶剂中不溶解。溶解的焦糖有明显的焦味,但冲稀到常用水平则无味。焦糖水溶液晶莹透明。液状焦糖的相对密度在1.25~1.38之间。焦糖的颜色不会因酸碱度的变化而发生变化,并且也不会因长期暴露在空气中受氧气的影响而改变颜色。焦糖在150℃~200℃的高温下颜色稳定,是我国传统使用的色素之一。

焦糖比较容易保存,不易变质。液体的焦糖贮存中如因水分挥发而干燥时,使用前只要添加一定的水分,放在炉上稍稍加热,搅拌均匀,即可重新使用。焦糖中在肉制品加工中的应用主要是为了补充色调,改善产品外观的作用。

三、嫩化剂和品质改良剂

嫩化剂和品质改良剂是目前肉制品加工中经常使用的食品添加剂。它们在改善肉制品品质方面发挥着重要的作用。

1. 嫩化剂

嫩化剂是用于使肉质鲜嫩的食品添加剂。常用的嫩化剂主要是蛋白酶类。用蛋白酶来嫩化一些粗糙、老硬的肉类是最为有效的嫩化方法。用蛋白酶作为肉类嫩化剂,不但安全、卫生、无毒,而且有助于提高肉类的色、香、味,增加肉的营养价值,并且不会产生任何不良风味。

目前,作为嫩化剂的蛋白酶主要是植物性蛋白酶。常用的有木瓜蛋白酶、菠萝蛋白酶、生姜蛋白酶和猕猴桃蛋白酶等。

(1) 木瓜蛋白酶:加工中使用木瓜蛋白酶时,可先用温水将其粉末溶化,然后将原料肉放入拌和均匀,即可加工。木瓜蛋白酶广泛用于肉类的嫩化。

(2) 菠萝蛋白酶：加工中使用菠萝蛋白酶时，要注意将其粉末溶入30℃左右的水中，也可直接加入调味液，然后把原料肉放入其中，经搅拌均匀即可加工。

需要注意的是菠萝蛋白酶所存在的温度环境不可超过45℃，否则，蛋白酶的作用能力显著下降，更不可超过60℃，在60℃的温度下经21min，菠萝蛋白酶的作用完全丧失。

2. 品质改良剂

在肉制品加工中，为了使制得的成品形态完整，色泽美观，肉质细嫩，切断面有光泽，常常需要添加品质改良剂，以增强肉制品的弹性和结着力，增加持水性，改善制成品的鲜嫩度，并提高出品率，这一类物质统称为品质改良剂。

目前肉制品生产上使用的主要是磷酸盐类、葡萄糖酸-δ-内酯等。磷酸盐类主要有焦磷酸钠、三聚磷酸钠、六偏磷酸钠等，统称为多聚磷酸盐。这方面新的发展是采用一些酶制剂如谷氨酰胺转氨酶来改良肉的品质。

(1) 多聚磷酸盐：广泛应用于肉制品加工中，具有明显提高品质的作用。在肉制品中起乳化、控制金属离子、控制颜色、控制微生物、调节pH和缓冲作用。还能调整产品质地、改善风味、保持嫩度和提高成品率。在少盐的肉制品中，多聚磷酸盐是不可缺少的，加多聚磷酸盐后，即使加1%的盐，也能使肉馅溶解。多聚磷酸盐在肉制品加工中，应当在加盐之前或与盐同时加入瘦肉中。各种多聚磷酸盐的用量在0.4%~0.5%之间为最佳，美国的限量是终产品中磷酸盐的残留量低于0.5%。

因为磷酸盐有腐蚀性，加工的用具应使用不锈钢或塑料制品。储存磷酸盐也应使用塑料袋而不用金属器皿。磷酸盐的另一个问题就是造成产品上的白色结晶物，原因是由于肉内的磷酸酶分解了这些多聚磷酸盐所致。防止的方式是可降低磷酸盐的用量或是增加车间内及产品储存时的相对湿度。

磷酸盐类常复合使用，一般常用三聚磷酸钠29%、偏磷酸钠55%、焦磷酸钠3%、磷酸二氢钠(无水)13%的比例，效果较理想。

(2) 谷氨酰胺转氨酶：是谷氨酰胺转氨酶近年来新兴的品质改良剂，在肉制品中得到广泛应用，它可使酪蛋白、肌球蛋白、谷蛋白、乳球蛋白等蛋白质分子之间发生交联，改变蛋白质的功能性质。该酶可添加到汉堡包、肉包、罐装肉、冻肉、模型肉、鱼肉泥、碎鱼产品等产品中以提高产品的弹性、质地，对肉进行改型再塑造，增加胶凝强度等。在肉制品中添加谷氨酰胺转氨酶，由于该酶的交联作用可以提高肉质的弹性，可减少磷酸盐的用量。

(3) 综合性混合粉：综合性混合粉是肉制品加工中使用的一种多用途的混合添加剂，它由多聚磷酸盐、亚硝酸钠、食盐等组成，不仅能用于生产方火腿、熏火腿、熏肉和午餐肉等品种，而且能用于生产各种灌肠制品。

综合性混合粉适用品种多，使用方便，能起到发色、疏松、膨胀、增加肉制品持水性及抗氧化等作用。

四、增稠剂

增稠剂又称赋形剂、黏稠剂，具有改善和稳定肉制品物理性质或组织形态，丰富食用的触感和味感的作用。

增稠剂按其来源大致可分为两类：一类是来自于含有多糖类的植物原料；另一类则是从富含蛋白质的动物及海藻类原料中制取的。增稠剂的种类很多，在肉制品加工中应用较多的有：①植物性增稠剂，如淀粉、琼脂、大豆蛋白等；②动物性增稠剂，如明胶、禽蛋等。这些增稠剂的组成成分、性质、胶凝能力均有所差别，使用时应注意选择。

1. 淀粉

淀粉在肉制品中的作用主要是：①提高肉制品的黏结性，保证切片不松散；②淀粉可作为赋形剂，使产品具有弹性；③淀粉可束缚脂肪，缓解脂肪带来的不良影响，改善口感、外观；④淀粉的糊化，吸收大量的水分，使产品柔嫩、多汁；⑤改性淀粉中的 β 环状糊精，具有包埋香气的作用，使香气持久。

在中式肉制品中，淀粉能增强制品的感官性能，保持制品的鲜嫩，提高制品的滋味，对制品的色、香、味、形各方面均有很大的影响。

常见的油炸制品，原料肉如果不经挂糊、上浆，在旺火热油中水分会很快蒸发，鲜味也随水分外溢，因而质地变老。原料肉经挂糊、上浆后，糊浆受热后就像替原料穿上一层衣服一样，立即凝成一层薄膜，不仅能保持原料原有鲜嫩状态，而且表面糊浆色泽光润，形态饱满，并能增加制品的美观。

通常情况下，制作肉丸等肉糜制品时使用马铃薯淀粉或小麦淀粉，加工肉糜罐头时用玉米淀粉。肉糜制品的淀粉用量视品种而不同，可在 5%～50% 的范围内，如午餐肉罐头中约加入 6% 淀粉，炸肉丸中约加入 15% 淀粉，粉肠约加入 50% 淀粉。高档肉制品中淀粉用量很少，并且使用玉米淀粉。

2. 明胶

明胶在肉制品加工中的作用有营养作用，乳化作用，黏合保水作用，稳定、增稠、胶凝等作用。

3. 琼脂

琼脂凝胶坚固，可使产品有一定形状，但其组织粗糙、发脆，表面易收缩起皱。尽管琼脂耐热性较强，但是加热时间过长或在强酸性条件下也会导致胶凝能力消失。

4. 卡拉胶

在肉制品加工中，加入卡拉胶，可使产品产生脂肪样的口感，可用于生产高档、低脂的肉制品。肉制品中常用 κ-卡拉胶。

5. 大豆分离蛋白

大豆分离蛋白是大豆蛋白经分离精制而得的蛋白质,一般蛋白质含量在90%以上,由于其良好的持水性、乳化性、凝胶形成性以及低廉的价格,在肉制品加工中得到广泛的应用,其作用如下:

(1) 提高营养价值,取代肉蛋白:大豆分离蛋白为全价蛋白质,可直接被人体吸收,添加到肉制品中后,在氨基酸组成方面与肉蛋白形成互补,大大提高食用价值。

(2) 改善肉制品的组织结构,提高肉制品的质量:大豆分离蛋白添加后可以使肉制品内部组织细腻,结合性好,富有弹力,切片性好。在增加肉制品的鲜香味道的同时,保持产品原有的风味。

(3) 使脂肪乳化:大豆分离蛋白是优质的乳化剂,可以提高脂肪的用量。

(4) 提高持水性:大豆分离蛋白具有良好的持水性,使产品更加柔嫩。

(5) 提高出品率:添加大豆分离蛋白的肉制,可以增加淀粉、脂肪的用量,减少瘦肉的用量,降低生产成本,提高经济效益。

6. 黄原胶

黄原胶是一种微生物多糖,可作为增稠剂、乳化剂、调和剂、稳定剂、悬浮剂和凝胶剂使用。在肉制品中最大使用量为2.0g/kg。在肉制品中起到稳定作用,结合水分、抑制脱水收缩。

使用黄原胶时应注意:制备黄原胶溶液时,如分散不充分,将出现结块。除充分搅拌外,可将其预先与其他材料混合,再边搅拌边加入水中。如仍分散困难,可加入与水混溶性溶剂如少量乙醇。添加氯化钠和氯化钾等电解质,可提高其黏度和稳定性。

五、抗氧化剂

抗氧化剂是指能阻止或延缓食品氧化,提高食品的稳定性,延长食品贮存期的食品添加剂。肉制品中含有脂肪等成分,由于微生物、水分、热、光等的作用,往往受到氧化和加水分解,氧化能使肉制品中的油脂类腐败、退色、褐变,维生素被破坏,降低肉制品的质量和营养价值,使之变质,甚至产生有害物质,引起食物中毒。为了防止这种氧化现象,在肉制品中可添加抗氧化剂。

防止肉制品氧化,应着重从原料、加工工艺、保藏等环节上采取相应的避光、降温、干燥、排气、除氧、密封等措施,然后适当配合使用一些安全性高、效果好的抗氧化剂,可收到防止氧化的显著效果。另外,一些对金属离子有螯合作用的化合物如柠檬酸、磷酸等也可增加抗氧化效果。

抗氧化剂的品种很多,在肉制品中通常使用的有:

(1) 油溶性抗氧化剂:如丁基羟基茴香醚、二丁基羟基甲苯、没食子酸丙酯、维生素

E．油溶性抗氧化剂能均匀地溶解分布在油脂中，对含油脂或脂肪的肉制品可以很好地发挥其抗氧化作用。

（2）水溶性抗氧化剂：如L-抗坏血酸、异抗坏血酸、抗坏血酸钠、异抗坏血酸钠、茶多酚等。这几种水溶性抗氧化剂，常用于防止肉中血色素的氧化变褐，以及因氧化而降低肉制品的风味和质量等方面。

六、防腐剂

造成肉制品腐败变质的原因很多，包括物理、化学和生物等方面的因素，这些因素有时是单独起作用，有时是共同起作用。由于微生物到处存在，肉制品营养特别丰富，适宜于微生物的生长繁殖，所以，细菌特别是霉菌和酵母之类微生物的侵袭，通常是导致肉品腐败变质的主要原因。

防腐剂是对微生物具有杀灭、抑制或阻止生长作用的食品添加剂。防腐剂具有杀菌或抑制其繁殖的作用，它不同于一般消毒剂，必须具备下列条件：在肉制品加工过程中本身能被破坏而形成无害的分解物；不损害肉制品的色、香、味；不破坏肉制品本身的营养成分；对人体健康无害。与速冻、冷藏、罐藏、干制、腌制等食品保藏方法相比，正确使用食品防腐剂具有简洁、无需特殊设备、经济等特点。

防腐剂使用中要注意肉制品pH的影响，一般来说，肉制品pH越低，防腐效果越好。原料本身的新鲜程度与其染菌程度和微生物增殖多少有关，故使用防腐剂的同时，要配合良好的卫生条件。对不新鲜的原料要配合热处理杀菌及包装手段。工业化生产中要注意防腐剂在原料中分散均匀。同类防腐剂并用时常常有协同作用。

目前《食品添加剂卫生标准》中，允许在肉制品中使用的防腐剂有山梨酸及其钾盐、脱氢乙酸钠和乳酸链球菌素等。

七、香精香料

1. 食用香料

食用香料是具有挥发性的物质。所以在加工制品时，应尽量缩短香料的受热时间，或在热加工处理的后期添加香料。同时应注意香料易在碱性条件的碱化，要避免与碱性物质直接接触。为了防止香料在保存期内变质，应注意密封和保持环境的阴凉与避光。

2. 食用香精

食用香精在使用时应注意的问题：首先必须是允许在肉制品中使用的香精，香型应该选得适当，加入肉品后应该能够溶解，香精的使用量应严格按照规定，只有在特殊的情况下才允许多加，高含量的糖液或酸液都可能遮盖或改变香精的香味。因此，一般不要把香精与高含量酸液混用，要严格控制温度，水溶性香精加热不得超过70℃，油溶性香精不得超过120℃。

香精是由香料中萃取的挥发性油脂、基本油脂或树脂油等组成,由于含有芳香成分,所以在肉制品中被广泛使用。在肉制品加工中使用香精时,必须是不带松烯和长松烯,而以氧化复合物为主要成分的浓缩基本油脂。这类香精的芳香度、溶解度以及安定度,一般都较优良。

3. 肉制品中常用的香精香料

一般来说,肉制品中香精的使用并不像其他食品那样广泛。肉类香精通常按形态可分为固态、液态和膏状三种形态。烟熏香精是目前市场上流行的一种液体香精,多数熏肠中都有添加。常见的固体和膏状香精如牛肉精粉、猪肉精粉以及猪肉精膏、鸡肉精膏等目前在市场上也比较流行。这些香精多为动物水解蛋白(HAP)、植物水解蛋白(HVP)或酵母抽提物(YE)经加工复配而成。在一些肉制品如午餐肉加工中,常添加一定量的香精以增加制品的肉香味。肉类香精按应用情况也可分为热反应型、调配型和拌和型三种类型。

模块五 腌制品加工

腌制品指肉经腌制、酱渍、晾晒(或不晾晒)、烘烤等工艺加工而成的生肉类制品。代表产品有火腿、腌肉、香肠等。中国火腿因加工方法、产地和调料不同,可分为金华火腿、宣威火腿等;关于腌肉,国内主要有咸肉、腊肉、熏肉、风干肉类等。国外多称培根,因形状呈长方形,又称方肉。

自古以来,肉类腌制就是肉的一种防腐贮藏方法,公元前3 000多年,就开始用食盐保藏肉类和鱼类,至今肉类腌制仍普遍使用,但今天的腌制目的已从单纯的防腐保藏,发展到主要为了改善风味和颜色,以提高肉的品质。用食盐或以食盐为主,并添加硝酸钠(或钾)、蔗糖和香辛料等腌制材料处理肉类的过程为腌制。通过腌制使食盐或食糖渗入肉品组织中,降低它们的水分活度,提高它们的渗透压,借以有选择地控制微生物的活动,抑制腐败菌的生长,从而防止肉品腐败变质。

腌制的目的可归纳为:①防腐保存;②稳定肉色;③提高肉的持水性;④改善肉的风味;⑤促进口感、弹性及切片的一致性。

一、肉品腌制技术

腌制方法可分为干腌法、湿腌法、盐水注射法、混合腌制法四种。

(一) 干腌法

干腌法是将食盐或混合盐,涂擦在肉表面,然后层堆在腌制架上或层装在腌制容器内,依靠外渗汁液形成盐液进行腌制的方法。在食盐的渗透压和吸湿性的作用下,使肉的组织液渗出水分并溶解其中,形成食盐溶液,但盐水形成缓慢,盐分向肉内部渗透较慢,腌制时间较长,因而这是一种缓慢的腌制方法,但腌制品有独特的风味和质地。干腌法腌制后制品的重量减少,并损失一定量的营养物质(15%~20%)。损失的重量取决于脱水的程度、肉块的大小等,原料肉越瘦、温度越高,损失重量越大。由于腌制时间长,特别对带骨火腿,表面污染的微生物很易沿着骨骼进入深层肌肉,而食盐进入深层的速度缓慢,很容易造成肉的内部变质。采用干腌法的优点是简单易行,耐贮藏。缺点是咸度不均匀,费工,制品的重量和养分减少得较多。

（二）湿腌法

将肉浸泡在预先配制好的食盐溶液中,并通过扩散和水分转移,让腌制剂渗入肉内部,并获得比较均匀地分布,常用于腌制分割肉、肋部肉等。湿腌时盐的浓度很高,肉类腌制时,首先是食盐向肉内渗入而水分则向外扩散,扩散速度决定于盐液的温度和浓度。高浓度热盐液的扩散率大于低浓度冷盐液。硝酸盐也向肉内扩散,但速度比食盐要慢。瘦肉中可溶性物质则逐渐向盐液中扩散,这些物质包括可溶性蛋白质和各种无机盐类。为减少营养物质及风味的损失,一般采用老卤腌制。即老卤水中添混食盐和硝酸盐,调整好浓度后再用于腌制新鲜肉,每次腌制肉时总有蛋白质和其他物质扩散出来,最后老卤水内的浓度增加,因此再次重复应用时,腌制肉的蛋白质和其他物质损耗量要比用新盐液时的损耗少得多。卤水愈来愈陈,会出现各种变化,并有微生物生长,糖液和水给酵母的生长提供了适宜的环境,可导致卤水变稠并使产品产生异味。湿腌法的缺点是制品的色泽和风味不及干腌制品,腌制时间长,蛋白质流失较多(可达0.8%~0.9%),含水分多,不宜保藏。

（三）盐水注射法

为了加快食盐的渗透,防止腌肉的腐败变质,目前广泛采用盐水注射法(图3-21)。这是因为通过机械注射,不但增加了出品率,同时盐水分散均匀,再经过滚揉,使肌肉组织松软,大量盐溶性蛋白渗出,提高了产品的嫩度,增加了持水性,颜色、层次、纹理等得到了极大的改善,出品率也大大提高了,同时,也大大缩短了腌制周期。

盐水注射优点在于：可以预先计算出各种添加剂的添加量；可以制造出添加剂更加均匀分布的制品；可以利用多种添加剂；可以提高制品的出品率；还可以节省人力。目前的盐水注射机是通过数十乃至数百根规则排列的注射针完成的,注射机有低压注射[注射压力$(3~5)\times 10^5$Pa]和高压注射[$(10~12)\times 10^5$Pa]两种,低出品率高档产品一般多采用低压注射,高出品率多充填物的产品则采用高压注射。使用低压注射机无法成功地制作出高压注射机制作的产品,同样高压注射机也无法制作出低压注射机制作出的产品。

图 3-21 注射机

原料肉在传送带上一边向前移动,一边被上部的注射针注入腌制液。盐水注射的操作要领如下:

(1) 开始注射前,做好准备工作,先用清水并使用专用工具或木块,放在注射针头部位,开启设备,将残留在注射机管道和针头中的料水排出后,更换注射用料水,再次启动直至新的料水喷出。

(2) 根据设计注射率,将原料肉称取出一小部分(2~5kg),放在传送带上,调整注入的压力和传送带的速度,使注入量达到要求。即使注入条件相同,也会由于原料肉不同(是分割肉还是冻结肉)而产生注入量的差异,因此有必要预先调整运转条件。

(3) 将原料平铺(火腿类不超过两层,其他原料不得重叠)在传送带上,有脂肪层的一面向上,进行注射。注射前的腌制液温度要求2℃~4℃。如留有剩余料液,检查如无异味,应先行使用,在使用过程中逐步加入新的料液。腌制液应尽可能地均匀注入,原料肉要分清注射次数和每次部位的变换。原料注射结束后必须进行称重,不足的部分用料水补充,若所补料液大于总标准注射量的10%,则应进行二次注射,同时有必要调整注射压力和传送带的速度,一般是加快传送速度。注射后肉温应不高于8℃。

(4) 在注射机连续工作中,要经常对注射率进行核对,调整注射压力。如发现针头堵塞,应停止注射,卸取针头冲洗,直到畅通时,方可再次进行注射。

(5) 随着腌制剂成分的复杂化,会增加细菌增殖的条件,因此,机器在使用前后应认真地清洗干净,并每天使用高压气通洗针头,保持设备干爽。

(6) 注射时人员不得离开,以便有异常情况及时关机。

(四) 混合腌制法

这是利用干腌和湿腌互补的一种腌制方法。用于肉类腌制,可先行干腌,而后入容器内用盐水腌制。注射腌制法也常和干腌或湿腌结合进行,这也是混合腌制法,即盐液注射入鲜肉后,再按层擦盐,然后堆叠起来,或装入容器内进行湿腌,但盐水浓度应低于注射用的盐水浓度,以便肉类吸收水分。干腌和湿腌相结合可以避免湿腌法因食品水分外渗而降低腌制液浓度;同时腌制时不像干腌那样促进食品表面发生脱水现象;另外,内部发酵或腐败也能被有效阻止。

无论何种腌制方法,在某种程度上都需要一定的时间,因此,在腌制过程中首先要求有干净卫生的环境;其次,需保持低温(2℃~4℃),但环境温度不宜低于2℃,因为这将显著延缓腌制速度。这两种条件无论在什么情况下都不可忽视。盐腌时一般采用不锈钢容器,最近使用合成树脂作盐腌容器的较多。

腌制肉时,肉块重量要大致相同,在干腌法中较大块的放在最低层并且脂肪面朝下,第二层的瘦肉面朝下,第三层又将脂肪面朝下,以此类推,但最上面一层要求脂肪面朝上,最终形成脂肪与脂肪、瘦肉与瘦肉相接触的腌渍形式。腌制液的量要没过肉表面,通常为肉量的50%~60%。在腌制过程中,每隔一段时间要将所腌肉块的位置上下交换,以使腌渍均匀,其要领是先将肉块移至空槽内,然后倒入腌制液,腌制液损耗后要及时补充。

另外,需要提到的是水浸,它是一道腌制的后处理过程,一般用于干腌或较高浓度的湿腌工序之后。为防止盐分过量附着以及污物附着,需将大块的原料肉再放入水中浸泡,通过浸泡,不仅除掉过量的盐分,还可起到调节肉内吸收的盐分。浸泡时应使用卫生、低温的水,一般浸泡在约等于肉块十倍量的静水或流动水中,所需时间及水温因盐分的浸透程度、肉块大小及浸泡方法而异。

二、腌制品的特点

肉中含有丰富的营养物质,因此很容易被微生物侵袭,以致腐败变质。尤其在我国南方各地,气温较高,畜禽一旦屠宰,只有腌制以后才能保藏。因此,腌制品也就成为我国保存肉制品的一种传统方法,其特点为:

(1) 操作简便,不需大量的加工设备。
(2) 由于大部分水分已经蒸发,减轻了重量,便于携带和运输。
(3) 有特殊香气、色泽和风味,销路广阔。
(4) 耐久藏,如我国所制火腿,未煮熟前可贮藏一年甚至数年。
(5) 火腿、香肠等腌制品,煮熟后可保持数天不坏。

三、腌腊制品加工

(一) 中式火腿

中式火腿是我国著名的传统腌腊制品,因产地、加工方法和调料不同而分为金华火腿(浙江)、宣威火腿(云南)和如皋火腿(江苏)等(图3-22)。中式火腿是用猪的前后腿肉经腌制、发酵等工序加工而成的一种腌腊制品。中式火腿皮薄肉嫩,爪细,肉质红白鲜艳,肌肉呈玫瑰红色,具有独特的腌制风味,虽肥瘦兼具,但食而不腻,易于保藏。金华火腿产于浙江省金华地区诸县。中国火腿以金华火腿最负盛名,其特点是皮薄、色黄亮、爪细,以色、香、味、形四绝为消费者所称誉。

如皋火腿

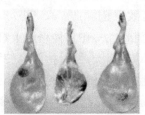

宣威火腿

金华火腿

云南火腿

图 3-22　不同地区的火腿

下面就以金华火腿为例介绍加工过程。

1. 工艺流程

选料 → 修整 → 腌制 → 洗晒和整形 → 成熟 → 修整 → 保藏

2. 操作要点

(1) 原料选择:选择金华"两头乌"猪的鲜后腿。皮薄爪细,腿心饱满,瘦肉多肥膘少,腿坯质量以 5.0~7.0kg 为好。

(2) 修整:取鲜腿,去毛,洗净血污,剔除残留的小脚壳,将腿边修成弧形,用手挤出大动脉的淤血,最后修整成柳叶形。

(3) 腌制:腌制是加工火腿的主要工艺环节,也是决定火腿加工质量的重要过程。根据不同气温,恰当地控制时间、加盐数量、翻倒次数,是加工火腿的技术关键。由于食盐溶解吸热一般要低于自然温度,大致在 4℃~5℃ 之间,因此腌制火腿的最适温度应是腿温不低于 0℃,室温不高于 8℃。在正常气温条件下,金华火腿在腌制过程中共上盐与翻倒 7 次。上盐主要是前 3 次,用盐量为总用盐的 90% 左右,其余 4 次是根据火腿大小、气温差异和不同部位而控制盐量,大约总用盐的 10%。总用盐量占腿质量的 9%~10%。一般质量在 6~10kg 的大火腿需腌制 40 天左右。

(4）洗晒和整形：腌好的火腿要经过浸泡、洗刷、挂晒、印商标、整形等过程。将腌好的火腿放入清水中浸泡，浸泡后即进行洗刷；后根据火腿的肌肉颜色来确定再次浸泡的时间，如发暗，浸泡时间要短，如发白且肌肉结实，浸泡时间要长。浸泡洗刷后的火腿要进行吊挂晾晒，待皮面无水而微干后进行打印商标，再晾晒 3~4h 即可开始整形。整形是在晾晒过程中将火腿逐渐校成一定形状。整形之后继续晾晒，气温在 10℃ 左右时，晾晒 3~4 天，晒至皮紧而红亮，并开始出油为度。

（5）发酵（成熟）：成熟就是将火腿储藏一定时间，形成火腿特有的颜色和芳香气味。火腿吊挂成熟需 2~3 个月至肉面上逐渐长出绿、白、黑、黄色霉菌时（这是火腿的正常发酵）即完成发酵。如毛霉生长较少，则表示发酵时间不够。发酵过程中，这些霉菌分泌的酶，使腿中蛋白质、脂肪发生酵解，从而使火腿逐渐产生香味和鲜味。

（6）修整：发酵完成后，腿部肌肉干燥而收缩，腿骨外露。为使腿形美观，要进一步修整。割去露出的耻骨、股关节，整平坐骨，并从腿脚向上割去腿皮，除去表面高低不平的肉和表皮，达到腿正直，两旁对称均匀，腿身呈竹叶形的要求。

（7）保藏：经发酵修整好的火腿，可落架，用火腿滴下的原油涂抹腿面，使腿表面滋润油亮，即成新腿，然后将腿肉向上，腿皮向下堆叠，1 周左右调换 1 次。如堆叠过夏的火腿就称为陈腿，风味更佳，此时火腿质量约为鲜腿质量的 70%。火腿可用真空包装，于 20℃ 下可保存 3~6 个月。

（二）广东腊肉

广东腊肉也称广式腊肉（图3-23），是广东的传统名产，颇受消费者欢迎，畅销国内及东南亚等地。广东腊肉具有色泽金黄、香味浓郁、味道鲜美、肉质细嫩有脆性、肥瘦适中等特点。

1. 工艺流程

原料选择→剔骨、切条→配料→腌制→烘烤→包装→成品

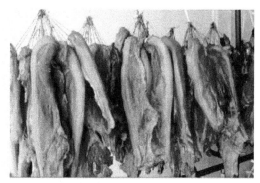

图3-23　成品腊肉

2. 操作要点

（1）原料选择、剔骨、切条：选择新鲜猪肉，要求是符合卫生标准的无伤疤、不带奶脯的肋条肉。刮去净皮上的残毛及污垢，剔去全部肋条骨、椎骨、软骨，修割整齐后，切成长 35~50cm，每条重 180~200g 的薄肉条，并在肉的上端用尖刀穿一个小孔，系上 15cm 长的麻绳，以便于悬挂。把切条后的肋肉浸泡在 30℃ 左右的清水中，漂洗 1~2min，以除去肉条表面的浮油，然后取出沥干水分。

（2）配料：配料标准是以每100kg去骨猪肋条肉为标准。

白糖3.7kg，硝酸盐0.125kg，精制食盐1.9kg，大曲酒（60%）1.6kg，白酱油6.3kg，香油1.5kg。

（3）腌制：按上述配料标准先把白糖、硝酸盐和精盐倒入容器中，然后再加入大曲酒、白酱油、香油，使固体腌料和液体调料充分混合均匀，并完全溶化后，把切好的肉条放入腌肉缸（或盆）中，随即翻动，使每根肉条都与腌制液接触，这样腌渍8~12h（每3h翻一次缸），使配料完全被吸收后，取出挂在竹竿上，等待烘烤。

（4）烘烤：烘房系三层式。肉在进入前，先在烘房内放火盆，使烘房温度上升到50℃，这时用炭把火压住，然后把腌制好的肉条悬挂在烘房的横竿上，再将火盆中压火的炭拨开，使其燃烧，进行烘制。

烘烤时温度不能太高，也不能太低，底层温度应控制在80℃左右。温度太高会使肉烤焦；太低则使肉的水分蒸发不足。烘房内的温度要求均一，如不均匀可移动火盆，或将悬挂的肉条交换位置。如果是连续烘制，则下层是当天进烘房的，中层系前一天进烘房的，上层则是前两天腌制的，也就是烘房内悬挂的肉条每24h往上升高一层，最上层经72h烘烤，表皮干燥，并有出油现象，即可出烘房。

烘烤后的肉条，送入通风干燥的晾挂室中晾挂冷却，待肉温降至室温即可。如果遇到雨天，应将门窗紧闭，以免吸潮。

（5）包装：晾凉后的肉条用竹筐或麻板纸箱盛装，箱底应用竹叶垫底，腊肉则用防潮蜡纸包装。应尽量避免在雨天包装，以保证产品质量。

腊肉最好的生产季节是农历每年11月至第二年2月，气温在5℃以下最为适宜。如高于这个温度则不能保证质量。

（三）咸肉

咸肉（图3-24）通常指我国的盐腌肉，以鲜肉或冻猪肉为原料，用食盐和其他调料腌制，不进行熏煮脱水工序加工而成的生肉制品。咸肉种类繁多，其中较有名的是浙江咸肉、江苏如皋咸肉、四川咸肉、上海咸肉等。

1. 工艺流程

原料选择→修整→开刀门→腌制→成品

2. 操作要点

（1）原料选择：选用经卫生检验部门检疫合格鲜猪肉或冻猪肉。使用新鲜肉必须摊开凉透；若为冷冻肉，必须经解冻微软后再行分割处理。

（2）修整：除去血管、淋巴、碎肉及横隔膜等。

图3-24 咸肉

（3）开刀门：为保证产品质量，使盐汁迅速渗透到肉的深层，缩短加工期，应当开刀门。一般气温在10℃～15℃时，应开刀门，10℃以下时，少开或不开刀门。但猪身过大者，须看当时气温酌量而定。一般采用开大刀门方式，方法如下：

① 每片在颈肉下第一根肋骨中间用刀戳进去，刀门的深度约10cm，要把扇子骨与前脚骨、骱骨切断，同时刀尖戳入扇子骨下面，把骨与精肉划开，但应注意不要把表皮划破。

② 在夹心背脊骨上面，开一横刀，口径约8cm，内部约15cm。

③ 在后腿上腰处开一刀门，须将刀戳至脚蹄骨上，口径约5cm，内部13～15cm。在上腰中二边须开二刀门，前部也须开一刀门。

④ 在胸膛里面肋骨缝中划开2～3个刀缝，使盐汁浸入。

（4）腌制：腌制分三次上盐，腌制100kg鲜肉用盐15～18kg。第一次上盐（出水盐），将盐均匀地擦抹于肉表面，排出肉中血水；第二次上盐，于第一次上盐的次日进行，沥去盐液，再均匀地上新盐，刀口处塞进适量盐，肉厚部位适当多撒盐；第三次上盐，于第二次上盐后4～5天进行，肉厚的前躯要多撒盐，颈椎、刀门、排骨上必须有盐，肉片四周也要抹上盐。每次上盐后，将肉面向上，层层压紧整齐地堆叠。

第二次上盐后7天左右为半成品，特称嫩咸肉。以后根据气温，经常检查翻堆和再补充盐。从第一次上盐到腌制25天即为成品。出品率约为90%。

（5）咸肉的贮藏：

① 堆垛法：待咸肉水分稍干后，堆放在-5℃～0℃的冷库中，可贮藏6个月，损耗量为2%～3%。

② 浸卤法：将咸肉浸在24～25波美度的盐水中，可延长保质期，使肉色保持红润，无质量损失。

模块六　灌制品加工

灌肠（sausage）拉丁语的意思为保藏，意大利语为盐腌，因为制作该产品时须使用动物肠衣，故我国称之为灌肠或香肠。

灌肠制品是以畜禽肉为主要原料，经腌制（或未经腌制）、绞碎或斩拌乳化成肉糜状，并混合各种辅料，然后充填入天然肠衣或人造肠衣中成型，根据品种不同再分别经过烘烤、蒸煮、烟熏、冷却或发酵等工序制成的肉制品。

在现代人们生活中，灌肠类制品是一种优质的方便食品，也是肉类制品中品种最多的一大类制品。

一、灌肠肉制品的分类及其特色

在许多国家,香肠制作的历史都极为悠久。灌肠最早见于欧洲,距今已有两三千年的历史,后逐渐传到世界各地。为适合当地口味,各国都形成了具有本国风味特色的制品。据考证,我国香肠的历史至少也有千年以上,早在北朝时期(公元420—589年)就有了关于腊肠配方的记载。在20世纪,特别是第二次世界大战以后,香肠的制作工艺发展速度很快,许多工厂的肠制品生产已实现了高度机械化和自动化。因而灌肠制品的种类繁多,加工方法各异,风味独特。

灌肠制品的种类繁多,加工方法各异,还没有一个统一的分类方法。例如,德国的香肠主要分为生香肠类、蒸煮香肠类、熟香肠。多年来,在我国的肉类加工行业中,普遍流行着香肠和灌肠的分类方法,即将传统的中国香肠(以广东腊肠为代表)认定为香肠,把近代由国外传入我国的香肠称为灌肠,这是依据产品原始制作国家来区分的。若按产品所用原料则可分为畜肉香肠、禽肉香肠等;按产品的生熟程度分生香肠和熟香肠;按产品的口味分为南味肠和北味肠;按产品的地方特色分为京式肠、苏式肠、广式肠、川式肠等;按发酵与否分为发酵肠和不发酵肠;按是否烟熏分为烟熏肠和非烟熏肠;按肉类绞切的程度分为绞肉型肠和乳化型肠等;在美国和日本,把灌肠分为生鲜香肠、烟熏香肠、熟香肠、干制和半干制香肠。在这里,我们将灌肠类肉制品分为香肠和其他类灌肠。

(一)香肠

香肠按照加工工艺,分为以下几种。

1. 生鲜香肠(又名生香肠)

这类肠原料肉主要是新鲜猪肉,原料肉绞碎后加入调料与香辛料,充填入肠衣内,不加硝酸盐和亚硝酸盐腌制;未经煮熟和腌制,未食用时通常在0℃~4℃条件下贮藏,保质期可达2~4天,食用前需要熟制,因此称为生鲜香肠。这类产品包括图林根鲜猪肉肠、基尔巴萨香肠、博克香肠等。

这类香肠除以肉为原料外,还混合其他食品原料,如猪头肉、猪内脏可加土豆、淀粉、面包渣等制成的鲜香肠;牛肉加鸡蛋或面包渣或饼干粉制成的香肠;猪肉、牛肉再加鸡蛋、面粉制成的混合香肠;猪肉、牛肉加西红柿和椒盐饼干粉制成的西红柿肠;猪肉、牛肉、油脂加米粉制成的香肠;等等。

生鲜香肠由于本身含水分多,组织柔软,又没经过加热杀菌工序,所以一般不能长期贮存。消费者食用时,还需自己再加工制作,因此在国内这种香肠很少。

生鲜香肠加工的工艺流程为:原料肉→肉馅→斩拌→充填→成品。

使用直径为5mm筛孔的绞肉机将肉绞成小颗粒,装入斩拌机,加入香辛料,斩拌混合2min,然后根据肉的状态加水。在加入脂肪后再搅拌约1min。搅拌好的肉通过灌肠机械灌入肠衣,通常填充到小口径人工、纤维素或胶原肠衣中,并在液体烟熏剂中浸渍,作为生猪肉香肠出售。有时产品以大体积肠衣充填。

生鲜香肠的配方为新鲜猪肉(瘦肉50%~70%)100kg,食盐1.8~2.0kg,黑胡椒350g,鼠尾草150g,肉豆蔻(干皮)50g和砂糖400g。

在美国,大量的新鲜猪肉香肠的原料肉是热鲜肉。利用僵直前的猪肉来加工生鲜香肠正在被肉类工业广泛采用。制作这种香肠的关键,是尸僵前猪肉起到氧气清除剂的作用,除去最后包装好的产品中所有剩余的氧气。如果经适当的冷藏,这种产品的货架期可以达到21~35天。

2. 熟香肠

用经腌制或未经腌制的肉块,经搅碎、调味、充填入肠衣中,再进行水煮,有时稍微烟熏,即成香肠成品(图3-25)。这种肠最为普通,占整个灌肠生产的一大部分。欧洲一般以畜禽的肝、肺、舌、头肉等作为原料,因为这些原料很易受细菌污染,因而制作过程中必须先加热,与其他调味料混合后灌入肠衣,再作进一步地烟熏、蒸煮处理。其中典型的产品有肝肠、血肠和舌肠。

图3-25 熟香肠

这类产品有的由于含有大量的胶原蛋白,使产品的弹性、质地较好,韧度强,有的产品质地较松软,可以涂抹在面包上食用,往往作为早餐香肠,在欧美诸国较为普遍。

熟香肠的加工工艺大致为:原料肉的选择→细切→绞肉→搅拌或斩拌→充填→蒸煮→烟熏→冷却。

以肝肠为例,简单介绍熟香肠的制作工艺。

这是一种以猪肝为主要原料之一的肠类产品。依据材料配合不同,可以制成硬度各异的肝肠。

(1) 原料配方:猪肉4kg、精盐250g、猪肝脏3kg、味素30g、猪脂肪3kg、胡椒20g、冰水1kg、甘椒20g、硝石20g。

(2) 原料肉的选择:一般选择猪肉为主,加入一部分新鲜的肝脏。猪肉要提前一天解冻。

(3) 腌制:瘦肉部分用1.5~2cm筛孔绞肉机绞成肉粒,加3%食盐和0.1g/kg的亚硝酸钠,肥肉切成3cm³的肉丁。腌制温度为4℃~10℃,腌制时间为24h。肝脏用3mm孔径的绞肉机绞成陷状,用研磨机研磨。

(4) 制馅:在斩拌机内将肉、脂肪与研磨好的肝脏斩拌混合,斩拌时为防止温度升高,加入冰水,并将其他辅料一同加入,拌匀。

(5) 灌制:将斩拌好的肉通过灌肠机灌入肠衣中,结扎长度为 10～12cm,这类肠可使用天然肠衣,也可使用人造肠衣。

(6) 蒸煮和熏制:灌入肠衣中进行蒸煮烟熏,在 70℃ 条件下蒸煮 1～2h。烟熏温度 40℃～50℃,烟熏 1～2h。冷却后包装。

3. 发酵香肠

发酵香肠(图 3-26)是发酵肉制品中产量最大的一类产品,是发酵肉制品的代表。它以绞碎的肉(通常是猪肉或牛肉)为主要原料,添加动物脂肪、盐、糖、香辛料等(有时还要加微生物发酵剂)混合后灌进肠衣,经过微生物发酵和成熟干燥(或不经过成熟干燥)而制成的具有稳定的微生物特性和典型发酵香味的肉制品。发酵香肠的种类很多,根据肉馅的形态分为粗绞香肠和细绞香肠。根据产品再加工过程中失去水分的多少,可将其分为干香肠、半干香肠和不干香肠,其相应的加工过程中的失重大约分别为 30% 以上、10%～30% 和 10% 以下,这种方法虽不科学,却被业内人士和消费者普遍接受。产品有萨拉米香肠、干阿尔香肠、斯克拉肯香肠等。这类产品的 pH 很低,一般为 4.8～5.5。产品都具有辛酸刺激的风味,质地紧密,切片性好,弹性适宜,货架期较长。

图 3-26 发酵香肠

加工发酵香肠的工艺流程为:猪肉切碎(瘦肉和脂肪)→斩拌→加入发酵剂和腌制剂→灌肠→发酵成熟→ 干燥。

(1) 原料配方:猪肉 80%、背脂 20%、食盐 2.5%、$NaNO_3$ 100 ppm、$NaNO_2$ 100 ppm、异抗坏血酸钠 0.05%、胡椒粉 0.2%、δ-葡萄糖酸内酯 1%、葡萄糖 0.6%。

发酵剂:清酒乳杆菌和肉糖葡萄球菌混合(5:1)。

(2) 原料肉:必须采用新鲜合格的原料肉,符合 GB 9959.1—4 标准;最好选用前后腿精肉,因为前后腿精肉中的肌原纤维蛋白含量较多,能包含更多的脂肪,使香肠不出现出油现象。对于脂肪的选择,一般认为色白而又结实的猪背脂是生产发酵香肠的最好原料,因为这部分脂肪含有很少的多不饱和脂肪酸,如油酸和亚油酸的含量分别占总脂肪的 8.5% 和 1.0%,这些多不饱和脂肪酸极易发生自动氧化。

(3) 原料肉的处理和腌制:将原料肉切割成 3～5cm 条块,加入食盐、硝酸盐、异抗坏血酸钠、δ-葡萄糖酸内酯、葡萄糖,在0℃~5℃温度下,腌制24~28h,腌制时要经常翻动,保证腌制的均匀性,并加冰,控制温度,防止微生物的生长。

(4) 肉馅的制备和填充:原料肉腌制好后,瘦肉一般在0℃~4℃绞成相对较大的颗粒,脂肪则在-8℃左右的冻结状态下切碎,将香辛料和发酵剂加入肉馅中并搅拌均匀。肉馅在灌制前应尽可能除净其中的氧气,因为氧的存在会对产品最终的色泽和风味不利,这可以通过使用真空搅拌机实现。灌制时肉馅的温度不应超过2℃。

(5) 发酵成熟:控制发酵和成熟过程中的温度与相对湿度对发酵香肠的生产是至关重要的。如果要获得质量好且货架期较长的产品应选用较低的温度,通常控制在15℃~26℃。发酵时环境的相对湿度通常控制在90%左右。干香肠的成熟和干燥通常在12℃~15℃和逐渐降低相对湿度下进行。成熟间的湿度控制要做到既能保证香肠缓慢稳定地干燥,又能避免香肠表面形成一层干的硬壳。一般发酵的过程为:22℃、相对湿度99%,发酵香肠发酵60h,失重约15%(一般约3天);然后于14℃、相对湿度90%,发酵2天。

(6) 干燥:干燥工艺对发酵肠的品质和外观影响较大,在生产过程中应控制好干燥的时间和温度。如果干燥速度太快,会使发酵肠表面形成硬壳,内部水分释放不出去;而干燥时间长,会使水分释放不均匀。为了达到有效的干燥过程,香肠的内部和外部的水分损失需要保持同一速度。但是如果干燥速度太慢,会使肠表面生长霉菌。有些霉菌对发酵风味是有利的,但有些霉菌产生毒素,或形成一定的颜色,影响发酵肠的品质和色泽。干燥条件为:12℃、相对湿度85%,干燥2天后,12℃、相对湿度80%,干燥2天。完成成熟和干燥后的干香肠水分含量一般在35%左右或更低,水分活度在0.90左右,能有效抑制大多数有害微生物或腐败菌的生长。

(7) 蒸煮:在100℃以上的温度,蒸30min左右,以蒸熟为准,同时能起到杀菌的作用。

生干香肠和半干香肠是我国的一种传统灌肠制品,因其采用自然界中的"野生"微生物,在干制过程中进行发酵,所以属于自然发酵过程,因此这种发酵香肠存在着质量不稳定和安全性难以保证等缺点。发酵香肠是由西方国家传入我国的一种灌肠制品。在发酵香肠的现代加工工艺中,通常添加人工筛选或者通过生物工程技术构建和培育的优良微生物菌种。在发酵过程中要严格控制其发酵温度和湿度,以形成良好的风味和感官性质。

4. 烟熏香肠

以各种畜禽肉为原料,经切碎、腌制、绞碎后加入调料与香辛料,充填入肠衣内,经烟熏、加热(也可不加热为生香肠)制成的一类香肠。烟熏香肠是目前肉制品加工厂生产量最多的一类产品。这类产品以法兰克福香肠、维也纳香肠、哈尔滨红肠等为代表。这类产品的特点是弹性高、切片性好,质地紧密,持水能力和持脂肪能力都远大于其他种类的香肠。

烟熏香肠的加工工艺流程大致如下：

原料肉 → 盐渍 → 绞肉 → 斩拌 → 充填 → 烟熏 ⇒ 冷却 → 包装 / 蒸煮 → 冷却 → 包装

但实际操作时,也有将烟熏和蒸煮的顺序颠倒进行的。

(1) 原料肉的选择与修整:选择兽医卫生检验合格的可食动物瘦肉及内脏作原料,肥肉只能用猪的脂肪。瘦肉要除去骨、筋腱、肌膜、淋巴血管、病变及损伤部位。

(2) 低温腌制:将选好的肉类,根据加工要求切成一定大小的肉块,按比例添加配好的混合盐进行腌制。混合盐以食盐为主,加入一定比例的亚硝酸盐、抗坏血酸或异抗坏血酸。通常盐占原料肉重的2%~3%,亚硝酸盐占0.025%~0.05%,抗坏血酸占0.03%~0.05%。腌制温度一般在10℃以下,最好是4℃左右,腌制1~3天,腌制的目的是调节口味,改善产品的组织状态,促进发色效果。

(3) 绞肉或斩拌:腌制好的肉可用绞肉机绞碎,或用斩拌机斩拌。为了使肌肉纤维蛋白形成凝胶和溶胶状态,使脂肪均匀分布在蛋白质的水化系统中,提高肉馅的黏度和弹性,通常要用斩拌机对肉进行斩拌。原料经过斩拌后,激活了肌原纤维蛋白,使之结构改变,减少表面油脂,使成品具有鲜嫩细腻、极易消化吸收的特点,得率也大大提高。斩拌时肉吸水膨润,形成富有弹性的肉糜,因此斩拌时需加冰水。加入量为原料的30%~40%,斩拌时投料顺序是:牛肉→ 猪肉(先瘦后肥)→其他肉类→冰水→调料等。斩拌时间不宜过长,一般以 10~20min 为宜。斩拌温度最高不宜超过10℃。

(4) 配料与制馅:在斩拌后,通常把所有调料加入斩拌机内进行搅拌直到均匀。

(5) 灌制与填充:将斩拌好的肉馅移入灌肠机内灌制和填充。灌制时必须掌握均匀,过松易使空气渗入而变质,过紧则在煮制时可能破损。如不是真空连续灌制,应及时针刺放气。灌好的湿肠按要求打结后悬挂在烘烤架,用清水冲去表面的油污,然后送入烘烤房进行烘烤。

(6) 烘烤:烘烤的目的是使肠衣表面干燥,增加肠衣机械强度和稳定性;使肉馅色泽变红;去除肠衣的异味。烘烤温度为65℃~80℃,维持1h左右,使肠的中心温度达55℃~65℃。烘好的灌肠表面干燥光滑,无流油,肠衣半透明,肉色红润。

(7) 蒸煮:水煮优于汽蒸,前者质量损失少,表面无皱纹,后者操作方便,节省能源,破损率低。水煮时,先将水加热至90℃~95℃,把烘烤后的肠下锅,保持水温78℃~80℃,直到肉馅中心温度达到70℃~72℃时为止。感官鉴定方法是以手轻捏肠体,挺直有弹性,肉馅切面平滑有光泽者表示煮熟。汽蒸时,只待肠中心温度达到72℃~75℃时即停止加热。蒸煮渗透速度通常为 1mm/min。例如,肠的直径为 70mm 时,则需要蒸煮 70min。

（8）烟熏:烟熏可促进肠表面干燥有光泽,形成特殊的烟熏色泽(茶褐色);增强肠的韧性;使产品具有特殊的烟熏芳香味;提高防腐能力和耐储藏性。

（9）成品质量:合格成品具有的表征为:肠衣干燥完整,与肉馅密切结合,内容物坚实有弹性,表面有散布均匀的核桃式皱,长短一致,精细均匀,切面平滑光亮。

（10）储藏:未包装的灌肠吊挂存放,储存时间依种类和条件而定。湿肠含水量高,如在 8℃条件下,相对湿度 75%～78%时,可悬挂 3 个昼夜,在 20℃条件下只能悬挂 1 昼夜。水分含量不超过 30%的灌肠,当温度在 12℃,相对湿度为 72%,可悬挂存放 25～30 天。

（二）其他类灌肠

1. 红肠(图 3-27)

（1）原料的选择和粗加工:猪肉和牛肉是红肠的主要原料,羊肉、兔肉、鸡肉等畜禽肉也可以做红肠的原料。原料肉必须是健康动物宰后的、质量良好并经卫生检疫部门检验合格的肉。原料肉最好使用新鲜肉或冷却肉,也可以使用冷冻肉,在使用前 1 天解冻。原料肉使用前还必须剔骨,注意不要将碎骨混到剔好的肉中,或残留未剔净的碎骨,更不能混入毛及其他污物。

图 3-27　红肠

猪肉在红肠生产中一般使用瘦肉和皮下脂肪作为主要原料,猪肉和瘦肉大约保持在 4∶1 的比例。目前一般工厂都使用分割肉。牛肉在红肠生产中只使用瘦肉部分,不用脂肪。另外,头肉、肝、心、血液等也可作为原料。

（2）肉的切块:原料肉经剔骨后,还需去掉肉皮、筋腱、结缔组织、淋巴结、腺体、软骨等,然后将原料肉按生产需要切块。

① 皮下脂肪切块:将皮下脂肪与肌肉从自然连接处用刀分割开,背部较厚的皮下脂肪带皮自颈部至臀部宽 15～30cm 割开。较薄的脂肪切成 5～7cm 长条,备用。

② 瘦肉的切块:将瘦肉按肌肉组织的自然块分开,顺肌纤维方向切成 100～150g 的小肉块,备用。

（3）肉的腌制:用食盐和硝酸盐腌制,提高肉的持水性、黏着性,并使肉呈鲜亮的颜色。

① 瘦肉的腌制:每 100kg 瘦肉使用食盐为 3kg,亚硝酸盐为 10g。在瘦肉腌制中还要

加 0.4% 的磷酸盐和 0.1% 的抗坏血酸盐;应将腌料与肉充分混合进行腌制,腌制时间为 72h,温度为 4℃~10℃。

② 脂肪的腌制:用盐量为 3%~4%,不加亚硝酸盐,腌制时间为 72~120h。

③ 腌制室的要求:室内要清洁卫生,阴暗不透阳光;空气相对湿度 90% 左右;温度在 10℃ 以内,最好为 2℃~4℃;室内墙壁要绝热,防止外界温度的影响。

(4) 制馅:

① 瘦肉搅碎:腌制好的瘦肉用绞肉机绞碎,绞成粒度大小在 5~7cm 的块状。绞肉能使余下的结缔组织、筋膜等同肌肉一起被搅碎,同时增加肉的持水性和黏着性。

② 脂肪切块:将腌制好的脂肪切成 $1cm^3$ 的小块。脂肪切丁有两种方法,即手工法和机械法。切丁是一项十分细致的工作,手工切丁要求有较高的刀工技术,才能切出正立方体的脂肪丁;机械法是采用脂肪切丁机进行的,脂肪丁大小均一,效率高。

③ 配方:瘦肉 75kg、肥肉丁 25kg、淀粉 6kg、味精 200g、胡椒粉 200g、大蒜 1kg。

(5) 拌馅、灌制:

① 拌馅:拌馅是在拌馅机中进行的。先加入猪瘦肉和调味料,拌制一定时间后,加一定量水继续搅拌,最后加入淀粉和脂肪丁,搅拌均匀,一般拌馅需要 6~10min,由于机械的运转和肉馅自身的摩擦生热,使肉馅温度升高,因而在拌馅时要加入凉水或冰水,加水还可以提高出品率,可以弥补熏制时的质量损失。拌制好的标准是馅中没有明显的肌肉颗粒,脂肪块、淀粉混合均匀,肉馅富有弹性和黏稠性。

② 灌制:选用猪肠衣,灌制前先将肠衣用温水浸泡,再用温水反复冲洗并检查是否有漏洞。此道工序一般是在灌肠机上进行。方法是把肉馅倒入灌肠机内,再把肠衣套在灌肠机的灌筒上,开动灌肠机将肉馅灌入肠衣内。

注意:灌肠时松紧要适度。过紧会在煮制时由于体积膨胀使肠衣破裂,过松则会出现煮后肠体出现凹陷变形。灌完后拧节,每节长为 18~22cm,每杆穿 10 对,两头用线绳系紧。

(6) 烘烤:经晾干后的红肠送烘烤炉内进行烘烤,烘烤温度为 70℃~80℃,时间为 20~30min。

① 烘烤的目的:经烘烤,蛋白质肠衣发生凝结并进行了杀菌,肠衣表面干燥柔韧,坚固性增强;使肌肉纤维相互结合起来提高固着能力;烘烤时肠馅温度升高,可进一步促进亚硝酸盐的呈色作用。

② 烘烤设备:有连续自动烤炉、吊式轨道滑行烤炉和简易小烤炉。热源有红外线、热风、木材或无烟煤等。用木材烘烤时,要选用不含油脂的木材,如椴木、榆木、柏木等。如果使用含有油脂的木材,燃烧时会产生大量黑烟,使肠衣表面变黑,影响红肠质量。用无

烟煤或焦炭代替木材烘烤,效果也较好。

③ 烘烤方法:首先点燃炉火,当烘烤炉内温度升到60℃~70℃时,将装有红肠的铁架车推入炉内,关好炉门。注意底层肠与火相距不小于60cm,每5~10min检查一次。

经过烘烤的灌肠,肠衣表面干燥,用手摸有沙沙声音;肠衣呈半透明状,部分或全部透出肉馅的色泽;烘烤均匀一致,肠衣表面或下垂的一端没有油脂流出。

(7) 煮制:

① 煮制的目的:煮制后使瘦肉中的蛋白质凝固,部分胶原纤维转变成明胶,形成微细结构的柔韧肠馅,使其易消化,产生挥发性香气;杀死肠馅内的病原菌,破坏酶的活性。

② 煮制方法:有两种煮制方法,一种是蒸气煮制,是在坚固而密封的容器中进行;另一种为水煮制法,我国大多数肉制品采用水煮法。当锅内水温升到95℃左右时将红肠下锅,以后水温保持在85℃,水温太低不易煮透;温度过高易将灌肠煮破,且易使脂肪熔化游离,待肠中心温度达到74℃即可,煮制时间为30~40min。

判断灌肠是否煮好的方法有两种,一种是测肠内温度,肠中心温度达到74℃即可认为煮好;第二是用手触摸,手捏肠体,肠体硬、弹力很强,说明已经煮好。

(8) 熏制

① 烟熏目的:烟熏过程可除掉一部分水分,使肠变得干燥有光泽,肠馅变鲜红色,肠衣表面起皱纹,使肠具有特殊的香味,并增加了防腐能力。

② 烟熏方法:把红肠均匀地挂到熏炉内,不挤不靠,各层之间相距10cm左右,最下层的灌肠距火堆1.5m。注意烟熏的温度,不能升温太快,否则易使肠体爆裂。应采用阶段升温法,熏制温度为35℃→55℃→75℃,熏制时间8~12h。

熏制后灌肠有下列特点:肠衣表面干燥,不黏、不软;肠衣表面无黑斑点和条纹,具有均匀的红色,无溶脂现象或流油现象;有特殊的烟熏香味。

(9) 产品特点:产品表面呈枣红色,内部呈玫瑰红色,脂肪乳白色;具有该产品应有的滋味和气味,无异味;表面起皱,内部组织紧密而细致,脂肪块分布均匀,切面有光泽且富有弹性。

2. 粉肠

(1) 配方:二级猪肉25kg、大葱50g、淀粉12kg、五香粉50g、味精100g、精盐0.5kg、姜250g、亚硝酸钠3.5g。

(2) 加工工艺:

① 原料选择:猪肉必须是健康动物宰后的、质量良好且经卫生检疫部门检验合格的肉。淀粉可以选择纯净无杂质的马铃薯淀粉或绿豆淀粉。

② 原料处理:二级猪肉用3mm筛孔的绞肉机绞碎。葱、姜搅碎,备用。

③拌馅：取4kg淀粉在容器中用12kg温水调开，调至无淀粉块为止，在淀粉未沉淀前将36kg沸水逐渐倒入，随倒随搅拌，由于淀粉受热而糊化成糊浆。另取8kg干淀粉加8kg水调湿，然后逐渐倒入糊浆内搅拌，同时加入肉馅、调味料，搅拌均匀为止。

④灌制：肠衣要使用猪小肠衣，灌肠时松紧适度，不留收缩量。50～60cm环形规格，要求一端7.5cm处结扣。

⑤煮制：煮制温度90℃以下，温度不要过高，以免肠体破裂。粉肠煮制时间为20min。

⑥熏制：采用糖熏法。熏制要在特设的熏炉或熏锅中进行，将冷却后的肉肠每杆串肠10～12根，烟熏材料为糖和木屑，糖∶木屑=1∶2，炉温为90℃，时间为6～7min。

该产品表面呈浅黄褐色，内部灰白色，切面有光泽，肉丝分布均匀，软硬适度，味香鲜美。

3. 火腿肠

火腿肠（图3-28）是一种西式肉制品。目前，国内每年大约生产火腿肠200多万吨，用PVDC薄膜作为肠衣，加热温度高达121℃。它在我国的产销量已经远远超过其他各类西式肉制品的总和。根据在生产过程中，加热温度的高低，可将火腿肠分为高温火腿肠，通常采用121℃的高温高压加热方式；低温火腿肠，加热温度在68℃～72℃之间。

图3-28 火腿肠

高温火腿肠的生产存在以下弊端：肉品在受到高温加热时，特别是在121℃下长时间受热时，肉中含有的人体必需氨基酸会遭到严重破坏，肉中蛋白质的营养价值会大大降低；肉中的维生素包括维生素B_1、维生素B_2、烟酸、维生素B_6、叶酸等，在受热时也会受到一定的损失。有研究表明：当猪肉和牛肉在121℃的情况下受热1h后，猪肉中的吡哆酸的损失率将达61.5%，牛肉中的吡多酸的损失率将达63.0%。且在长时间受热时，叶酸也会有较大的损失。因此，低温火腿肠的生产是火腿肠的发展趋势。这里主要介绍低温火腿肠的生产工艺。

（1）配方：猪瘦肉60kg、牛肉10kg、新鲜猪背膘30kg、玉米淀粉10kg、变性淀粉10kg、滚揉卡拉胶0.5kg、大豆分离蛋白2kg、鲜蛋液5kg、冰水55kg、盐3.3kg、白砂糖3.3kg、味精0.3kg、亚硝酸钠12g、白胡椒粉0.2kg、五香粉0.3kg、山梨酸钾0.32kg、鲜洋葱2kg、特醇乙基麦芽酚12g、红曲红色素12g、异抗坏血酸钠50g、三聚磷酸钠0.15kg、焦磷酸钠0.2kg、原辅料合计质量为193kg。

（2）原料肉：猪肉将筋膜、脂肪修整干净，新鲜猪背膘无杂质。考虑产品的脆感、口味及剥皮性、成本等因素,为达到一个综合的平衡效果,有资料表明,当原料肉中的肥瘦比为 5∶5 或 6∶4 时,仍能加工出满意的产品。

(3) 绞肉:将瘦肉与猪背膘用 12mm 孔板绞肉,要求绞肉机刀刃锋利,刀与孔板配合紧实,绞出的肉粒完整,勿成糊状,否则成品口感发黏、脂肪出油。

(4) 腌制:经绞碎的肉放入搅拌机中,同时加入食盐、亚硝酸钠、复合磷酸盐、异抗坏血酸钠、各种香辛料和调味料等。搅拌完毕,放入腌制间腌制。腌制间温度为 0℃ ~4℃,腌制 24h。腌制好的肉颜色鲜红,变得富有弹性和黏性。

(5) 斩拌:要求斩拌机刀刃锋利,用 3 000 r/min 斩拌,刀与锅的间隙 3mm。

第一步,先斩瘦肉,并加入盐、糖、味精、亚硝酸钠、磷酸盐及 1/3 冰水,斩到瘦肉成泥状,时间 2 ~3min。

第二步,加入肥膘,1/3 冰水、卡拉胶、蛋白等,将肥膘斩至细颗粒状,时间 2 ~3min。

第三步,将剩余辅料及冰水全部加入,斩至肉馅均匀、细腻、黏稠有光泽,温度 10℃,时间 2 ~3min。

第四步,加入淀粉,斩拌均匀,温度小于 12℃,时间 30s。

(6) 充填:将天然猪、羊肠衣用温水清洗干净后自来水中浸泡 2h 后再用,充填时注意肠体松紧适度,充填完毕用清水将肠体表面冲洗干净。

(7) 干燥:目的是发色及使肠衣变得结实,以防止在蒸煮过程中肠体爆裂。干燥温度 55℃ ~60℃,时间 30min 以上,要求肠体表面手感爽滑、不粘手。干燥温度不宜高,否则易出油。

(8) 蒸煮:82℃ ~83℃ 蒸煮 30min 以上,温度过高肠体易爆裂,时间过长(80min 以上)也是导致肠体爆裂。

(9) 糖熏:普通烟熏方法难以使肠衣上色,而且色泽易退。糖熏方法是,木渣∶红糖 = 2∶1,炉温 75℃ ~80℃,时间 20min,用 15kW 电阻丝,炉温易达到,糖熏效果好。电阻丝上面置小铁盒,加热后上糖及木渣,密封糖熏,最终形成红棕色。

(10) 冷却:如果要使肠体饱满无皱褶,糖熏结束后,立即用冷水冲淋肠体 10 ~20s,产品在冷却过程中要求室内相对湿度 75% ~80%,太干、太湿容易使肠衣不脆,难剥皮。

(11) 定量包装:用真空袋定量包装,抽真空,时间 30s,热合时间 2 ~3s。

(12) 二次杀菌:为了延长产品保质期,包装后的产品要进行二次杀菌,工艺是 85℃ ~90℃、10min 以上,如果为了使产品的表面更加饱满,可采用 95℃ ~100℃、10min 的杀菌工艺。

(13) 产品质量标准:

① 感官指标:色泽红棕色,肠衣饱满有光泽,结构紧密有弹性,香气浓郁,口味纯正,

口感脆嫩。

② 理化指标：NaCl≤2%，亚硝酸钠含量≤30mg/kg。

③ 微生物指标：细菌总数（个/g）≤2 000，大肠菌群（个/100g）≤30，致病菌不得检出。

当前市场上常见的各种名称的脆脆肠实际上就是按照该方法生产的，肉泥型香肠采取以上的工艺及标准进行生产，可生产出满意的产品。

模块七 酱卤制品加工

一、酱卤肉制品的定义、特点和分类

（一）酱卤肉制品的定义和特点

酱卤肉制品简称酱卤制品，是将原料肉加入调味料和香辛料，以水为加热介质煮制而成的熟肉类制品，是中国典型的传统熟肉制品。酱卤制品都是熟肉制品，产品酥软，风味浓郁，不适宜储藏。根据地区和风土人情的特点，形成了独特的地方特色传统酱卤制品。由于酱卤制品的独特风味，现做即食，深受消费者欢迎。

（二）酱卤制品的分类

由于各地消费习惯和加工过程中所用的配料、操作技术不同，形成了许多具有地方特色的酱卤制品。酱卤制品包括白煮肉类、酱卤肉类、糟肉类。白煮肉类可视为酱卤制品肉类未酱制或卤制的一个特例；糟肉类则是用酒糟或陈年香糟代替酱制或卤制的一类产品。

1. 白煮肉类

白煮肉类是将原料肉经（或未经）腌制后，在水（或盐水）中煮制而成的熟肉类制品。其主要特点是最大限度地保持了原料固有的色泽和风味，一般在食用时才调味。其代表品种有白斩鸡、盐水鸭、白切肉、白切猪肚等。

2. 酱卤肉类

酱卤肉类是在水中加入食盐或酱油等调味料和香辛料一起煮制而成的熟肉制品。有的酱卤肉类的原料在加工时，先用清水预煮，一般预煮15~25min，然后用酱汁或卤汁煮制成熟，某些产品在酱制或卤制后，需再经烟熏等工序。酱卤肉类的主要特点是色泽鲜艳、味美、肉嫩，具有独特的风味。产品的色泽和风味主要取决于调味料和香辛料。其代表品种有道口烧鸡、德州扒鸡、苏州酱汁肉、糖醋排骨、蜜汁蹄膀等。

3. 糟肉类

糟肉类是将原料经白煮后，再用"香糟"糟制的冷食熟肉类制品。其主要特点是保持了原料肉固有的色泽和曲酒香气。糟肉类有糟肉、糟鸡及糟鹅等。

另外酱卤制品根据加入调味料的种类数量不同,还可分为很多品种,通常有五香或红烧制品、蜜汁制品、糖醋制品、糟制品、卤制品、白烧制品等。

(1) 五香或红烧制品:是酱制品中最广泛的一大类,这类产品的特点是在加工中用较多量的酱油,所以有的叫红烧;另外在产品中加入八角、桂皮、丁香、花椒、小茴香等五种香料(或更多香料),故又叫五香制品,如烧鸡、酱牛肉等。

(2) 蜜汁制品:在红烧的基础上使用红曲米作着色剂,产品为樱桃红色,颜色鲜艳,且在辅料中加入多量的糖分或添加适量的蜂蜜,产品色浓味甜,如苏州酱汁肉、蜜汁小排骨等。

(3) 糖醋制品:在加工中添加糖醋的量较多,使产品具有酸甜的滋味,如糖醋排骨、糖醋里脊等。

二、酱卤制品的一般加工方法

酱卤制品主要突出调味料和香辛料及肉的本身香气,产品食之肥而不腻,瘦不塞牙。调味与煮制是加工酱卤制品的关键因素。调味是应用科学的配方、选用优质配料,形成产品独特的风味和色泽。通过调味,能生产出适合不同消费者口味的产品。酱卤制品随着地区不同,在口味上有很大不同,在我国有南甜、北咸、东辣、西酸之别;同时北方地区酱卤制品用调味料、香料多,咸味重;南方地区酱卤制品相对用料少、咸味轻,且风味及种类较多。另外,随季节不同,一般说来,产品要求春酸、夏苦、秋辣、冬咸。调味时,要依据不同的要求和目的,选择适当的调料和配合方法,生产风格各异的制品,以满足人们不同的消费和膳食习惯。

(一) 调味

1. 调味的定义和作用

调味是加工酱卤制品的一个重要过程。调味是要根据地区消费习惯、品种的不同加入不同种类和数量的调味料,加工成具有特定风味的产品。根据调味料和特性和作用效果,选用优质调味料和原料肉一起加热煮,奠定产品的咸味、鲜味和香气,同时增进产品的色泽和外观。在调味料使用上,卤制品主要使用盐水,所用调味料和香辛料数量偏低,故产品色泽较淡,突出原料的原有色、香、味;而酱制品则调味料和香辛料数量偏高,故酱香味浓,调料味重。调味是在煮制过程中完成的,调味时要注意控制水量、盐浓度和调料用量,要有利于酱卤制品颜色和风味的形成。

通过调味还可以去除和矫正原料肉中的某些不良气味,起调香、助味和增色的作用,以改善制品的色香味形。同时通过调味能生产出不同品种和花色的制品。

2. 调味的分类

根据加入调味料的时间大致可分为基本调味、定性调味、辅助调味。

（1）基本调味：在加工原料整理之后，经过加盐、酱油或其他配料腌制，奠定产品的咸味。

（2）定性调味：在原料下锅后进行加热煮制或红烧时，随同加入主要配料如酱油、盐、酒、香料等，决定产品的口味。

（3）辅助调味：加热煮制之后或即将出锅时加入糖、味精等以增进产品的色泽、鲜味。

（二）煮制

1. 煮制的概念

煮制是对原料肉用水、蒸气、油炸等加热方式进行加工的过程，可以改变肉的感官性状，提高肉的风味和嫩度，达到熟制的目的。

2. 煮制的作用

煮制对产品的色、香、味、形及成品化学性质都有显著的影响。煮制使肉黏着、凝固，具有固定制品形态的作用，使制品可以切成片状；煮制时原料肉与配料的相互作用，改善了产品的色、香、味。同时煮制也可杀死微生物和寄生虫，提高制品的贮藏稳定性和保鲜效果。煮制时间的长短，要根据原料肉的形状、性质及成品规格要求来确定，一般体积大、质地老的原料，加热煮制时间较长，反之较短。总之，煮制必须达到产品的规格要求。

3. 煮制的方法

煮制直接影响产品的口感和外形，必须严格控制温度和加热时间。酱卤制品中，酱与卤两方法各有所不同，所以产品特点、色泽、味道也不同。在煮制方法上，卤制品通常将各种辅料煮成清汤后将肉块下锅以旺火煮制；酱制品则和各种辅料一起下锅，大火烧开，文火收汤，最终使汤形成肉汁。

在煮制过程中，会有部分营养成分随汤汁而流失。因此，煮制过程中汤汁的多寡和利用，与产品质量有一定关系。煮制时加入的汤，根据数量多少，分宽汤和紧汤两种煮制方法。宽汤煮制是将汤加至和肉的平面基本相平或淹没肉体，宽汤煮制方法适用于块大、肉厚的产品，如卤肉等；紧汤煮制时加入的汤应低于肉的平面1/3~1/2，紧汤煮制方法适用于色深、味浓产品，如蜜汁肉、酱汁肉等。许多名优产品都有其独特的操作方法，但一般方法有下面三种。

（1）清煮：又叫白煮、白锅。其方法是将整理后的原料肉投入沸水中，不加任何调味料进行烧煮，同时撇除血沫、浮油、杂物等，然后把肉捞出，除去肉汤中杂质。在肉汤中不加任何调味料，只是清水煮制，也紧水、出水、白锅。清煮作为一种辅助性的煮制工序，其目的是消除原料肉中的某些不良气味。清煮后的肉汤称白汤，通常作为红烧时的汤汁基础再使用，但清煮下水（如肚、肠、肝等）的白汤除外。

（2）红烧：又称红锅、酱制，是制品加工的关键工序，起决定性的作用。其方法是将清煮后的肉料放入加有各种调味料的汤汁中进行烧煮,不仅使制品加热至熟,而且产生自身独特的风味。红烧的时间应随产品和肉质不同而异,一般为数小时。红烧后剩余汤汁叫红汤或老汤,应妥善保存,待以后继续使用。存放时应装入带盖的容器中,减少污染。长期不用时要定期烧沸或冷冻保藏,以防变质。红汤由于不断使用,其成分与性能必定已经发生变化,使用过程中要根据其变化情况酌情调整配料,以稳定产品质量。

（3）火候:在煮制过程中,根据火焰的大小强弱和锅内汤汁情况,可分为旺火、中火和微火三种。旺火(又称大火、急火、武火)火焰高强而稳定,锅内汤汁剧烈沸腾;中火(又称温火、文火)火焰低弱而摇晃,一般锅中间部位汤汁沸腾,但不强烈;微火(又称小火)火焰很弱而摇摆不定,勉强保持火焰不灭,锅内汤汁微沸或缓缓冒泡。

酱卤制品煮制过程中除个别品种外,一般早期使用旺火,中后期使用中火和微火。旺火烧煮时间通常比较短,其作用是将汤汁烧沸,使原料肉初步煮熟。中火和微火烧煮时间一般比较长,其作用可使肉在煮熟的的基础上和变得酥润可口,同时使配料渗入内部,达到内外品味一致的目的。

有的产品在加入砂糖后,往往再用旺火,其目的在于使砂糖深化。卤制内脏时,由于口味要求和原料鲜嫩的特点,在加热过程中,自始至终要用文火煮制。

目前,许多厂家早已使用夹层釜生产,利用蒸汽加热,加热程度可通过液面沸腾的状况或由温度指示来决定,以生产出优质的肉制品。

4. 煮制时肉的变化

（1）重量减轻:肉在加热时产生一系列的物理化学变化,其中最明显的变化是失去水分、重量减轻。一般情况下中等肥度的猪、牛、羊肉原料在100℃水中煮沸30min质量减少的情况见表3-14。

表3-14 肉类煮制时质量的减少

名称	水分/%	蛋白质/%	脂肪/%	其他/%	总量/%
猪肉	21.3	0.9	2.1	0.3	24.6
牛肉	32.2	1.8	0.6	0.5	35.1
羊肉	26.9	0.6	6.3	0.4	34.2

为了减少肉类在煮制时的水分损失,提高出口率,可以采用在加热前预煮的方法。先将原料投入沸水中短时间预煮可以使产品表面的蛋白质很快凝固,形成保护层,减少营养成分和水分的损失,提高出口率。采用高温油炸的方法,也可以有效减少水分的损失。

（2）蛋白质的变化:不同种类蛋白质因其结构和性质不同,变化存在着差异。

肌原纤维蛋白和肌溶蛋白,对热不稳定,在加热早期温度达到40℃~50℃时,首先是肌溶蛋白的变性凝固,成为不溶性蛋白;其次是蛋白质失去分子中大量水分,收缩变硬。

这主要是由于肌原纤维蛋白(其中关键是肌球蛋白)在受热变性时蛋白质分子聚合、凝固收缩,不能形成良好的空间网络结构,不能将大量水分封闭在其分子形成的网络结构中,使肉的体积缩小、硬度增加,嫩度下降。

根据加热对肌肉蛋白质的酸碱性基团的影响的研究结果表明,从 20℃～70℃的加热过程中,碱性基团的数量几乎没有什么变化,但酸性基团大约减少 2/3,酸性基团的减少同样表现为不同的阶段有所不同,从 40℃开始急速减少,50℃～55℃停止,55℃～60℃又继续减少,一直减少到 70℃。当 80℃以上时开始形成 H_2S。所以加热时由于酸性基的减少,使肉的 pH 上升。随着加热温度升高和时间延长,部分蛋白质会发生水解,在一定程度上使肉质变软,同时还会降解产生一些呈味物质,使肉的风味改善。

为了提高肉的持水性,减轻由于蛋白质受热变性失水引起的肉质变硬,肉制品在加工过程中,采用低温腌、按摩滚揉等技术措施,使凝胶状态的肌原纤维蛋白质变为溶胶状态,并形成良好的空间结构,一经加热就能形成封闭式立体网络结构,从而减少了肉汁流失,使制品的嫩度、风味、出产率都得到提高。

(3)结缔组织的变化:结缔组织中的蛋白质主要是胶原蛋白和弹性蛋白,一般加热条件下弹性蛋白的变化不明显,主要是胶原蛋白的变化。在 70℃以下的温度加热时,结缔组织纤维主要发生的变化是收缩变性,使肌肉硬度增加,肉汁流失。这种收缩主要取决于胶原蛋白的稳定性,胶原蛋白成熟复杂交联越多,对热越稳定,变性收缩时产生的张力越大,肌肉收缩的程度越大,硬度增加越明显,肉汁流失越多。随着温度的升高和加热时间的延长,变性后的胶原蛋白又会降解为明胶,明胶吸水后膨胀成胶冻状,从而使肉的硬度下降,嫩度提高。在 100℃下同样大小、不同部位肉质中的胶原蛋白在不同煮制时间内转变成明胶的量见表 3-15。所以,合适的煮制温度和时间,可使肉的嫩度和风味改善。

表 3-15　胶原蛋白在 100℃条件下不同煮制时间转变为明胶的量

部 位	煮制时间		
	20min	40min	60min
腰部肌肉/%	12.9	26.3	48.3
背部肌肉/%	10.4	23.9	43.5
后腿肌肉/%	9.0	15.6	29.5
前臂肌肉/%	5.3	16.7	22.7
半腱肌肉/%	4.3	9.9	13.8
胸肌/%	3.3	8.3	12.1

(4) 脂肪组织的变化：肉在煮制过程中，由于脂肪细胞周围的结缔组织纤维受热收缩和细胞内脂肪受热膨胀，脂肪细胞膜受到了外部的收缩压力和内部膨胀力的作用，就会引起部分脂肪细胞破裂，脂肪溢出。不饱和脂肪酸越多，脂肪熔点越低，脂肪越容易流出。随着脂肪的流出和与脂肪相关的挥发性物质的溢出给肉汤增补香气。

加热水煮制时，如果肉量过多或剧烈沸腾时脂肪容易氧化，易使肉汤呈现混浊状态，生成二羟基酸类，而使肉汤带有不良气味。

(5) 风味和浸出物的变化：生肉基本上没什么风味，但在加热之后，不同各类的动物肉会产生很强烈的特有风味，主要是由于加热导致肉中的水溶性成分和脂肪的变化形成的。在煮制过程中，肉的风味变化在一定程度上因加热的温度和时间不同而异。一般情况下常压煮制，在3h之内随时间加热延长风味增加。但加热时间长，温度高，会使硫化氢生成增多，脂肪氧化产物增加，这些产物使肉制品产生不良风味。

在加热过程中，由于蛋白质变性和脱水的结果，使汁液从肉中分离出来，汁液中浸出物溶于水，易分解，并赋予煮熟肉的特殊风味。肌肉组织中的浸出物主要含氮浸出物和非含氮浸出物有大类。含氮浸出物中有游离的氨基酸、二肽、胍的衍生物、嘌呤碱等，是影响肉风味的主要物质。非含氮浸出物主要有糖原、葡萄糖、乳酸等。

肉在煮制过程中可溶性物质的分离受很多因素的影响，如动物肉的种类、性别、年龄及动物的肥瘦等。肉的冷加工方法也会对可溶性分离产生影响，如冷却肉或者冷冻肉、自然冻结或是人工机械制冷冻结等也各不相同。此外，不同部位肉的浸出物也不同。

(6) 颜色的变化：肉在煮制过程中，颜色变化主要是由于肌红蛋白和血红蛋白受热后发生氧化、变性引起的。如果没有经过发色，肉被加热至60℃以下仍能保持原有的红色；若加热到60℃~70℃时，肉即变为较浅的淡红色；当温度上升至70℃以上时，随着温度的提高肉由淡红色逐渐变为灰褐色；最后肌红蛋白和血红蛋白完全变性、氧化，形成不溶于水的物质。

肉若经过腌制发色，在煮制仍会保持鲜红的颜色，因为发色时产生的一氧化氮肌红蛋白和一氮化氮血红蛋白对热稳定，从而使肉色稳定，色泽鲜艳。但它们对可见光不稳定，要注意避光。

(三) 料袋制法和使用

酱卤制品制作过程中大都采用料袋。料袋是用两层纱布制成的长方形布袋，可根据锅的大小、原料多少缝制大小不同的料袋。将各种香料装入料袋，用粗线绳将料袋口扎紧。最好在原料未入锅之前，将锅中的酱汤打捞干净，将料袋投入锅中煮沸，使料在汤中串开后，再投入原料酱卤。料袋中所装香料可使用2~3次，然后以新换旧，逐步淘汰，既可根据品种实际味道减少辅料，也可以降低成本。

三、几类常见酱卤制品的加工

（一）白煮肉类——南京盐水鸭

1. 产品特点

盐水鸭是南京有名的特产，久负盛名，至今已有一千多年历史。此鸭皮白肉嫩、肥而不腻、香鲜味美，具有香、酥、嫩的特点。每年中秋前后的盐水鸭色味最佳，因在桂花盛开季节，故美名曰桂花鸭。南京盐水鸭加工制作不受季节的限制，一年四季都可加工。南京盐水鸭的特点是腌制期短，鸭皮洁白光亮、鸭肉清淡可口，肉质鲜嫩。

2. 工艺流程

宰杀 → 干腌 → 抠卤 → 复卤 → 煮制 → 成品

3. 工艺要点

（1）原料鸭的选择：盐水鸭的制作以秋季制作的最为有名。因为经过稻场催肥的当年仔鸭，长得膘肥肉壮，用这种仔鸭做成的盐水鸭，皮肤洁白，肌肉较嫩，口味鲜美。盐水鸭都是选用当年仔鸭制作，饲养期一般为 50~70 天。这种仔鸭制作的盐水鸭，更为肥美，鲜嫩。

（2）宰杀：选用当年生肥鸭，宰杀放血拔毛后，切去两节翅膀和脚爪，在右翅下开口取出内脏，用清水把鸭体洗净。

（3）整理：将宰杀后的鸭放入清水中浸泡 2h 左右，以利浸出肉中残留的血液，使皮肤洁白，提高产品质量。浸泡时，注意鸭体腔内灌满水，并浸没在水面下，浸泡后将鸭取出，用手指插入肛门再拔出，以便排出体腔内水分，再把鸭挂起沥水约 1h。取晾干的鸭放在案板上，用力向下压，将肋骨和三叉骨压脱位，将胸部压扁。这时鸭呈扁而长的形状，外观显得肥大而美观，并能在腌制时节省空间。

（4）干腌：干腌要用炒盐。将食盐与茴香按 100∶6 的比例在锅中炒制，炒干并出现大茴香之香味时即成炒盐。炒盐要保存好，防止回潮。

将炒制好的盐按 6%~6.5% 的盐量腌制，其中的 3/4 从右翅开口处放入腹腔，然后把鸭体反复翻转，使盐均匀布满整个腔体；1/4 用于鸭体表腌制，重点擦抹在大腿、胸部、颈部开口处，擦盐后叠入缸中，叠放时使鸭腹向上背向下，头向缸中心尾向周边，逐层盘叠。气温高低决定干腌的时间，一般为 2h 左右。

（5）抠卤：干腌后的鸭子，鸭体中有血卤水渗出，此时提起鸭子，用手指插入鸭子的肛门，使血卤水排出。随后把鸭叠入另一缸中，待 2h 后再一次扣卤，接着再进行复卤。

（6）复卤：复卤的盐卤有新卤和老卤之分。新卤就是用扣卤血水加清水和盐配制而成。每 100kg 水加食盐 25~30kg、葱 75g、生姜 50g、大茴香 15g，入锅煮沸后，冷却至室温即成新卤。100kg 盐卤可每次复卤约 35 只鸭，每复卤一次要补加适量食盐，使盐浓度始终保持饱和状态。盐卤用5~6次必须煮沸一次,撇除浮沫、杂物等,同时加盐或水调整浓度,加入香辛料。新卤使用过程中经煮沸2~3次即为老卤,老卤愈老愈好。

复卤时,用手将鸭右腋下切口撑开,使卤液灌满体腔,然后抓住双腿提起,头向下尾向上,使卤液灌入食管通道。然后,把鸭浸入卤液中并使之灌满体腔,最后,上面用竹算压住,使鸭体浸没在液面以下,不得浮出水面。复卤2~4h即可出缸起挂。

(7) 烘坯:腌后的鸭体沥干盐卤,把逐只挂于架子上,推至烘房内,以除去水气,其温度为40℃~50℃,时间20~30min,烘干后,鸭体表色未变时即可取出散热。注意煤炉烘炉内要通风,温度不宜过高,否则将影响盐水鸭品质。

(8) 上通:用直径2cm、长10cm左右的中空竹管插入肛门,俗称"插通"或"上通"。再从开口处填入腹腔料,姜2~3片、八角2粒、葱一根,然后用开水浇淋鸭体表,使鸭子肌肉收缩,外皮绷紧,外形饱满。

(9) 煮制:南京盐水鸭腌制期很短,几乎都是现作现卖,现买现吃。在煮制过程中,火候对盐水鸭的鲜嫩口味可以说相当重要,这是制作盐水鸭好坏的关键。一般制作,要经过两次"抽丝"。在清水中加入适量的姜、葱、大茴香,待烧开后停火,再将"上通"后的鸭子放入锅中,因为肛门有管子,右翅下有开口,开水很快注入鸭腔。这时,鸭腔内外的水温不平衡,应该马上提起左腿倒出汤水,再放入锅中。但这时鸭腔内的水温还是低于锅中水温,再加入总水量1/6的冷水进锅中,使鸭体内外水温趋于平衡。然后盖好锅盖,再烧火加热,焖15~20min,等到水面出现一丝一丝皱纹,将沸未沸(约90℃)、可以"抽丝"时住火。停火后,第二次提腿倒汤,加入少量冷水,再焖10~15min。然后再烧火加热,进行第二次"抽丝",水温始终维持在85℃左右。这时,才能打开锅盖看熟,如大腿和胸部两旁肌肉手感绵软,并油膨起来,说明鸭子已经煮熟。煮熟后的盐水鸭,必须等到冷却后切食。这时,脂肪凝结,不易流失,香味扑鼻,鲜嫩异常。

4. 食用方法

煮熟后的鸭子冷却后切块,取煮鸭的汤水适量,加入少量的食盐和味精,调制成最适口味,浇于鸭肉上即可食用。切块时必须晾凉后再切,否则热切肉汁容易流失,且切不成形。

(二) 酱卤肉类——北京酱猪肉

1. 产品特点

北京酱猪肉的特点是热制冷吃,以色美、肉香、味醇、肥而不腻、瘦而不柴而见长。

2. 工艺流程

原料整理→焯水→清汤→码锅→酱制→出锅

3. 工艺要点

(1) 原料的选择与整理:酱制猪肉,合理选择原料十分重要,选用卫生检查合格、现行国家等级标准2级肉较为合适,皮嫩膘薄,膘厚不超过2cm,以肘子、五花肉等部位为佳。如果是体重或膘肥或不经选择的原料,这样加工出来的酱肉质量就不会有保证。

酱制原料的整理加工是做好酱肉的、重要一环,一般分为洗涤、分档、刀工等几道工序。

首先用喷灯把猪皮上带的毛烧干净,然后手小刀刮净皮上焦糊的地方,去掉肉上的排骨、杂骨、碎骨、淋巴结、淤血、杂污、板油及多余的肌肉、奶脯。最好选择五花肉,切成长17cm、宽14cm、厚度不超过6~8cm的肉块,要求达到大小均匀。然后将准备好的原料肉放入有流动自来水的容器内,浸泡4h左右,泡去一些血腥味,捞出并用硬刷子洗刷干净,以备入锅酱制。

(2)焯水:焯水是酱前预制的常用方法。目的是排除血污、腥膻、臊异味。所谓焯水就是将准备好的原料肉投入沸水锅内加热,煮至半熟或刚熟的操作。原料肉经过这样的处理后,再入酱锅酱制。其成品表面光洁,味道醇香,质量好,易保存。

操作时,把准备好的料袋、盐和水同时放入铁锅内,烧火煮熬。水量一次要加足,不要中途加凉水,以免使原料受热不均匀而影响原料肉的水煮质量。一般控制在刚好淹没原料肉为好,控制好火力大小,以保持微沸,以及保持原料肉鲜香和滋润度。要根据需要,视原料肉的老嫩,适时、有区别地从汤面沸腾处捞出原料肉(要一次性地把原料肉同时放入锅内,不要边煮边捞,又边下料,影响原料的鲜香味和色泽)。再把原料肉放入开水锅内煮40min左右,不盖锅盖,随时撇出浮沫。然后捞出放入容器内,用凉水洗净原料肉上的血沫和油脂。同时把原料肉分成肥瘦、软硬两种,以待码锅。

(3)清汤:待原料肉捞出后,再把锅内的汤过一次箩,去尽锅底和汤中的肉渣,并把汤面浮油用铁勺撇净。如果发现汤要沸腾,适当时加入一些凉水,不使其沸腾,直到把杂质、浮沫撇干净,观察汤呈微青的透明状、清汤即可。

(4)码锅:原料锅要刷洗干净,不得有杂质、油污,并放入1.5~2kg的净水,以防干锅。用一个约40cm直径的圆铁算垫在锅底,然后再用20cm×6cm的竹板(猪下巴骨、扇骨也可以)整齐码垫在铁算上。注意一定要码紧、码实,防止开锅时沸腾的汤把原料肉冲散,并把热水冲干净的料袋放在锅中心附近,注意码锅时不要使肉渣掉入锅底。把清好的汤放入码好原料肉的锅内,并漫过肉面,不要中途加凉水,以免使原料肉受热不均匀。

(5)酱制:配料(以50kg猪肉下料)成分为:花椒100g、大葱500g、大料100g、鲜姜250g、桂皮150g、大盐2.5~3kg、小茴香50g、白砂糖100g。

可根据具体情况适当放一点香叶、砂仁、豆蔻、丁香等。然后将各种香辛料放入宽松的纱布袋内,扎紧袋口,不宜装得太满,以免香料遇水胀破纱袋,影响酱汁质量。大葱和鲜姜另装一个料袋,因这种料一般只能一次使用。

糖色的加工:用一口小铁锅,置火上加热。放少许油,使其在铁锅内分布均匀。再加入白砂糖,用铁勺不断推炒,将糖炒化,炒至泛大水泡后,又逐渐变为小泡。此时,糖和油逐渐分离,糖汁开始变色,由白变黄,由黄变褐,待糖色变为浅黑色时,马上倒入适量的热水熬制一下,即为"糖色"。糖色的口感应是苦中略带一点甜,不可甜中带一点苦。

酱制方法:码锅后,盖上锅盖,用旺火煮 2~3h,然后打开锅盖,放入适量糖色,达到枣红色,以补救煮制中的不足。等到汤逐渐变浓时,改用中火焖煮 1h,用手触摸肉块是否熟软,尤其是肉皮。观察捞出的肉汤,是否黏稠,汤面是否保留在原料肉的 1/3,达到以上标准,即为半成品。

(6) 出锅:达到半成品时应及时把中火改为小火,小火不能停,汤汁要起小泡,否则酱汁出油。出锅时将酱肉块整齐地码放在盘内,皮朝上。然后把锅内的竹板、铁箅、铁筒取出,使用微火,不停地搅拌汤汁,始终要保持汤汁内有小泡沫,直到黏稠状。如果颜色浅,在搅拌当中可继续放一些糖色,使成品达到栗色后,赶快把酱汁从铁锅内倒出,放入洁净的容器中,继续用铁勺搅拌,使酱汁的温度降到 50℃~60℃,用炊帚尖部点刷在酱肉上,晾凉即为成品。

如果熬制把握不大,又没老汤,可用猪爪、猪皮和酱肉同时酱制,并码放在原料肉的下层,可解决酱汁质量不好或酱汁不足的缺陷。

4. 酱肉质量

长方形块状,栗子色,五香酱味,食之皮不发硬,瘦肉不塞牙,肥肉不腻口,味美清香,出品率 65%。冬季生产的成品,货架期为 48h,夏季生产的成品放置冷藏柜内,货架期为 24h。

(三) 卤肉类——德州扒鸡

1. 产品特点

德州扒鸡表皮光亮,色泽红润,皮肉红白分明,肉质肥嫩,松软而不酥烂,脯肉形若银丝,热时手提鸡骨抖一下骨肉随即分离,香气扑鼻,味道鲜美,是山东德州的传统风味。

2. 配料标准(按每锅 200 只鸡重约 150kg 计算)

大茴香 100g、桂皮 125g、肉蔻 50g、草蔻 50g、丁香 25g、白芷 125g、山柰 75g、草果 50g、陈皮 50g、小茴香 100g、砂仁 10g、花椒 100g、生姜 250g、食盐 3.5kg、酱油 4kg、口蘑 600g。

3. 工艺流程

宰杀褪毛→造型→上糖色→油炸→煮制→出锅

4. 工艺要点

(1) 宰杀褪毛:选用 1kg 左右的当地小公鸡或未下蛋的母鸡,颈部宰杀放血,用 70℃~80℃热水冲烫后去净羽毛。剥去脚爪上的老皮,在鸡腹下近肛门处横开 3.3cm 的刀口,取出内脏、食管,割去肛门,用清水冲洗干净。

(2) 造型:将光鸡放在冷水中浸泡,捞出后在工作台上整形,鸡的左翅自脖子下刀口插入,使翅尖由嘴内侧伸出,别在鸡背上,鸡的右翅也别在鸡背上。再把两大腿骨用刀背轻轻砸断并起交叉,将两爪塞入鸡腹内。造型后晾干水分。

(3) 上糖色:将白糖炒成糖色,加水调好(或用蜂蜜加水调制),在造好型的鸡体上涂抹均匀。

(4) 油炸:锅内放花生油,用中火烧至八成热时,上色后鸡体放在热油锅中,油炸 1~2min,炸至鸡体呈金黄色、微光发亮即可。

(5) 煮制:炸好的鸡体捞出,沥油,放在煮锅内层层摆好,锅内放清水(以没过鸡为度),加药料包(用洁布包扎好)、拍松的生姜、精盐、口蘑、酱油,用箅子将鸡压住,防止鸡体在汤内浮动。先用旺火煮沸,小鸡1h,老鸡1.5~2h后,改用微火焖煮,保持锅内温度90℃~92℃微沸状态。煮鸡时间要根据不同季节和鸡的老嫩而定,一般小鸡焖煮6~8h,老鸡焖煮8~10h,即为熟好。煮鸡的原汤可留作下次煮鸡时继续使用,鸡肉香味更加醇厚。

(6) 出锅:出锅时,先加热煮沸,取下石块和铁箅子,一手持铁钩钩住鸡脖处,另一手拿笊篱,借助汤汁的浮力顺势将鸡捞出,力求保持鸡体完整。再用细毛刷清理鸡体,晾一会儿,即为成品。

(四) 糟肉类——糟肉

1. 产品特点

糟肉色泽红亮(图3-29),软烂香甜,清凉鲜嫩,爽口沁胃,肥而不腻,糟香味浓郁。

2. 配料标准(以100kg原料肉计)

花椒1.5~2kg、陈年香糟3kg、上等绍酒7kg、高粱酒500g、五香粉30g、盐1.7kg、味精100g、上等酱油500g。

3. 工艺流程

原料整理→白煮→配制糟卤→糟制→产品→包装

4. 工艺要点

图3-29 糟肉

(1) 选料:选用新鲜的皮薄且鲜嫩的方肉、腿肉或夹心(前腿)。方肉照肋骨横斩对半开,再顺肋骨直切成长15cm,宽11cm的长方块,成为肉坯。若采用腿肉、夹心,也切成同样规格。

(2) 白煮:将整理好的肉坯,倒入锅内烧煮。水要放到超过肉坯表面,用旺火烧,待肉汤将要烧开时,撇清浮沫,烧开后减小火力继续烧,直到骨头容易抽出来不粘肉为止。用尖筷和铲刀出锅。出锅后一面拆骨,一面趁热在热坯的两面敷盐。

（3）配制糟卤：

① 陈年香糟的制法：香糟50kg,用1.5~2kg花椒加盐拌和后,置入瓮内扣好,用泥封口,待第二年使用,称为陈年香糟。

② 搅拌香糟：100kg糟货用陈年香糟3 kg,五香粉30g,盐500g,放入容器内,先加入少许上等绍酒,用手边挖边搅拌,并徐徐加入绍酒（共5kg）和高粱酒200g,直到酒糟和酒完全拌和,没有结块为止,称糟酒混合物。

③ 制糟露：用白纱布罩于搪瓷桶上,四周用绳扎牢,中间凹下。在纱布上摊上表芯纸（表芯纸是一种具有极细孔洞的纸张,也可以用其他韧性的造纸来代替）一张,把糟酒混合物倒在纱布上,加盖,使糟酒混合物通过表芯纸和纱布过滤,徐徐将汁滴入桶内,称为糟露。

④ 制糟卤：将白煮的白汤撇去浮油,用纱布过滤入容器内,加盐1.2 kg,味精100g,上等绍酒2kg,高粱酒300g,拌和冷却。若白汤不够或汤太浓,可加凉开水,以掌握30 kg左右的白汤为宜。将拌和配料的白汤倒入糟露内,拌和均匀,即为糟卤。用纱布结扎在盛器盖子上的糟渣,待糟货生产结束时,解下即作为喂猪的上等饲料。

（4）糟制：将已经凉透的糟肉坯皮朝外,圈砌在盛有糟卤的容器内,盛放糟货的容器须事先入在冰箱内,另用一盛冰容器置于糟货中间以加速冷却,直到糟卤凝结成冻时为止。

5. 保管方法

糟肉的保管较为特殊,必须放在冰箱内保存,并且要做到以销定产,当日生产,现切再卖,若有剩余,放入冰箱,第二天洗净糟卤后放在白汤内重新烧开,然后再糟制。回汤糟货原已有咸度,用盐量可酌减,须重新冰冻,否则会失去其特殊风味。

（五）蜜汁肉类——上海蜜汁蹄髈

1. 产品特点

制品呈深樱桃红色,有光泽,肉嫩而烂,甜中带咸。

2. 配料标准（以猪蹄髈100kg计）

白砂糖3kg、盐2kg、葱1kg、姜2kg、桂皮6~8块、小茴香200g、黄酒2kg、红曲米少量。

3. 工艺过程

先将蹄髈刮洗干净,倒入沸水中余15min,捞出洗净血沫、杂质。

先将每50kg白汤加盐2kg,烧开后备用。

锅内先放衬物,加入葱1kg、姜2kg、桂皮6~8块、小茴香200（装入袋内）。再倒入蹄膀,将白汤加至与蹄膀高度持平(白汤)。旺火烧开后,加黄酒 2kg,再烧开,将红曲粉汁均匀地浇在肉上,以使肉体呈现樱桃红色为标准。转为中火,烧约 45min,加入冰糖或白砂糖,加盖再烧 30min,烧至汤发稠,肉八成酥,骨能抽出不粘肉时出锅。平放盘上(不能叠放),抽出骨头。

模块八　干制品加工

肉的干制品有肉干、肉脯、肉松等,这类产品的加工方式一般为精选瘦肉经过熟制加工后,干燥成型或先干燥成型再熟制加工而成的干的熟肉制品。这类产品的水分含量很低,水分活度一般在 0.70~0.75 之间,已能有效地抑制细菌、霉菌、酵母的生长,如果储存条件适当的话,这类肉制品较别的肉制品可放置更长时间。

一、干制的原理及方法

(一) 干制的原理

通过脱去肉品中的一部分水,抑制了微生物和酶的活力,提高肉制品的保藏性。

(二) 干制方法及影响因素

1. 常压干燥

鲜肉在空气中放置时,其表面的水分开始蒸发,造成食品中内外水分密度差,导致内部水分间表面扩散。因此,其干燥速度是由水分在表面蒸发速度和内部扩散的速度决定的。但在升华干燥时,则无水分的内部扩散现象,而是由表面逐渐移至内部进行升华干燥。

常压干燥过程包括恒速干燥和降速干燥两个阶段,而降速干燥阶段又包括第一降速干燥阶段和第二降速干燥阶段。在恒速干燥阶段,肉块内部水分扩散的速率要大于或等于表面蒸发速度,此时水分的蒸发是在肉块表面进行,蒸发速度是由蒸汽穿过周围空气膜的扩散速率所控制,其干燥速度取决于周围热空气与肉块之间的温度差,而肉块温度可近似认为与热空气湿球温度相同。在恒速干燥阶段将除去肉中绝大部分的游离水。

当肉块中水分的扩散速率不能再使表面水分保持饱和状态时,水分扩散速率便成为干燥速度的控制因素。此时,肉块温度上升,表面开始硬化,干燥进入降速干燥阶段。该阶段包括两个阶段:水分移动开始稍感困难阶段为第一降速干燥阶段,以后大部分成为胶状水的移动则进入第二降速干燥阶段。

肉品进行常压干燥时,温度对内部水分扩散的影响很大。干燥温度过高,恒速干燥阶段缩短,很快进入降速干燥阶段,但干燥速度反而下降。因为在恒速干燥阶段,水分蒸发速度快,肉块的温度较低,不会超过其湿球温度,加热对肉的品质影响较小。但进入降速干燥阶段,表面蒸发速度大于内部水分扩散速率,致使肉块温度升高,极大地影响肉的品质,且表面形成硬膜,使内部水分扩散困难,降低了干燥速率,导致肉块中内部水分含量过高,使肉制品在贮减期间腐烂变质。故确定干燥工艺参数时要加以注意。在干燥初期,水分含量高,可适当提高干燥温度,随着水分减少应及时降低干燥温度。有人报道,在完成恒速干燥阶段后,采用回潮后再行干燥的工艺效果良好。用煮熟的肌肉在回转式烘干机中干燥的过程中出现了多个恒速干燥阶段。干燥和回潮交替进行的新工艺有效地克服了肉块表面下硬和内部水分过高这一缺陷。除了干燥温度外,湿度、通风量、肉块的大小、摊铺厚度等都影响干燥速度。常压干燥时温度较高,且内部水分移动,易与组织酶作用,常导致成品品质变劣、挥发性芳香成分逸失等缺点,但干燥肉制品特有的风味也在此过程中形成。

2. 微波干燥

用蒸汽、电热、红外线烘干肉制品时,耗能大、时间长,易造成外焦内湿现象。利用新型微波能技术则可有效的解决以上问题。微波是电磁波的一个频段,频率范围为300~3 000MHz。微波发生器产生电磁波,形成带有正负极的电场。食品中有大量的带正负电荷的分子(水、盐、糖)。在微波形成的电场作用下,带负电荷的分子向电场的正极运动,面带正电荷的分子向电场负极运动。由于微波形成的电场变化很大(一般为300~3 000 MHz),且呈波浪形变化,使分子随着电场的方向变化而产生不同方向的运动。分子间的运动经常发生阻碍、摩擦而产生热量,使肉块得以干燥。而且这种效应在微波一旦接触到肉块时就会在肉块内外同时产生,无需热传导、辐射、对流,在短时内即可达到干燥的目的,且使肉块内外受热均匀,表面不易焦糊。但微波干燥设备有投资费用较高、干肉制品的特征性风味和色泽不明显等缺点。

3. 减压干燥

食品置于真空中,随真空度的不同,在适当温度下,其所含水分则蒸发或升华。也就是说,只要对真空度作适当调节,即使是在常温以下的低温也可进行干燥。理论上在真空度为613.18Pa以下的真空中,液体水则成为气体水。冰也可直接变成水蒸气而蒸发,即所谓升华。就物理现象而言,采用减压干燥,随着真空度的不同,无论是水的蒸发还是冰的升华,都可以制得干制品。因此,肉品的减压干燥有真空干燥和冻结干燥两种。

(1)真空干燥:是指肉块在未达结冰温度的真空状态(减压)下加速水分的蒸发而进行干燥。真空干燥时,在干燥初期,与常压干燥时相同,存在着水分的内部扩散和表面蒸发,但在整个干燥过程中,则主要为内部扩散与内部蒸发共同进行干燥。因此,与常压干燥相比真空干燥时间缩短,表面硬化现象减少。真空干燥虽使水分在较低温度下蒸发干燥,但因蒸发而导致的芳香成分逸失及轻微的热变性在所难免。

(2) 冻结干燥:相似于前述的低温升华干燥,是指将肉块冻结后,在真空状态下,使肉块中的冰升华而进行干燥。这种干燥方法对色、味、香、形几乎无任何不良影响,是现代社会最理想的干燥方法。我国冻结干燥法在干肉制品加工中的应用刚刚起步,相信会得到迅速发展。冻结干燥是将肉块急速冷冻超至 $-40℃ \sim -30℃$,将其置于可保持真空度 $13 \sim 133Pa$ 的干燥室中,因冰的升华而进行干燥。冰的升华速度因干燥室的真空度及升华所需要给予的热量决定。另外,肉块的大小、厚薄均有影响。冻结干燥法虽需加热,但并不需要高温,只供给升华潜热并缩短其干燥时间即可。冻结干燥后的肉块组织为多孔质,未形成水不浸透性层,且其含水量少,故能迅速吸水复原,是方便面等速食品的理想辅料。同理其贮藏过程中也非常容易吸水,且其多孔质与空气接触面积增大,在贮藏期间易被氧化变质,特别是脂肪含量高时更是如此。

二、干制肉品的加工工艺

(一) 猪肉脯的制作

1. 工艺流程

原料选择 → 预处理 → 冷冻 → 切片 → 解冻、腌制 → 摊贴 → 烘培 → 烤熟 → 切块 → 冷却 → 包装

2. 配方

猪肉 100kg、食盐 1.5kg、白糖 3kg、葡萄糖 3kg、味精 0.2kg、黄酒 5kg、辣椒粉 1kg、花椒 0.4kg、五香粉 0.6kg、酱油 5kg、磷酸盐 0.2kg、亚硝酸钠 0.01kg。

3. 制作方法

(1) 原料预处理:挑选经卫生检验合格的猪的前、后腿肉,剔除碎骨、软骨、脂肪、淤血、淋巴、肿瘤、伤斑、毛发等,然后用流动水浸泡 $1 \sim 2h$ 后,捞出用清水洗干净。清洗好的猪肉控干水分,置低温下备用。

(2) 冷冻:将整理后的猪腿肉切成长 25cm 以内的大块,已短于 25cm 的内不切,将切好的猪肉放入特制的方形模具送入冷冻室或冷冻柜,冷冻温度在 $-10℃$ 左右,冷冻 24h 左右,冷冻后猪肉的中心温度控制在 $-4℃ \sim -2℃$ 为佳。

(3) 切片:将冷冻好的猪肉用切片机切片或人工切片,切片时必须注意要顺着猪肉的纤维切片,这样切的片相对不易破碎。肉片的厚度一般控制在 $1.5 \sim 2cm$。

(4) 解冻、腌制:将切片好的猪肉放入解冻间解冻,解冻时不得再用清水冲洗,采用自然解冻的方法。解冻好后将各种辅料混合均匀加入猪肉中,充分搅拌均匀,搅拌 $10 \sim 15min$ 即可,搅拌后的肉片带有较强的黏性。

(5) 摊贴:先用植物油将竹盘刷一遍,然后再将肉片均匀地铺平在竹盘上,摊贴的时候注意使肉片的纤维方向一致,肉片之间不得留有空隙,也不得重叠,使肉片相互黏接成

平整的平板状。

(6) 烘焙:将铺上肉片的竹盘送入干燥室中,干燥室的温度控制在55℃~60℃之间,在烘焙的过程中要调换几次竹盘的位置,使肉片干燥均匀,一般干燥3~4h的时间,烘干到水分为25%时为佳。

(7) 烤制:烘焙好的猪肉经过自然冷却后,从竹盘上取下,放入电烤炉或普通烤炉中烤制,烤制的温度在260℃~280℃,时间10~15min,烤制的肉片呈酱红色,有特有的猪肉烤香味。

(8) 切块:烤好的猪肉脯趁热用厚铁板压平,然后用切形机切形或手工切形,一般切成6~8cm的正方形或其他形状,大小均匀。这时肉脯的水分要求在20%左右。

(9) 冷却、包装:切好的猪肉脯在冷却后即可包装,成品。

4. 质量标准

肉脯(图3-30)色泽酱红,有光泽,具有猪肉脯特有的香味,无异味,呈片状,厚薄均匀,肌纤维明显,无杂质,无糊焦。

图3-30　肉脯　　　　　　　　图3-31　肉干

(二) 肉干的制作方法

用新鲜瘦肉加工的肉干(图3-31),营养丰富、风味浓郁、便于携带,是旅行、郊游、野餐的佳品。如牛肉干、猪肉干、羊肉干、五香肉干、辣味肉干、咖喱肉干等,其加工方法大同小异,但一般都须经过初煮、切块、复煮、烘烤等步骤。

1. 原料的选择和处理

一般制作肉干多采用牛肉为原料,以新鲜前后腿的瘦肉为最佳。除去肉块的粗大筋腱和脂肪(其他肉同此),切成1kg左右的肉块,然后放在冷水中浸泡1h左右,将肌肉中余血浸出,捞出沥干。

2. 初煮

将沥干的肉块放入沸水中煮制。汤中可加入1.5%的精盐及少许陈皮、大料等。水温保持在90℃以上,并随时清除汤里的浮油沫,待内部切面呈粉红色,经90min左右,即为初煮完毕。

3. 冷却、切块

初煮后的肉块,放在竹筐中自然冷却后,剔除粗大筋腱,然后根据需要,切成所需规格的肉片或肉丁。

4. 配料

下面介绍4种配料方法,可根据实际参考选用(以瘦肉100kg为标准)。

(1) 精盐2.5kg、酱油5kg、五香粉0.25kg。

(2) 精盐3kg、酱油6kg、五香粉0.3kg。

(3) 精盐2kg、酱油6kg、砂糖8kg、黄酒1kg、生姜0.25kg、五香粉0.25kg。

(4) 精盐1.2kg、酱油14kg、砂糖1kg、五香粉0.2kg、甘草粉0.36kg、辣椒粉0.4kg、味精0.4kg、安息香0.1kg、绍酒2.8kg。

5. 复煮

取初煮的原汤加入配料于锅内,即大火煮开,加入切好的瘦肉半成品,待汤有香味时,改用小火煮,煮时应不时用锅铲轻轻翻动,待汤快要熬干时,再加入酒和味精拌匀立即出锅。出后放在烤筛上摊开沥干,冷凉。

6. 烘烤

烘烤前,在肉胚中加入咖喱粉或五香粉、辣椒粉、酱油等香料拌匀,经烘烤后,就成为咖喱牛肉干或其他各自风味的肉干。将摊有肉胚的烤筛放入烘房的格架上,烘房温度保持在50℃~60℃,每隔1~2h上下调一次位置,并翻动肉干,避免烤焦。经7h左右即为成品。牛肉干的出品率约为50%。

7. 包装与贮存

经包装后的肉干,在干燥通风的地方,一般可贮存2~3个月。装入玻璃瓶或马口铁缸中,可贮存3~5个月。先用纸袋包装,与纸袋一起再烘烤1h,则可以防止变霉,并可延长贮存期。

(三) 肉松的制作

肉松是将肉煮烂,再经过炒制、揉搓而成的一种营养丰富、易消化、使用方便、易于贮藏的脱水制品。除猪肉外还可用牛肉、兔肉、鱼肉生产各种肉松。我国著名的传统产品是太仓肉松(图3-32)和福建肉松(图3-33)。

1. 太仓肉松

太仓肉松始创于江苏省太仓地区,有100多年的历史,曾在巴拿马展览会获奖(1915年),1984年又获部优质产品称号。

图 3-32 太仓肉松

图 3-33 福建肉松

（1）原料肉的选择和处理：选用瘦肉多的后腿肌肉为原料，先剔除骨、皮、脂肪、筋腱，在将瘦肉切成 3~4cm 的方块。

（2）配方：

猪瘦肉 100kg、高度白酒 1.0kg、精盐 1.67kg、八角 0.38kg、酱油 7.0kg、生姜 0.28kg、白糖 11.11kg、味精 0.17kg。

（3）加工工艺：将切好的瘦肉块和生姜、香料（用纱布包起）放入锅中，加入与肉等量的水，按以下三个阶段进行：

① 肉烂期（大火期）：用大火煮，直到煮烂为止，需要 4h 左右，煮肉期间要不断加水，以防煮干，并撇去上浮的油沫。检查肉是否煮烂，其方法是用筷子夹住肉块，稍加压力，如果肉纤维自行分离，可认为肉已煮烂。这时可将其他调味料全部加入，继续煮肉，直到汤煮干为止。

② 炒压期（中火期）：取出生姜和香料，采用中等压力，用锅铲一边压散肉块，一边翻炒。注意炒压要适时，因为过早炒压功效很低，而炒压过迟，肉太烂，容易粘锅炒糊，造成损失。

③ 成熟期（小火期）：用小火勤炒勤翻，操作轻而均匀。当肉块全部炒松散和炒干时，颜色即由灰棕色变为金黄色，成为具有特殊香味的肉松。

（4）肉松（太仓）卫生标准：

① 感官指标：呈金黄色或淡黄色，带有光泽，絮状，纤维疏松，无异味、臭味。

② 理化指标：水分≤20%。

③ 细菌指标：细菌总数≤3 000 个/g，大肠杆菌≤40 个/100g，致病菌（系指肠道致病菌及致病性球菌）不得检出。

（5）包装和贮藏：肉松的吸水性很强，长期贮藏最好装入玻璃瓶或马口铁盒中，短期贮藏可装入单层塑料袋内，刚加工成的肉松趁热装入预先消毒和干燥的复合阻气包装袋中，贮藏于干燥处，可以半年不会变质。

2. 福建肉松

与太仓肉松的加工方法基本相同，只是在配料上有区别，在加工方法上增加油炒工序，制成颗粒状，因成品含油量高而不耐贮藏。

（1）配方：瘦猪肉 50kg、酱油 5kg、白砂糖 4kg、猪油 20kg。

（2）炒松：经切割、煮熟的肉块放在另一锅内进行炒制，加少量汤用小火慢慢炒，待汤汁完全烧干后再分小锅炒制，使水分慢慢地蒸发，肌肉纤维疏散改用小火烘焙成肉松坯。

（3）油酥：经炒好的肉松坯再放到小锅中用小火烘焙，随时翻动，待大部分松坯都成酥脆的粉状时，用筛子把小颗粒筛出，剩下的大颗粒的松坯倒入已液化的猪油中，不断搅拌，使松坯与猪油均匀结成球形圆粒，即为成品。

（4）成品质量指标：呈均匀的团粒，无纤维状，金黄色，香甜有油，无异味。

模块九　熏烤制品加工

熏烤肉制品是一类深受人们喜爱的肉制品，在我国肉制品中占有重要地位，不同地区不同配方及不同的加工方法形成了难以计数的产品。肉制品通过熏烤产生能引起食欲的熏烤气味，形成制品的独特风味，使制品表面产生特有的熏烤色泽，同时抑制了微生物的生长，延长了制品的保存期。

熏烧烤肉制品分为熏烤肉类、烧烤肉类和肉脯类。熏烤是利用燃料没有完全燃烧产品的烟气对肉制品进行加工，烧烤有明烤和暗烤之分，还有电烤和蒸气烤等方法。典型产品有北京烤鸭、广东叉烧肉等。肉脯属于干制品，不经过煮制，直接烘烤干燥熟化。

1. 烟熏目的

烟熏可使制品产生一定的烟熏味道，使制品脱水干燥，防腐杀菌，增进色泽，延长货架期等。

2. 烟熏方法

有直接烟熏法和间接烟熏法。直接烟熏法是在烟熏室内使用木片燃烧直接烟熏；间接烟熏法是用烟雾发生器将烟送入烟熏室而对制品进行烟熏。若按温度分，则可分为冷熏、温熏、热熏和焙熏等。另外，还有液熏制法、电熏制法等。

（1）冷熏：是肉制品在 30℃ 以下进行的烟熏方法，主要用于干制的香肠（如色拉米肠、风干香肠）以及带骨火腿和培根等。冷熏是在熏制的同时对制品进行了干燥，促进了成熟,增加了风味,延长了保存期。缺点是需要低温长时间(25℃条件下需4~7天),制品失重较大,在夏季及气温较高地区很难控制。

(2) 温熏:是在30℃~35℃下对制品进行熏制的方法,主要用于西式火腿和培根等制品的加工。时间1~2天。在此温度下熏制时,应严格控制微生物的生长,尽量缩短烟熏时间。

(3) 热熏:是在50℃~80℃之间进行的一种熏制方法。一般温度控制在60℃,时间5h左右。此温度下,蛋白质几乎全部变性,制品表面较硬而内部含水较多,富有弹性。

(4) 焙熏:是温度超过80℃的一种烟熏方法。一般为90℃~120℃,也有高达140℃的。熏制后的肉品即可食用,但产品的耐贮藏性较差。

一、西式烟熏制品

(一) 生熏腿的制作

生熏腿(图3-34)又称生火腿,简称熏腿。成品外形像乐器琵琶,与金华火腿相似。外表肉色呈咖啡色,内部淡红色,皮金黄色。生熏腿是西式肉制品中的一个高档品种,是采用猪的整只后腿经冷藏腌制、整形、烟熏制成。成品为半干制品,肉质略带轻度烟熏味,清香爽口。

图3-34 生熏腿

1. 工艺流程

原料选择整形→注射盐水→揉擦盐硝→下缸浸渍腌制→出缸浸泡→再整形→熏制→成品。

2. 质量控制

(1) 原料选择整形:选择健康无病猪的后腿肉,而且必须是肌肉丰满的白毛猪,白条肉应在0℃左右的冷库吊挂冷却约10h,使肉温降至0℃~5℃左右,肌肉稍微变硬后再开割。这样腿坯不易变形,有助于成品外形美观。开割的腿坯形状似金华火腿。

整形是去掉尾骨和腿面上的油筋、奶脯,并割去四周边缘凸出部分,使其成直线,经整形的腿坯重量以5~7kg为宜。

(2) 注射盐水、揉擦盐硝:注射的盐水配制方法是:50kg水中加精盐6~7kg,砂糖0.5kg,亚硝酸钠30~35g。把上述用料置于一容器内,用少量清水拌和均匀,使其溶解。如一次溶解不透,可不断加水搅拌,直至全部溶解,然后冲稀,总用水量为50kg。

注射盐水是用盐水泵通过注射针头把盐水强行注入肌肉内。注射的部位一般是五个均匀分布的位置各注射一针。肌肉厚实的部位,可适当增加注射点,以防止中心部位腌不透。注射好的腿坯,应立即揉擦盐硝。

盐硝腌制剂是食盐和硝酸钠的混合物,盐和硝的比例为100∶0.5。揉擦盐硝的方法是将盐硝撒在肉面上,用手揉擦,腿坯表面必须揉擦均匀,最后拎起腿坯抖动一下,将多余的盐硝落回盛器。揉擦盐硝的用量,一般每只腿平均用100~150g。揉擦完毕,将腿坯摊放在不漏水的不锈钢质浅盘内,置2℃~4℃冷库内腌渍20~24h。

(3) 下缸浸渍腌制:浸渍盐水与注射用盐水不同,其配法如下:50kg水中加盐约9.5kg,硝酸钠35g。浸渍腌制的方法是将冷库内腌渍过的腿坯一层一层紧密排放在大口陶瓷缸内。底层的皮向下,最上面的皮向上。肉的堆放高度应略低于缸口。将事先配好的浸渍盐水倒入缸内,盐水液面的高度应稍高于肉面。盐水的用量一般约为肉重的1/3,以把肉浸没为原则。为防止腿坯上浮,可加压重物。

浸渍时间的长短,与腿坯的大小、注射是否恰到好处、腌室温度等因素有关,一般浸渍2周左右。在此期间应翻缸三次。翻缸的目的有三个:一是改变肉的受压部位,松动肌肉组织,有助于盐水渗透扩散均匀;二是检查盐水是否酸败变质,尤其是夏季更为重要。变质盐水的特征是产生气泡或有异味,发现变质应调换新盐水;三是长时间静止的盐水,各处咸度不同,通过翻缸可使咸度均匀。

(4) 出缸浸泡:腌制好的腿坯,需用盐水浸泡3~4h。浸泡有两个作用:一是使腿内温度升高,肉质软化,便于清洗和修割;二是漂去表面盐分,以免熏制后出现"白花"盐霜,有助于增加产品外形美观。经过腌制的腿坯,表面有时会有少量污物沉积,应想办法去除掉。

(5) 再整形:完成了上述各项工序处理的腿坯,需再次修割、整形,使腿面形成光滑的椭圆球面。在脚圈上方刺一小洞,穿上棉绳,吊挂在晾架上,再一次刮去皮上的水分和油污,在晾架上晾干10h左右。晾干期间有血水流出,可用布吸干。

(6) 熏制:熏制的方法是先在烟熏室底部架设柴堆,点火将烟熏室预热一下,待室内温度升至70℃~80℃时,即把腿坯挂入。在整个烟熏过程中,温度不是恒定不变的。一般开始时因腿坯潮湿,可用80℃~90℃,并以开门烟熏为好,时间维持15~20min,以此提高气流速度,让水分尽快排出。然后加上木屑,压低火势,使熏室温度降至60℃~70℃,并关闭熏室门,用文火烟熏,整个烟熏时间为8~9h。烟熏好的成品,其肌肉呈咖啡色,手指按捺有一定硬度,似一层干壳,皮质呈金黄色,用手指弹击,有清晰的"扑、扑"声。

(二) 去骨火腿

去骨火腿(图3-35)是用猪后大腿经整形、腌制、去骨、包扎成型后,再经烟熏、水煮而成。因此 去骨火腿是熟制品,具有肉质鲜嫩的特点,但保藏期较短。在加工时,去骨一般是在浸水后进行。去骨后,以前常连皮制成圆筒形,而现在多除去皮及较厚的脂肪,卷成圆柱状,故又称为去骨成卷火腿。也有置于方形容器中整形者。因一般都经水煮,故又称其去骨熟火腿。

1. 一般工艺流程

选料整形→去血、腌制→浸水→去骨、整形→卷紧→干燥、烟熏→水煮→冷却、包装、储藏

2. 具体加工方法

生产去骨火腿的选料整形和浸水工艺与带骨火腿相同。与带骨火腿比较，其腌制时的食盐用

图 3-35　去骨火腿

量稍减，砂糖用量稍增为宜。去骨时，去除两个腰椎，拔出骨盘骨，将刀插入大腿骨上下两侧，割成隧道状，去除大腿骨及膝盖骨后，卷成圆筒形，修去多余瘦肉及脂肪。去骨时应尽量减少对肉组织的损伤。

有时去骨在去血前进行，可缩短腌制时间，但肉的结着力较差。

用棉布将整形后的肉块卷紧，包裹成圆筒状后用绳扎紧，但大型的原料一定要扎成枕状，有时也用模具进行整形压紧。30℃～35℃干燥12～24h，因水分蒸发，肉块收缩变硬，需再度卷紧后烟熏。烟熏温度为30℃～50℃。时间随火腿大小而异，一般为10～24h。

水煮工艺的作用是杀菌和熟化，赋予产品适宜的硬度和弹性，同时减弱浓烈的烟熏味。水煮以火腿中心温度达到62℃～65℃，保持30min为宜。若温度超过75℃，则肉中脂肪大量熔化，常导致成品质量下降。一般大型火腿煮5～6h，小型火腿煮2～3h。

水煮后略加整形，快速冷却后除去包裹棉布，用塑料包，在0℃～1℃的低温下储藏。优质的去骨火腿要求长短粗细配合适宜，粗细均匀，断面色泽一致，瘦肉多而充实，或有适量肥肉但较光滑。

（三）培根的加工

培根是英文Bacon的译音，意思是烟熏咸肋条（方肉）或烟熏咸背脊肉。培根的风味，除带有适口的咸味，还具有浓郁的烟熏香味。培根食用方便，通常切成薄片蒸熟或抹上蛋液炸成"培根蛋"，清香可口，为西式菜品中的上品。培根容易保管，挂在通风干燥处，可保存数月。

1. 培根制品的分类

培根制品一般包括奶培根、大培根和排培根等。

（1）奶培根（图3-36）：以去奶脯、排骨的猪方肉为原料，经整形、腌制、烟熏而成。分带皮制品或无皮、无硬骨制品。带皮制品每只重2～4.5kg，皮呈现金棕色，肉色鲜艳，味香可口。产皮制品每只2～2.5kg。

（2）大培根（也称丹麦式培根，图3-37）：以猪的第三根肋骨至第一节骑马骨处半片猪胴体中的中段肉为原料，去骨整形后，经腌制、烟熏而成。每片重7～10kg。

图3-36　奶培根

图3-37　大培根

（3）排培根（图3-38）：以猪大排骨为原料,去骨整形后,经腌制、烟熏而成。成品为半制品,分带皮和无皮两种。制品无硬骨,肉质细嫩,色泽鲜艳,皮呈金棕色,味香、鲜美、可口、无焦味,是质量最高的一种。带皮制品每块重2~4kg,无皮每块重2~3kg。

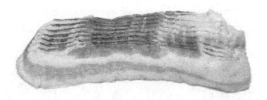
图3-38　排培根

2. 培根的加工

三种培根的制作工艺基本相同：

选料→须整形→冷藏腌制→浸泡和清洗→剔骨、修刮→再整形→烟熏→成品

（1）选料：选料时应选经兽医卫生部门检验合格的中等肥度猪,经屠宰后吊挂预冷。大培根坯料取自整片带皮猪胴体（白条肉）的中段,即前端从第三肋骨处斩断,后端从腰荐椎之间斩断,割除奶脯。排培根和奶培根各有带皮和去皮两种。前端从白条肉第五根肋骨处斩断,后端从最后2节荐椎处斩断,去掉奶脯,再沿距背脊13~14cm处分斩为两部分,上为排培根,为奶培根之坯料。大培根最厚处以3.5~4.0cm为宜；排培根最厚处以2.0~3.0cm为主,奶培根最厚处约2.5cm。

（2）预整形：修整坯料,使四边基本各成直线,并去掉腰肌和横膈膜。

（3）冷藏腌制：包括干腌和湿腌。腌制室温度保持在0℃~4℃。

将食盐（加1%硝酸钠）撒在肉坯表面,用手揉搓,务使均匀。大培根肉坯用盐约200g,排培根和奶培根约100g,然后堆叠,腌制20~24h。

用16~17波美度（其中每100kg腌制液中含硝酸钠70g）食盐液浸泡干腌后的肉坯,盐液用量约为肉质量的1/3。湿腌时间与肉块厚薄和温度有关,一般为2周左右。在湿腌期需翻缸 3~4 次。其目的是改变肉块受压部位,并松动肉组织;以加快腌制液的渗透和肌肉发色,使咸度均匀。

(4) 浸泡和清洗:腌制出缸后,需要用淡水浸泡、清洗。将腌制好的肉坯用25℃左右清水浸泡 30~60min,目的是使肉坯温度升高,肉质软化,表面油污溶解,便于清洗和修刮;使肉质软化便于剔骨和整形。经过浸泡,使咸度降低,避免烟熏干燥后表面出现白色"盐花",影响商品外观。

(5) 剔骨、修刮和再整形:培根的剔骨要求很高,只允许用刀尖划破骨表面的骨膜,然后用手将骨轻轻扳出。刀尖不得刺破肌肉,否则生水侵入而不耐保藏。修刮是刮尽残毛和皮上的油腻。经过初步整形的坯肉,在腌制过程中,由于堆压使肉坯形状改变,故要再次整形。把不成直线部分的边肉修齐,使肉的四边成直线。至此便可穿绳、吊挂、沥水,6~8h后即可进行烟熏。在挂架时,左右不要靠得太近,以免影响烟熏上色和蒸煮。

(6) 烟熏:用硬质术先预热烟熏室。待室内平均温度升至所需烟熏温度后,加入木屑,挂进肉坯。烟熏室温度一般保持在60℃~70℃,烟熏时间8h左右。烟熏结束后自然冷却为成品。出品率约83%。

如果储存,宜用白蜡纸和薄尼龙袋包装。不包装吊挂或平摊,一般可以保存 1~2个月。

二、中式传统烟熏制品

我国传统熏制品的加工,大多是在煮熟之后进行熏制,如熏肘子、熏猪头、熏鸡、熏鸭等。经过熏制加工以后产品呈金黄色,表面干燥,有烟熏香味。

(一) 哈尔滨熏鸡

1. 老汤配料

清水100kg、味精50g、精盐8kg、酱油3kg、花椒300g、桂皮200g、大茴香300g、姜150g、大蒜150g、葱150g。

花椒、桂皮、大茴香装入一个纱布口袋,姜、蒜、葱装入一个纱布口袋,连同其余配料一同放入锅中,加热煮沸后待用。

2. 工艺流程

选料初加工 → 紧缩 → 煮制 → 熏制 → 成品

3. 操作要点

(1) 选料初加工:选好的肥母鸡,经过宰杀、褪毛、摘去内脏,将爪弯曲插入鸡的腹内,头夹在翅膀下,放在冷水中浸泡10h,取出后沥干水分。

(2) 紧缩:将沥干水分的鸡放在沸开的老汤中初煮 10~15min,使其表面肌肉蛋白质迅速凝固变性,消除异味,易于吸收配料。

（3）煮制：将初煮紧缩的鸡重新放入老汤中煮制，温度保持在90℃左右，不宜沸煮，经3~4h煮熟捞出。

（4）熏制：将煮熟的鸡单行摆在熏屉内装入熏锅或熏炉中进行熏制。熏烟的调制通常把白糖与锯末混合（糖与锯末的比例为3:1），放入熏锅内。干烧锅底使其发烟，约熏20min左右即为成品。

4. 质量标准

熏鸡呈浅褐色。鸡型完整，不破皮，无绒毛，肉质不硬又不过烂，味深入鸡身内部，鸡上不附任何杂物。具有较浓的熏鸡香味，无异味。鲜美可口，咸淡适度。

（二）沟帮子熏鸡

沟帮子熏鸡是辽宁省著名的风味特产之一，已有近百年的历史。制品呈枣红色，香味浓郁，肉质细嫩，具有熏鸡独特的香味。

1. 配料

当年的嫩公鸡10只，约7.5kg，食盐250g，香油25g，白糖50g，味精5g，陈皮3.8g，桂皮3.8g，胡椒粉1.3g，香辣粉1.3g，五香粉1.3g，砂仁1.3g，豆蔻1.3g，山奈1.3g，丁香3.8g，白芷3.8g，肉桂3.8g，草果3.8g。

2. 工艺流程

原料整理 → 煮制 → 熏制 → 成品

3. 操作要点

（1）原料整理：公鸡宰杀煺毛后用腹下开膛，取出内脏，用清水浸泡1~2h，待鸡体发白后取出，在鸡下胸脯尖处割一小圆洞，将两腿交叉插入洞内，用刀将胸骨及两侧软骨折断，两翅交叉插入口腔，使之成为两头尖的造型。鸡体煮熟后，脯肉丰满突起，形体美观。

（2）煮制：先将老汤（原来制作的汤汁）煮沸，取适量老汤浸泡其余配料约1g，然后将鸡入锅，加水以淹没鸡体为度。煮时先用大火煮沸后改用小火慢煮，以防火大致皮裂开。煮到半熟时再加入盐，嫩鸡煮1.5h，老鸡约2h即可出锅。出锅时应用特制搭勾轻取轻放，保持体形完整。

（3）熏制：出锅后趁热在鸡体上刷一层芝麻油，放入带有铁箅子的锅内（铁箅子中间设有投糖孔，以便随时加糖），锅底起急火，待锅底微红时，将白糖投入锅底，迅速将锅盖盖严，约2min后揭盖，迅速将鸡体翻个身，再盖锅熏制2~3min后即可出锅。出锅后再在鸡体上刷一层芝麻油，以增加香气和保藏性。

4. 质量标准

形状美观，色泽枣红明亮，味道芳香，肉质细嫩，烂而连丝，风味独特。

（三）北京熏肉

1. 配料

猪肉 100kg,盐 2.4kg,味精和花椒各 100g,八角、小茴香各 15g,桂皮 50g,葱、姜、料酒、红曲、白糖各适量。

2. 工艺流程

原料整理 → 煮制 → 熏制 → 成品

3. 操作要点

(1) 原料处理:最好选用皮薄肉嫩的生猪,取其前后腿的新鲜瘦肉,用刀去毛、刮净杂质,切成肉块,用清水泡洗干净,或者入冷库中用食盐腌一夜。

(2) 煮制:将肉块放入开水锅中煮 10min,捞出后用清水洗净。把汤汁撇去浮沫,滤去杂质后再放入锅中,加盐,重新放入肉块,加花椒、八角、小茴香、桂皮、葱、姜,用大火烧开后加料酒、红曲,煮 1h 后加白糖,改用小火,煮至肉烂汤黏时出锅,出锅前加味精拌匀。

(3) 熏制:把煮好的肉块放入熏屉中,用锯末熏制 10min 左右,出屉即为成品。

4. 质量标准

北京熏肉呈红褐色,熏制均匀,块型完整,不脱落,无猪毛,无附着脏物,煮制熟透,味渗入肉块内。具有猪肉的熏香味,咸淡适口,无异味。

三、烤制品

（一）广东脆皮乳猪

1. 配料

小肥猪 1 只(5～6kg)、香料粉 7.5g、食盐 75g、白糖 150g、干酱 50g、芝麻酱 25g、南味豆腐乳 50g、蒜和酒适量,麦芽糖溶液少许。

2. 工艺流程

原料整理 → 腌制 → 晾挂 → 烤制 → 成品

3. 操作要点

(1) 原料整理:选健康无病的小肥猪(吃奶小活猪 1 只)。屠宰后,去净身上所有的猪毛及污物,挖净内脏,洗净。

(2) 腌制和晾挂:取乳猪胴体(不劈半),将香料和食盐混匀涂于乳猪胸腹内腔,注意不要抹在猪身上,否则烤出的颜色不好看,而且达不到皮脆的效果。腌 10min 后,再在内腔中加入其余配料,用长铁叉从猪后腿穿至嘴角,再用 70℃ 热水烫皮,将麦芽糖溶液浇身,通风吹干表皮。

(3) 烤制:明炉烤法是用铁制的长方形烤炉,将炉内的炭烧红后;把腌制好的乳猪放在炉上烧烤。先烤乳猪的内胸腹部,约烤 20min 后再在腹腔安装木条支撑,使乳猪成型,顺次烤头、尾、胸、腹部的边缘部位和猪皮。猪的全身特别是较厚的颈部和腰部,需进行针刺和扫油,使其迅速排出水分,保证全猪受热均匀。使用明炉烤法,需有专人将乳猪频频滚转并不时针刺和扫油,费工较大,但质量好。

挂炉烤法是用一般烧烤鹅鸭的炉,先将炉温升至200℃~220℃,将乳猪挂入炉内,烤30min左右。在猪皮开始变色时,取出刺针,并在猪身泄油。此时,用干净的棕扫刷将油刷匀。

当乳猪烤至皮脆肉熟、香味浓郁,即为成品。

4. 质量标准

广东脆皮乳猪色泽红亮,皮脆肉香,入口即化,猪身表面完整、整洁,表面无任何杂物,无异味。

(二)上海烤肉

1. 配料

猪肉50kg、精盐1.25kg、白酱油1.5kg、饴糖65g、五香粉30g、食用红色素微量。

2. 工艺流程

原料整理 → 腌制 → 挂炉烧烤 → 成品

3. 操作要点

(1)原料整理:选用皮薄、肉嫩、无头、无后腿的新鲜猪的半片肉,俗称段头或单刀,也可采用新鲜的肋条肉。猪肉的肥膘厚度最好在1.5~2cm之间。肥膘过厚,烤制时容易走油,影响成品率。将段头肉斩去脚爪和蹄髈,在夹心(前腿处)处割下草排(胸椎骨4根),剔出肩胛骨和肱骨,不要划破夹心肉皮,以保持外形完整。割去颈肉(槽头)和奶脯,斩掉背部排骨上突出的骨和肉,但不能斩开肥膘,否则烤制时容易走油。在肌肉厚处,依照肉的组织纹理,每隔2~3cm用刀纵向划开,便于腌制时渗入盐分。

(2)腌制:先将精盐和五香粉拌匀,将猪肉坯皮朝下,肌肉向上,平铺在案板上。然后将混匀的精盐和五香粉仔细地搓擦在全部肌肉的表面及内部,浇上白酱油,用手揉擦均匀,使配料渗入肌肉内部。注意不要让盐和酱油碰到肉皮表面,以防烤制时出现肉皮发黑的现象,影响质量。腌制10~20min后,用特制长铁扦从前腿肌肉(肱骨)处穿过胸腔,在对面肌肉处穿出。为防止烤制时肥膘走油,铁扦不能穿在肥膘上。用双吊(上面1只,下面3只铁钩)钩在料坯胸腔中部的铁钎上,把料坯挂牢,悬挂在木架上。用沸水浇烫猪皮,但不能浇到肌肉上。刮净皮上细毛及油污。皮干后,用排笔把红色素和饴糖混合液涂在皮上。溶液不宜过甜,否则烤制时容易发黑,影响质量。

(3)挂炉烤制:将料坯挂在炉中,注意肌肉对着火焰,猪皮向着炉壁。炉内温度由低到高,当达到260℃左右时,经1~1.5h的烧烤,皮面上出现小泡突起。此时肌肉已基本烤熟。取出料坯,挂于木架上,用铁梳(形似梳子,上有铁钉8~10根)在皮上不断打洞,以使空气透入,让火力达到内部,防止发生大泡。取宽的薄纸条,在冷水中浸湿后,贴在前腿和四周的肥膘上,以阻止走油和烤焦。如皮上有焦斑,用刀割下,贴上湿纸,再度挂入炉内。挂的方式和第一次相反,即皮面对着火焰,肌肉向着炉壁。待炉温升至280℃,烤30min左右,即为成品。

4. 质量标准

上海烤肉颜色呈枣红色,皮面金黄,并布满细微小泡。皮脆肉香,鲜美可口。表面无任何杂物,无异味。

(三) 广式叉烧肉

广式叉烧肉又称"广东蜜汁叉烧",是广东著名的烧烤肉制品之一,也是我国南方人喜食的一种食品。广式叉烧具有色泽鲜明,光润香滑的特点。

1. 配料

猪肉10kg、精盐0.15kg、酱油(原汁)0.5kg、白糖0.75kg、50度白酒0.2kg、麦芽糖0.5kg、香油0.14kg。

2. 工艺流程

选料 → 切条 → 腌制 → 烤制

3. 操作要点

(1) 选料:选去皮的猪前腿或后腿瘦肉为原料。

(2) 切条:将选好的原料肉切成长38~42cm,宽4~5cm,厚1.5cm,重250~300g的肉坯。

(3) 腌制:把切好的肉坯放入盆内,加入酱油、白糖、精盐、拌匀,腌制40~60min,每隔20min翻动一次,待肉坯充分吸收辅料后,加白酒、香油拌匀。然后将肉一条条穿铁排环上,每排穿10条左右,适当晾干。

(4) 烤制:将炉温升至100℃,然后把铁排环穿好的肉条挂入炉内,关上炉门,炉温升至200℃左右,进行烤制25~30min。在烤制过程中,注意调换方向,转动肉坯,使其受热均匀。肉坯顶部若有发焦,可用湿纸盖上。肉坯烤好出炉后稍稍冷却,然后放进麦芽糖溶液内,或用热麦芽糖溶液浇在肉坯上,再放到炉内,烤制约3min,取出,即为成品。

4. 质量标准

广式叉烧肉颜色为红褐色,条形整齐,不软不硬;具有浓郁的烧烤肉香味,香中带甜,甜中透香;表面无任何杂物,无异味。

(四) 北京烤鸭

北京烤鸭历史悠久,在国内外享有盛名,是我国著名特产。它具有色泽红润,皮脆肉嫩、油而不腻、酥香味鲜的特点。

1. 工艺流程

选料 → 宰杀造型 → 冲洗烫皮 → 浇淋糖色 → 灌汤打色 → 挂炉烤制

2. 操作要点

（1）选料：烤鸭的原料必须是经过填肥的北京填鸭。饲养期55~65日龄，活重2.5~3kg。

（2）宰杀造型：填鸭经宰杀、放血、褪毛后，将鸭体置案板上，从小腿关节处切去双掌，并割断喉管和气管，拉出鸭舌。然后从颈部开口处拉出食管，并用左手拇指顺着食管外面向胸脯推入，使食管与周围薄膜分开，再将食管塞进喉管内，用打气工具对准喉刀口处，徐徐打气，使气体充满鸭的全身，把鸭皮绷紧，鸭体膨大。从鸭翅膀根开一刀口，取出内脏洗净。再取7cm长的高粱秆，两端分别削成三角形和叉形，伸入鸭腹腔内，顶在三叉骨上，使鸭胸脯隆起。这样在烤制时，形体不致扁缩。

（3）冲洗烫皮：将清水从刀口处灌入腔内，晃动鸭体后从肛门排水，如此反复清洗数次。用钩子在离鸭肩3cm的颈中线上，紧贴颈骨右侧肌肉穿入，挂牢。再用沸水往鸭皮上浇烫，先烫刀口处，再均匀烫遍全身，以使毛孔紧缩，皮肤绷紧，便于烤制。

（4）浇淋糖色：糖色的配制：用麦芽糖与水的比例为1∶6，在锅内熬成棕红色。熬好后趁热向鸭体浇淋，浇淋的方法同烫皮，先淋两肩，后淋两侧。浇挂糖色的目的是使鸭体烤后呈棕红色，表皮酥脆。

（5）灌烫打色：鸭坯烫皮上糖色后，先挂阴凉通风处干燥，然后向体腔内灌入70~100mL开水，鸭坯进炉后便激烈汽化。这样外烤内蒸，达到制品成熟后外脆里嫩的特点。为防止前面浇淋糖色有不均匀的现象，鸭坯灌烫后，要再浇淋一遍糖色，叫打色。

（6）挂炉烤制：鸭坯进炉先挂炉膛前梁上，刀口一侧向火，让炉温首先进入体腔，促使体内的水汽化，使之快熟。待到刀口一侧鸭坯烤至橘黄色时，再把另一侧向火，烤到同刀口一侧同色为止。然后用烤鸭杆挑起旋转鸭体，烘烤胸脯、下肢等部位。这样左右翻转，反复烘烤，使整个鸭体都烤成橘红色，便可送到烤炉的后梁，背向红火，继续烘烤，直至鸭全身呈枣红色后出炉。

鸭坯在炉内烤制时间一般为30~40min，炉温掌握在230℃~250℃为宜。炉温过高，时间过长，会使鸭坯烤成焦黑，皮下脂肪大量流失，皮如纸状，形如空洞，失去了烤鸭脆嫩的特点。时间过短，炉温过低，会造成鸭皮收缩，胸脯下陷和烤不透，影响烤鸭的质量和外形。另外，鸭坯大小和肥度与烤制时间也有密切关系，鸭坯大，肥度高，烤制时间就长；反之则短。

3. 质量标准

烤鸭颜色呈枣红色,表面油光发亮,皮脆肉嫩,香味浓郁;鸭体表皮完整、整洁,不沾有任何杂物。

（五）烤肉

1. 原料配方

夹心腿肉100kg,精盐2.5kg,白酱油2.5kg,五香粉200g,50度白酒2kg,白糖1 000g。

2. 生产工艺

原料处理→浸料→烤制

3. 操作要点

（1）原料处理:选用皮薄肉嫩的猪肋条肉或夹心腿肉,刮去皮上余毛、杂质。切成长约40cm、宽约13cm的长条,洗净,待水分稍干后备用。

（2）浸料:白糖加适量水在锅中熬成糖水待用。其他配料与原料肉拌匀,浸渍30min后取出挂在铁钩上晾干,将糖水均匀涂在肉和皮表面上,约30min后即可入炉烤制。

（3）烤制:将肉条皮面向上,肉面向下放入烤炉,炉温200℃~300℃,大约烤1.5h,待肉基本烤熟后取出,用不锈钢针在皮面上戳孔,然后肉面向上,再入炉烤皮面,时间约0.5h,待皮面烤至起小泡、颜色金黄、油润光亮时即可出炉。

4. 质量标准

烤肉颜色金黄,油润光亮,表皮有小泡,皮脆肉香。肉条整齐,不沾有任何杂物,无异味。

模块十　其他肉制品加工

一、油炸制品加工

油炸制品是以油脂为介质对处理后的肉料进行热加工而生产的一类产品。油炸使用的设备简单,制作简便。油炸制品具有香、脆、松、酥,色泽美观等特点。油炸除达到制熟的目的外,还有杀菌、脱水和增进风味等作用。

（一）炸乳鸽

炸乳鸽是广东的著名特产,炸乳鸽营养丰富,是宴会上的名贵佳肴。

1. 原料选择与整理

选用2月龄内,体重在550~650g的乳鸽。将乳鸽宰杀后去净毛,开腹取出内脏,洗净体内外并沥干水分。

2. 配料

乳鸽10只（约6kg）,食盐0.5kg,清水5kg,淀粉50g,蜜糖适量。

3. 浸烫

先将食盐放入清水锅煮沸,然后将鸽坯放入微开的盐水锅内浸烫至熟。捞出挂起,用布抹干乳鸽表皮和体内的水分。

4. 挂蜜汁

用500g水将淀粉和蜜糖调匀后,均匀涂在鸽体上,然后用铁钩挂起晾干。

5. 淋油

晾干后用旺油返复淋乳鸽全身至鸽皮色泽呈金黄色为止,然后沥油晾凉即为成品。

6. 产品特点

成品皮色金黄,肉质松脆香酥,味鲜美,鸽体完整,皮不破不裂。

(二) 炸猪排

炸猪排选料严格,辅料考究,全国各地均有制作,是带有西式口味的肉制品。

1. 原料选择与整理

选用猪脊背大排骨,去除血污杂质,洗涤后按骨头的界线,将一根骨剁成8~10cm的小长条状。

2. 原料辅料

猪排骨50kg,食盐750g,黄酒1.5kg,白酱油1~1.5kg,白糖250~500g,味精65g,鸡蛋1.5kg,面包粉10kg,植物油适量。

3. 腌制

将除鸡蛋、面包粉外的其他辅料放入容器内混合,把排骨倒入翻拌均匀,腌制30~60min。

4. 上糊

用2.5kg清水把鸡蛋和面包粉搅成糊状,将腌制过的排骨逐块地放入糊浆中裹布均匀。

5. 油炸

把油加热至180℃~200℃,然后一块一块地将裹有糊浆的排骨投入油锅内炸制10~12min,炸至黄褐色发脆时捞起即为成品。

6. 产品特点

炸排骨外表呈黄褐色,内部呈浅褐色,块型大小均匀,挂糊厚薄均匀,外酥里嫩,不干硬,块与块不粘连,炸熟透,味美香甜,咸淡适口。

二、发酵肉制品加工

发酵肉制品是指肉制品在加工过程中经过了微生物发酵,由特殊细菌或酵母将糖转化为各种酸或醇,使肉制品的pH降低,经低温脱水使水分活度(A_w)下降加工而成的一类肉制品。

（一）发酵肉制品的种类

发酵肉制品主要是发酵香肠制品和火腿,常见的分类方法主要有以下三种。

1. 按产地分类

这类命名方法是最传统也是最常用的方法,如黎巴嫩大香肠、塞尔维拉特香肠、欧洲干香肠、萨拉米香肠。

2. 按脱水程度分类

根据脱水程度可分成半干发酵香肠和干发酵香肠。

3. 根据发酵程度分类

根据发酵程度可分为低酸发酵肉制品和高酸发酵肉制品。

（二）发酵肠的加工

1. 工艺流程

原料肉→预处理→腌制→斩拌→接种→灌制→发酵→烟熏→成熟→真空包装→成品

2. 工艺要点

（1）原料肉:酸度<7度,pH 5.6~5.8,杂菌数<1.0×10^5fu/g,A_w<0.96,脂肪以猪背部脂肪为好。

（2）预处理:剔除皮骨,切成30~50g肉丁。

（3）腌制:0℃~4℃,48h。

（4）斩拌:瘦肉切成粒状。

（5）接种:液球菌、酵母、霉菌。

（6）发酵:35℃~38℃。

（7）烟熏:可用温熏法,40℃,1h。

（8）成熟:干肠需45~60天成熟。

 单元小结

本单元主要讲解肉的基础知识与品质鉴别、原料肉的结构与特性、屠宰后肉的变化、畜禽的屠宰与分割、肉的贮藏与保鲜、肉品加工辅料及特性、腌腊肉制品、香肠制品、酱卤制品、熏烤制品、干肉制品、发酵肉制品、油炸肉制品等方面的内容。

本单元首先从营养学的角度介绍了肉的四种组织结构:肌肉组织、脂肪组织、骨组织、结缔组织,其中肌肉组织和脂肪组织是人类利用的主要部分。肌肉组织包括横纹肌、平滑肌和心肌。从宏观和微观的角度较为详细地阐述了该组织的结构和功能,可根据其形态特征结合肉品加工选择不同的肌肉组织；脂肪组织存在于畜禽体的各个部位，与肉的风味有重要关系。肉的化学组成主要包括蛋白质、脂肪、碳水化合物、维生素、矿物质和水等，简单介绍了肉品中这些成分的含量、特征及对肉品质的影响因素。

肉的物理性质主要有密度、色泽、风味、持水性、pH和嫩度等，这些性质直接影响着肉的食用品质和加工性能。其中色泽的重要意义在于消费者可通过其对肉的新鲜程度和品质好坏作出初步判断；肉的风味包括气味和滋味，可通过人的嗅觉和味觉器官而反映出来；持水性对肉的品质有很大影响，其数值的高低可直接影响肉的风味、颜色、嫩度等；肉的嫩度是消费者最重视的食品品质之一，它决定了肉在食用时口感的老嫩，是反映肉质地的重要指标。

宰后肉会经历僵直、成熟和腐败三个过程。在肉品生产和加工过程中，要控制尸僵、促进成熟、防止腐败。肉的僵直是由于ATP供应受阻及其含量急速下降所致，发生僵直变化的肉不适于加工和烹调；肉的成熟使肉变得柔嫩多汁，并具有良好的风味；肉的腐败则是肉的成熟过程的深化，主要是蛋白质和脂肪的分解过程。

根据肉品各种加工辅料的特性，正确使用于肉品加工，对提高肉及肉制品的质量，增加肉制品的花色和品种，提高其营养价值和商品价值均具有重要意义。

肉的屠宰分割是肉制品加工中最先进行也是最基本的加工，只有在此加工的基础上才能进行如腌制、熏制、干制、发酵等后序加工。因此，肉的屠宰分割加工的好坏对后序加工有直接的影响。

屠宰分割过程主要包括屠畜的宰前检验和宰前管理、加工工艺流程和要点、宰后检验以及屠宰后分割肉的冷加工等几个环节。宰前检验的目的和意义是显而易见的，没有合格的原料就生产不出合格的产品。宰前检验的方法主要有群体检查和个体检查。对检验过的动物，合格的进行正常管理和屠宰，对不合格动物则根据不合格程度的轻重分别给予扑杀（禁宰）、急宰和缓宰的处理。畜禽的屠宰工艺过程主要有致昏、刺杀放血、褪毛或剥皮、开膛解体、屠体修整、检验盖印等工序。畜禽屠宰后，要进行宰后检验，主要有视检、剖检、触检、嗅检四种方法，而检验环节一般安排在加工过程中。动物屠宰和检验后，可进行肉的分割和冷加工，分割过程要对胴体进行分割、剔骨和修整，而冷加工则要进行预冷、包装和冷藏或冻结。

为最大程度地保持宰后肉在较长时间内具有较高的食用价值和商品价值，需控制微生物生长繁殖，延缓各种生化反应及控制酶的活力，因此有必要对宰后肉进行低温处理，以达到长期贮存的目的。

低温处理包括冷却冷藏和冷冻冷藏。冷却冷藏是将肉品温度降低到接近冻结温度但不冻结的一种冷加工方法，冷却方法有一段冷却法和两段冷却法，目前多采用两段冷却法。冷藏期间肉品发生的变化主要有干耗、软体成熟、变色变质等。冻结肉在冻藏过程的变化主要有物理变化、化学变化、冰晶状态变化和微生物变化。

腌腊肉制品是我国传统的肉制品之一,凡原料肉经预处理、腌制、脱水、保藏成熟而成的肉制品都属于腌腊肉制品。腌腊制品经过一个较长时间的成熟发酵,蛋白质、脂肪、浸出物分解产生风味物质,从而形成了独特的腌腊风味和红白分明的色泽,并能达到长时间保藏的目的。

腌腊制品的腌制方法有四种,即干腌法、湿腌法、混合腌制法和注射腌制法。不同腌腊制品对腌制方法有不同要求,其用盐量和腌制方法取决于原料肉的状况、温度及产品特性。

常见的腌腊制品主要有咸肉、腊肉、板鸭和中式火腿等,食用前均需熟加工。其中咸肉指我国的盐腌肉,选用新鲜或冷冻猪肉为原料,用食盐和其他调料腌制,不加熏煮脱水工序加工而成的生肉制品,其特点是用盐量多。腊肉是以鲜肉为原料,用食盐配以其他的风味辅料腌制,再经干燥(烘烤或日晒、熏制)等工艺加工制成的一类耐贮藏并具有特殊风味的肉制品。中式火腿指用猪后腿(带脚爪)经食盐低温腌制(0℃~10℃)、堆码、上挂、整形等工序,并在自体酶和微生物的作用下,经过长期成熟而成,色、香、味、形俱佳并耐贮藏的肉类制品。我国比较著名的火腿有金华火腿、如皋火腿和云南宣威火腿。

灌肠制品是以畜禽肉为原料,经腌制(或不腌制)、斩拌或绞碎而使肉成为块状、丁状或肉糜状态,再配上其他辅料,经搅拌或滚揉后而灌入天然肠衣或人造肠衣内经烘烤、熟制和熏烟等工艺而制成的熟制灌肠制品或不经腌制和熟制而加工成的需冷藏的生鲜肠。发酵香肠是将绞碎的肉和动物脂肪同盐、糖、香辛料等(有时还加微生物发酵剂)混合后灌进肠衣,经过微生物发酵和成熟干燥(或不经干燥)而制成的具有稳定的微生物特性和典型发酵香味的肉制品。

酱卤制品是畜禽肉及可食副产品加调味料和香辛料,以水为加热介质煮制而成的一大类熟肉制品,包括白煮肉类、酱卤肉类、糟肉类三类。酱卤制品的加工方法主要是两个过程:一是调味,二是煮制(酱制)。煮制的方法分为:清煮和红烧;宽汤和紧汤;大火、中火、小火等。

肉干制品是肉经过预加工后再脱水干制而成的一类熟肉制品。肉品经过干制后,水分含量低,产品耐贮藏;体积小,质量轻,便于运输和携带;蛋白质含量高,富有营养。传统的肉干制品风味浓郁。干制的原理是通过脱去肉品中的一部分水,抑制了微生物和酶的活力,提高肉制品的保藏性。肉干是以精选瘦肉为原料,经煮制、复煮、干制等工艺加工而成的肉制品。肉干按原料不同分为牛肉干、猪肉干、羊肉干、鱼肉干等;按风味分为五香、咖喱、麻辣等。肉脯是一种制作考究,美味可口,耐贮藏和便于运输的熟肉制品。肉松是我国著名的特产。肉松可以按原料进行分类,有猪肉松、牛肉松、鸡肉松、鱼肉松等,也可以按形状分为绒毛状肉松和粉状肉松。猪肉松是大众最喜爱的一类产品,以太仓肉松和福建肉松最为著名。

熏烤肉制品是肉经腌、煮后,再以烟气、高温空气、明火或高温固体为介质的干热加工制成的熟肉类制品。在熏烟中含有多种化合物,对熏烤肉制品起着不同的作用,其中酚类对呈色呈味、抑菌防腐、抗氧化具有明显作用。通过烧烤,可对肉制品起到熟化杀菌、呈色呈味作用,如广东脆皮乳猪、广式叉烧肉等。烟熏技术方面首先是合理选用烟熏材料,宜选用树脂含量少、熏烟风味好、防腐物质含量多的硬木作为熏烟材料;其次是合理选择烟熏条件,一般烟熏温度为340℃左右,并恰当地充入氧和控制湿度;最后是选用合适的烟熏方法,如可选用直接烟熏、间接烟熏、速熏等不同方法。生熏腿又称生火腿,简称熏腿,生熏腿是西式肉制品中的一个高档品种,系采用猪的整只后腿经冷藏腌制、整形、烟熏制成,成品为半干制品,肉质略带轻度烟熏味,清香爽口。去骨火腿是用猪后大腿经整形、腌制、去骨、包扎成型后,再经烟熏、水煮而成。因此,去骨火腿是熟制品,具有肉质鲜嫩的特点,但保藏期较短。培根是烟熏咸肋条(方肉)或烟熏咸背脊肉。培根的风味除带有的适口的咸味外,还具有浓郁的烟熏香味。培根食用方便,通常切成薄片蒸熟或抹上蛋液炸成"培根蛋",清香可口,为西式菜品中的上品。我国传统熏制品的加工,大多是在煮熟之后进行熏制,如熏肘子、熏猪头、熏鸡、熏鸭等。经过熏制加工以后的产品呈金黄色,表面干燥,有烟熏香味,如哈尔滨熏鸡、沟帮子熏鸡、北京熏肉等。

油炸制品是以油脂为介质对处理后的肉料进行热加工而生产的一类产品。油炸使用的设备简单,制作简便。油炸制品具有香、脆、松、酥,色泽美观等特点。油炸除达到制熟的目的外,还有杀菌、脱水和增进风味等作用。

单元综合练习

一、选择题
1. 构成猪胃肌肉的主要组织是 （ ）
   A. 骨骼肌肉组织　　B. 平滑肌组织　　C. 心肌组织　　D. 神经组织
2. 肉的持水性主要取决于肌肉对下列哪项的保持能力 （ ）
   A. 结合水　　　　　B. 不易流动水　　C. 自由水　　　D. 纯水
3. 肉类干制品的含水量一般控制在 （ ）
   A. 8%～20%　　　　B. 1%～5%　　　　C. 20%～28%　　D. 28%～38%
4. 传统板鸭生产中,采用的腌制方法是 （ ）

A. 干腌法　　　　B. 湿腌法　　　　C. 盐水注射法　　D. 混合腌制法

5. 下列哪项是我国目前广泛使用的一种畜禽致昏法　　　　　　　　　　（　　）
   A. 麻电法　　　　　　　　　　　B. 二氧化碳窒息法
   C. 机械击晕法　　　　　　　　　D. 枪击法

6. 熏烟中抗氧化作用最强的物质是　　　　　　　　　　　　　　　　（　　）
   A. 有机酸　　　　B. 醇类　　　　C. 羰基化合物　　D. 酚类

7. 腌制中式火腿的最适温度应是室温不高于8℃，腿温宜　　　　　　　（　　）
   A. 不低于0℃　　B. 低于0℃　　　C. 接近5℃　　　D. 低于自然温度

8. 下列因素中，最明显促进脂肪氧化腐败的因素是　　　　　　　　　（　　）
   A. 水　　　　　　B. 空气　　　　C. 光　　　　　　D. 细菌

9. 盐水鸭生产中，湿腌（复卤）的时间一般在　　　　　　　　　　　（　　）
   A. 8~10h　　　　B. 6~8h　　　　C. 4~6h　　　　　D. 2~4h

10. 西式肉制品尤其是香肠，最基本的调味料是　　　　　　　　　　　（　　）
    A. 花椒　　　　　B. 胡椒　　　　C. 甘草　　　　　D. 桂皮

11. 肉在贮藏过程中腐败变质后，其 pH 为　　　　　　　　　　　　　（　　）
    A. >6.7　　　　　B. 6.3~6.6　　　C. 5.8~6.2　　　D. <5.8

12. 在肉制品加工中，具有调味、防腐保鲜、提高持水性和黏着性等作用的是（　　）
    A. 蔗糖　　　　　B. 磷酸盐　　　C. 料酒　　　　　D. 食盐

13. 西式火腿中，除下列哪项为半成品，在食用前需熟制外，其他种类的火腿均为可直接食用的熟制品　　　　　　　　　　　　　　　　　　　　　　（　　）
    A. 去骨火腿　　　B. 带骨火腿　　C. 里脊火腿　　　D. 成型火腿

14. 屠畜宰前，可使肌肉保持较多的糖原，使肉 pH 降低，增加贮藏性的措施是
    　　　　　　　　　　　　　　　　　　　　　　　　　　　　　　（　　）
    A. 适当休息　　　B. 保持安静　　C. 清洁屠畜　　　D. 禁食饮水

15. 在肉制品中，添加少量的下列哪种物质可以改善产品的滋味，并能使胶原蛋白膨胀和松弛，肉质松软，色泽良好　　　　　　　　　　　　　　　（　　）
    A. 酱油　　　　　B. 食醋　　　　C. 蔗糖　　　　　D. 料酒

16. 在香肠（腊肠）生产中，烘房内烘烤时温度不宜超过　　　　　　　（　　）
    A. 40℃　　　　　B. 50℃　　　　C. 60℃　　　　　D. 70℃

17. 肉在滚揉时的温度应低于　　　　　　　　　　　　　　　　　　　（　　）
    A. 15℃　　　　　B. 18℃　　　　C. 0℃　　　　　　D. 8℃

18. 在成熟过程中，部分蛋白质发生变化，产生　　　　　　　　　　　（　　）

A. 氨基酸　　　　B. H_2S　　　　C. 腐胺　　　　D. CO_2

二、判断题

1. 蛋白质是肉中含量最多的成分,在肉中的含量的多少与很多因素有关,所以肉中的含蛋白质量是不同的。（　　）

2. 肉中水分的含量受不同动物种类,不同年龄的影响,同一个体的不同组织,相差也很大,所以肉中的含水量是不同的。（　　）

3. 构成畜禽的脂肪多为甘油三酯,组成脂肪的脂肪酸如果饱和脂肪酸的含量越多,则脂肪的熔点和凝固点就越高,脂肪也就越坚硬。（　　）

4. 不同动物的肌红蛋白数量差异很大,导致肌肉颜色各异,牛肉的颜色比猪肉的颜色深。（　　）

5. 动物在被屠宰以后,肌肉存放于缺氧状态下其颜色会逐渐变得暗红,这是由于肌红蛋白和血红蛋白处于缺氧状态的结果。（　　）

6. 快速冻结法的冻结时间长,形成的冰晶个体小,冰晶数量多,所以在结冻时肉汁流失少。（　　）

7. 在生产烤乳猪的过程中,要对乳猪原料肉进行腌制。采用的腌制工艺参数为:腌制温度30℃～40℃,腌制时间3～5天。（　　）

8. 浙江金华火腿属于中式肉制品。（　　）

9. 腊肉是以鲜肉为原料,经过腌制、烘烤等加工工艺生产而成的一类腌腊制品。（　　）

10. 酱卤肉制品是中国典型的传统肉制品。（　　）

11. 西式香肠与中式香肠的加工工艺是完全相同的。（　　）

12. 利用油脂的沸点远高于水的沸点的温度条件,对肉食品进行热加工处理的过程称为油炸。（　　）

13. 肉类冷却的短期储藏保鲜的常用温度是-18℃以下。（　　）

14. 对于含水量较高的原料肉用于生产干制品或半干肉制品时,采用最合适的腌制方法是干腌法。（　　）

15. 在肉制品加工中,用于生产成香肠的组织主要是肌肉组织。（　　）

16. 食盐是食品烹调和肉制品加工中常用的调味剂,给肉制品增加鲜味。（　　）

17. 培根(Bacon)又名烟肉,是将未经腌熏等加工的猪胸肉,或其他部位的肉熏制而成。（　　）

18. 在烧烤肉类制品的加工工艺中,必须要经过烧烤程序,否则就不能算作烧烤制品。（　　）

三、名词解释

1. 肉的风味　2. 肉的成熟　3. 腌腊制品　4. 酱卤制品　5. 肉干制品
6. 灌制品　7. 熏烤制品　8. 干腌法　9. 湿腌法　10. 混合腌法
11. 注射腌法　12. 调味

四、填空题

1. 肉是由_____、_____、_____、_____四大部分构成。
2. 畜禽屠宰后肉的成熟要经过_____、_____、_____、_____四个阶段。
3. 对检验后的肉品进行处理的方法主要有_____、_____、_____、_____、_____。
4. 肉品加工中常使用的发色剂主要有_____、_____两种,它们自无颜色。
5. 肌肉组织是构成肉的主要组成部分,可分为_____、_____、_____等三种,占胴体的50%～60%。
6. 影响肉成熟的主要物理因素为_____、_____、_____。
7. 畜禽屠宰后检验的方法主要有_____、_____、_____、_____四项检验方法。
8. 肉中的浸出物主要有_____、_____、_____、_____。
9. 影响肉成熟的三个主要因素有_____、_____、_____。
10. 畜禽宰杀放血的方法主要有_____、_____、_____。
11. 影响肉颜色的内在因素主要有_____、_____、_____、_____。
12. 影响肌肉颜色的外部因素主要有_____、_____、_____、_____、_____。
13. 肉的新鲜度检验主要进行_____、_____、_____、_____等几项检验。
14. 味精的种类主要有_____、_____、_____三大类。
15. 肠衣的两大种类为_____、_____。
16. 酱卤制品的煮制方法有_____、_____。
17. 酱卤制品的煮制火力可分为_____、_____、_____。

五、简答题

1. 什么叫肉？肉的成熟分哪几个阶段？
2. 制作烧鸡刷糖时,糖(或蜂蜜)与水的比例是多少？油炸的作用是什么？熏鸡熏完之后为什么要及时刷香油？
3. 中西肠主要有哪些区别？

4. 僵直肉、成熟肉、腐败肉各有何特点？
5. 家禽烫毛的适宜水温是多少？水温的高低对熏烤制品和酱卤制品有何影响？
6. 酱卤制品调味方法有几种？各有什么作用？
7. 鸡的屠宰有几种方式？各有何优缺点？
8. 灌肠加工中烘烤的作用是什么？
9. 腌制肉类用的主要原料有哪几种？食盐在腌制中的主要作用是什么？
10. 肉品干制的原理是什么？干肉制品主要有哪几种类型？
11. 烤好的灌肠其特征如何？
12. 熏烤制品的熏烟中主要有哪些有益物质？熏烤对制品有何作用？
13. 肉品加工中主要有哪些腌制方法？各有何优缺点？
14. 成熟肉有哪些特征？
15. 简述畜禽宰前休息的意义。
16. 畜禽宰前断食的目的。
17. 简述肉的辐射贮藏原理。
18. 简述气调保鲜肉的原理。
19. 简述酱卤制品的特点。
20. 简述调味的作用。

六、论述题

1. 请详细写出烧鸡（实验室）的加工技术。
2. 叙述腊肠的制作过程。
3. 叙述肉松制作的详细过程。

单元四

畜禽副产品加工

 单元概述

本单元共分四个模块,第一模块为血液加工,主要阐述了血液的性质与组成、血液的采集、血液防凝、血液保藏、血液产品的加工工艺;第二模块为脏器加工,主要介绍了脏器的采集与保藏方法、肠衣的加工、鹅肥肝的加工;第三模块为骨骼和油脂加工,阐述了骨骼的利用、骨油和骨粉以及骨胶的加工方法;第四模块为畜皮和羽毛加工,介绍了畜皮的初加工、食用猪皮的加工、羽毛的采集与贮藏、羽毛粉的加工工艺。通过本单元学习,要求学生掌握以下目标:

❋ **知识目标**

1. 掌握血液的加工方法
2. 了解血粉的营养特性
3. 掌握脏器的保存方法
4. 掌握骨骼、骨油的加工方法
5. 掌握油脂的加工方法
6. 了解畜皮的化学组成
7. 掌握畜皮的保藏、鞣制方法
8. 了解羽毛的加工工艺

❋ **技能目标**

1. 熟练进行畜禽食用血的制作
2. 能熟练制作血粉
3. 运用正确的方法进行脏器的贮藏与加工
4. 熟练进行骨骼和油脂的加工

5. 熟练运用正确的方法，对畜皮进行初步加工
6. 熟练进行羽毛的加工

模块一　血液加工

家畜血液约占体重的8%，屠宰后可收集血液占屠宰后畜重的4%~5%。血液干物质含量约为20%，含有丰富的蛋白质、矿物质、维生素和酶类，其中白蛋白、球蛋白、纤维蛋白和血红蛋白约占血液的18%。

畜禽血含有12%左右的蛋白质及各种盐类，是营养丰富的全价蛋白资源。比利时、荷兰等国家将禽血掺入到红肠制品中；日本已利用畜禽血液加工生产血香肠、血饼干、血罐头等休闲保健食品；法国则利用动物血液制成新的食品微量元素添加剂。近年来，我国相继开发出了一些血液产品，如畜禽饲料、血红素、营养补剂、超氧化物歧化酶等高附加值的产品。

畜禽血浆含有多种氨基酸及微量元素，采用新鲜无病疫、无杂质污染的畜血可做食品的优质添加剂和营养补强剂，加入到香肠中，能起乳化作用，使产品持水性强，弹性好；添加到面包中去，可使面包增色，产品保型性好，不易老化；添加到糕点、饼干、挂面、大豆蛋白肉、餐菜等食品、菜肴中都能产生较好的效果。

一、牲畜血液的性质

刚从牲畜体内流出的血为红色、不透明、微碱性的液体，稍带黏性，有咸味或特殊臭味。牲畜血液从血管或放血口流出来时是液态，如果静置不动，5~10min 后即变黏稠，并结成红色胶冻物。血在液体状态中就形成丝状的纤维，结成网状，布满液体中。此时血液已失去液体的特性，凝成块状，这种现象俗称凝固。血液凝固是血浆由溶胶状变为凝胶状的过程。

牲畜血液呈弱碱性，pH 7.3~7.5。一般血液的酸碱度是指血浆的 pH，血细胞的 pH 约为7.1。血液本身有缓冲作用，即使不断增加碳酸，仍可保持 pH 在 7.4 左右。

牲畜血的比重在1.041~1.057 的范围内，通常在 1.05~1.06 之间。血液的比重和血中蛋白质的含量大致成比例。

血的黏度主要来源于血细胞，血浆及已溶血的黏度很低。水、血浆、全血黏度之比为 1:(1.7~2.0):(3.6~5.4)。

二、牲畜血液的组成

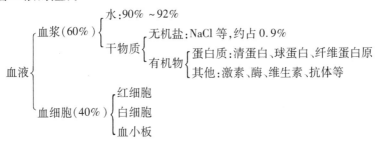

图 4-1　牲畜血液的组成

在牲畜血液的组成中（图 4-1），干物质占 18%～23%，其余是水。在干物质中，有机化合物占 17%～22%，无机化合物占 0.6%～1%。血浆中的干物质主要由蛋白质和盐类（表 4-1）所组成。血浆蛋白质包括清蛋白、球蛋白、纤维蛋白原三种，占血浆总量的 6%～8%。纤维蛋白原在血液凝固中起着重要作用。

血浆中还含有一些无机盐，其含量在正常条件下比较恒定，约占 0.9%。此外，血浆中还含有少量激素、酶、维生素和抗体等物质。

血细胞包括红细胞、白细胞和血小板。红细胞是血液中的主要组成部分，它是红色、圆形的球体，红细胞中水分约占 60%，干物质约占 40%。干物质中主要是血红蛋白，占 90%，其余 10% 为其他蛋白、类脂质、葡萄糖和无机盐（表 4-1）。

表 4-1　牲畜血浆中干物质的组成

成分	含量/%	成分	含量/%	成分	含量/%
蛋白质	8.00	钠	0.35	氯	0.38
葡萄糖	0.06	钾	0.02	重碳酸盐	0.16
胆固醇	0.12	钙	0.015	硫酸盐	0.21
卵磷脂	0.17	镁	0.003	磷酸盐	0.14

白细胞是无色、有核的球体，体积比红细胞大，数量比红细胞少得多。白细胞含有普通细胞的成分，如蛋白质、核蛋白、脂类、卵磷脂、胆固醇、酶和无机盐，并有相当多的蛋白酶。

血小板是一种小而无核的不规则形小体，其主要功能是参与血液的凝固过程。

三、牲畜血液的采集、防凝和保藏

（一）牲畜血液的采集

无论制造任何血产品，采集的血液必须避免污染。采集牲畜血液时，应按照它的用途要求来进行。用做食用和医疗产品的血液比用做工业产品的血液的卫生技术条件和要求高，需要特别的工具和器皿。特别应该强调的是，用做食用、医疗、饲料添加剂的牲畜血液必须来源于经检疫后确认健康的牲畜。

采集牲畜血液的容器因加工目的不同而不同，如加工血粉可用塑料容器；如需使血液凝固，贮放容器可以是圆桶形或箱形；脱纤维蛋白血或加入抗凝剂的血，应存放在奶罐型的容器中，此类容器以不锈钢容器为最理想。

为了防止牲畜血液腐败，采集的血液要尽快运往加工厂。牲畜血液必须在密封容器中运输，一为防止渗出，二为防止污染。

(二) 牲畜血液的防凝

牲畜血液中的凝血酶使血浆内溶解的蛋白质——纤维蛋白原成为线状不溶性的纤维蛋白。这些线状物结成网，缠结血浆中的成型物成为凝块。许多血液产品对原料牲畜血液的要求必须是液态的。也就是说，需要脱去纤维蛋白的血。因此，防止血液凝固已成为必须要解决的问题。

为了防止血液凝固，保持血液的液体状态，通常使用以下两种方法。

1. 在牲畜血液中加抗凝剂

常用的抗凝剂有草酸盐、柠檬酸钠、乙二胺四乙酸（EDTA）、肝素。因为草酸盐有毒，加工食用血产品或制取医用血产品时，禁用草酸盐。草酸盐、柠檬酸钠、EDTA、肝素的使用应严格按照国家有关法规、规定使用。

抗凝剂最好以固体盐的形式贮存，使用前配成溶液。有的抗凝剂溶液有毒，尤其是肝素，绝不能与食品接触，安全问题绝不能掉以轻心。

2. 用搅拌方法脱去血液纤维蛋白

搅拌方法，一是用血液搅拌脱纤维机除去纤维蛋白，二是用人工方法脱去纤维蛋白。人工方法就是用表面粗糙的木棒或长柄的毛刷不停地用力在盛入容器中的血液中搅拌，纤维蛋白就被破坏，一部分附着在木棒或毛刷上，另一部分漂浮在血液表面上（纤维蛋白的比重为 0.8，血液的比重为 1.055），这样就可以将纤维蛋白与液态血分离。当把脱纤维蛋白的血液灌入另一容器时，经过过滤，纤维蛋白即可沥出。被脱去纤维蛋白的血液，可保持其液态特性。

在人工搅拌脱血纤维蛋白时，可从血液中得到 12% 左右的血液纤维蛋白，可用做加工饲料、肥料和其他血液制品。

(三) 牲畜血液的保藏

牲畜血液富含营养，是细菌繁殖最好的培养基。血液在空气中暴露较长时间后，细菌的数量便会很快增殖起来。当血液腐败以后，就会产生一种难闻的恶臭味，这是由于血蛋白被细菌分解的缘故。

所谓牲畜血液的保藏,就是要设法防止细菌的繁殖和血蛋白本身的分解。牲畜血液的保藏可采用干燥保藏、冷藏和化学保藏等方法。干燥保藏就是把牲畜血液干燥成血粉保藏,把血液经过干燥制成的血粉,其化学成分及蛋白质都保持不变。

在冬季气温很低的地区,可以采用冷冻的方法来保藏血液。血液的冻点为 0.56℃。当血液冷冻时,细菌也停止活动。冷冻过的血液再熔化后制成血粉,其化学成分及蛋白质保持不变。用于食用的牲畜血液,在脱纤维蛋白的血液中加入 10% 的细粒食盐,搅拌均匀,置于 5℃~6℃ 的冷藏室内,可以保藏 15 天左右。

化学保藏就是采用化学药剂来防止或抑制牲畜血液里的细菌繁殖,可使血液的白蛋白不分解。但是这些化学药品大部分对人体有害,使血液不能食用。因此,化学保藏法不适宜用于保藏用于医用、饲用、食用血液制品的牲畜血液。化学保藏法常用的化学药品是结晶石炭酸。

四、牲畜血液产品的制取

牲畜血液富含蛋白质,可以加工成多种血液制品,广泛应用在食品、医药、轻工、饲料工业。

(一) 血浆

血浆含有蛋白质及各种盐类,是一种营养丰富的全价蛋白,是优质的食品添加剂。以猪血浆为例,添加到西式糕点、中式糕点、饼干、挂面、大豆蛋白肉、餐菜等食品、菜肴中都能产生较好的效果。加入到香肠中,能起乳化作用,使产品持水性强、弹性好;添加到面包中,可使面包增色、产品保型性好、延长保质期。

从牲血中分离制取血浆,设备投资少,工艺技术简单。制备血浆的主要设备是牛奶分离机。组成血液的血浆和血细胞的比重分别为 1.024 和 1.09。血液在高速旋转的离心机中,比重大的血细胞由于受到较大的离心力,迅速流入分离体的四周,顺外壁流出;比重小的血浆部分则聚集于分离体的中间圆孔逐渐上浮,通过上孔甩出钵体,达到分离的目的。

制取血浆时,为确保分离效果,控制温度不低于 18℃~26℃,分离机的转速不能低于 6 000 r/min。控制好流入分离机的血液流量,这样才可以保证制备血浆的质量。因血浆用于食品,作为制备血浆的牲畜血液必须是经检疫后确认是健康牲畜的血液。

(二) 血炭

血炭在轻、化工业中用做脱色、脱臭剂,应用于制糖、制酒、医药工业。

血炭的生产工艺简述:取分离血浆后的有形物加碳酸钾(比例为 8:1)搅拌,搅拌均匀后加热干馏,干馏后冷却。温水洗涤回收碳酸钾,最后以稀盐酸漂洗,再用温水洗至中性。烘干(120℃ 以下),研磨成粉,即得成品血炭。

(三) 血粉

血粉按用途不同,可分为饲用血粉和工业用血粉。

1. 饲用血粉

饲用血粉是用凝固牲畜血经干燥、粉碎而制成的产品。

血粉是配合饲料中很好的动物性蛋白质和必需氨基酸来源,其粗蛋白质含量高于鱼粉、肉粉,色氨酸、赖氨酸含量很高,甚至超过鱼粉。此外,血粉中还含有多种维生素和微量元素。据测定,鸡对血粉中粗蛋白质的消化率为87%,粗脂肪的消化率为90%。用血粉喂鸡,赖氨酸的利用率高于鱼粉、大豆饼。饲用血粉用做鸡、猪的动物性蛋白质补充料,喂饲量一般为配合饲料的5%,雏鸡则为3%。

(1) 工艺流程:

新鲜牲畜血 → 采集 → 煮血 → 压榨脱水 → 干燥 → 粉碎 → 检验 → 包装

(2) 工艺说明:

① 新鲜牲畜血采集时,按全血量的1%左右加入经粉碎后的生石灰粉末,并在血凝之前进行搅拌,使生石灰均匀地分布到血液中。

② 煮血时,要边加热边搅拌,直到形成松脆的血块。

③ 压榨脱水后,要使熟血含水量在50%以下。

④ 干燥时,热空气温度不要超过60℃,在日照较强地区也可在晒场上晒干。

⑤ 成品血粉含水量不能超过8%,否则很难贮存。包装好的血粉成品要保存于通风阴凉干燥处。采集血液时加石灰粉末的血粉可以保存一年,未加石灰粉末的血粉只能保存一个月。

2. 工业用血粉

工业用血粉又称喷雾干燥血或黑血蛋白,呈深红褐色粉状,含水分5%~8%,灰分10%~15%,能溶于水。

工业用血粉的用途广泛,在胶合板工业中用做黏合剂,皮革工业中用做蛋白质抛光剂,沥青乳胶中做稳定剂,陶瓷制品中用做泡沫稳定剂和分解过氧化氢的催化剂,也可用做杀虫剂和杀真菌剂的稳定剂、扩散剂和黏着剂。

(1) 工艺流程

脱纤维蛋白血液 → 过滤 → 喷雾干燥 → 冷却 → 包装

(2) 工艺说明:

① 加工工业用血粉的原料血为脱纤维蛋白血,制备好的脱纤维蛋白血应在几小时内进行加工。如暂不能加工,须置于4℃条件下贮存。

② 过滤是为了除去血纤维蛋白和杂质,为喷雾干燥提供合格的原料。

③ 包装通常用聚乙烯袋,这样的包装有利于贮藏,贮藏可达5年之久。

(3) 血粉质量标准:

① 物理指标:外形:能通过2mm筛的细粉,血粉及其水溶液应无特殊腐臭气味;颜色:带有极小差异的红褐色;胶的浓度:带红色光泽的黑色胶冻状。

② 化学成分指标见表4-2。

表4-2 血粉的化学成分指标

项目	优等	一般
可溶性蛋白质含量/%	≥85	≥75
水分含量/%	≤11	≤11
脂肪含量/%	≤0.4	≤0.4

（四）血液泡沫剂

用脱纤维蛋白的牲畜血液制得的泡沫剂是褐色透明液体,一经搅动就产生泡沫。泡沫剂是制造泡沫混凝土的原料,泡沫混凝土体轻,每立方米仅重30kg,可用于冷藏库绝缘用。

1. 生产工艺

脱纤维蛋白牲畜血液 → 加热碱化 → 加酸中和 → 过滤 → 成品

2. 工艺说明

（1）加热到90℃,所加碱为烧碱溶液,加碱后在90℃下持续3h后,停止加热。

（2）温度降到60℃时,加盐酸,中和至pH 7.0。

（3）滤去沉淀物,即得茶色透明液体泡沫剂。

用血液泡沫剂制作泡沫混凝土时,应加入硫酸亚铁作泡沫稳定剂(加入量为泡沫剂量的5%)。用机械搅拌,使其成为泡沫时再倾注入水泥中,即可制成泡沫混凝土。

（五）水解蛋白

水解蛋白具有滋润肌肤,延缓皮肤老化过程,促进细胞新陈代谢,增强皮肤弹性和毛发光泽,减轻皮肤表面色素沉着和皱纹的功效。现将以牲畜血为原料,采用酶解法生产供化妆品用的水解蛋白的生产过程如下。

1. 工艺流程

新鲜牲畜血 → 血纤维蛋白 → 漂洗 → 绞碎 → 水煮 → 酶解 → 过滤 → 脱色 → 过滤 → 浓缩 → 干燥 → 成品

2. 工艺说明

（1）采集的新鲜牲畜血,不断迅速搅拌,使血纤维蛋白凝聚分离,然后将血纤维蛋白滤出。

（2）用水反复漂洗至血纤维无明显血色,呈白色为止。

(3) 将血纤维蛋白用绞肉机绞碎成血泥。

(4) 将一定量的血泥加入到反应罐中,加血泥 5 倍量的水煮沸 30min。温度稍降低后,吸去上层液体。再加前次同样体积的水,并以 10% 的烧碱溶液调节 pH 为 9.0,煮沸 30min,温度稍降低后,吸去上层液体,再加前次同样的水,煮沸 30min,然后降温。

(5) 待反应罐温度降至 55℃时,加入适量甲苯,在搅拌下,缓缓加入猪胰浆,其量为血泥量的 15%~20%。用饱和石灰水调整 pH,使之稳定在 7.2~7.5 之间。水解 5h 后即停止搅拌。水解时间 20h,整个水解过程稳定在 50℃左右。

(6) 水解完毕后,用 3∶10(即磷酸 3 份、水 10 份)的磷酸调整 pH 至 6.5~7.0,终止酶促反应。加热煮沸 20min 左右,过滤后得中和液。

(7) 在煮沸的中和液体中,加入糖用活性炭,加热到 80℃,搅拌保温 40~50min,过滤回收活性炭,用磷酸调整过滤液 pH 至 6.5 左右,用离心机分离出清液备用。

(8) 清液浓缩后,在低温下进行真空干燥,即得产品。

(六) 血豆腐、血肠

牲畜血营养丰富,蛋白质含量高,必需氨基酸齐全,微量元素丰富,具有较高的营养价值,可加工成血豆腐、血肠等供人食用。制作血豆腐、血肠的牲畜血必须来源于经检疫后确认健康的牲畜。

1. 血豆腐

血豆腐是我国民间广泛食用的传统菜肴,有肠道清道夫的美誉。

血豆腐制作过程:采血→搅拌(加食盐3%)→装盘(血水比为1∶3)→切块水煮(水温90℃,煮25min)→切块浸水→销售。

2. 血肠

血肠是我国北方居民的传统食品,内蒙古地区用羊血制作的血肠是餐桌上常见的菜肴。血肠具有加工简单、营养丰富、价廉物美等特点。

血肠的制作过程:采血→搅拌→加水→加调料→灌肠→水煮→起锅冷却→销售、食用。

调料配方:花椒0.1%,味精0.1%,大葱1%,鲜姜0.5%,香油0.5%,精盐2%,捣碎、混匀即成。

在我国西南地区,在牲畜血内加入糯米(糯米先用热水浸泡一夜),混合均匀后,再加入各种配料,灌肠后,蒸熟即可销售、食用。这种血肠俗称"灌粑",颇受人们的欢迎。

模块二 脏器加工

畜禽内脏包括脑、心、肝、胰、脾、胆、胃、肠等。国人有偏好食内脏的饮食习惯,也就是将它们直接烹调食用,也可以加工成各种营养丰富的特色食品,但它们更是医药工业中生化制药的重要原料。

脏器的主要成分为蛋白质、脂肪、水分及无机盐,此外还含有各种酶类。而空气中的微生物、氧气等都容易使其中的各种养分分解而腐败变质。为保证其有效成分不受破坏,故动物屠宰后应迅速取出内脏,随机进行加工或保藏。

一、脏器的采集

1. 猪脾脏的采集

猪脾位于网膜脂肪上,可用剪刀将其剪下,同时剥去附着的脂肪及薄膜。

2. 胃黏膜的采取

去除胃内污物,冷水洗涤两次。外翻胃黏膜,套在可转动的木棍上。抓住胃黏膜,用刀从幽门上方逐渐割开,直至贲门为止。然后双手拉住黏膜,由上而下整片拉下,用冷水洗净后,送入速冻库($-25℃ \sim -20℃$)速冻。

3. 唾液腺的采取

唾液腺包括舌下腺、颌下腺和腮腺三种。其中,舌下腺在舌的下侧前1/3处,割开肌肉即是;颌下腺在上颌骨的后沿,比腮腺稍深;腮腺在颜面皮肌下,上颌骨后沿稍前方,成散在的葡萄状腺体。

二、脏器的防腐保藏

1. 冷冻升华干燥法

冷冻升华干燥法即在 $-40℃ \sim -30℃$ 时,使脏器组织中已结冰的水分,在 $0.001 \sim 0.005$ mmHg 真空状态下升华,从而使组织干燥。该法防腐效果最好,但成本较高。

2. 冰冻法

冰冻法指将脏器组织平铺于瓷盘或铁皮盘中,高度不超过10cm,速送入 $-20℃$ 的冷冻库急冻保藏。

3. 化学防腐法

通常用盐或硫酸铵腌后阴干保存即可。此法简单易行,但对脏器的有效成分会有所破坏。

4. 真空灭菌干燥法

将脏器搅碎后,在不超过70℃的温度下用真空干燥器进行干燥,最后磨成粉保存。

三、肠衣加工

采用健康牲畜消化系统的食道、胃、小肠、大肠及泌尿系统的膀胱等器官,经过加工,保留所需要的组织即为肠衣。根据加工方法的不同,肠衣可分为盐渍肠衣和干制肠衣。用肠衣专用盐腌制的肠衣称为盐渍肠衣,如盐渍猪肠衣、盐渍猪大肠头、盐渍猪肥肠、盐渍绵羊肠衣、盐渍山羊肠衣、盐渍牛小肠和盐渍牛大肠等;而用自然光或烘房等将肠衣脱水干燥、杀菌的肠衣称为干制肠衣,如干猪肠衣、干牛肠衣、干猪膀胱、干猪套管肠衣、干羊套管肠衣等。根据加工采用动物器官部位的不同,肠衣又可分为小肠、大肠、膀胱、拐头(盲肠)、胃、食道等。用小肠加工的有盐渍猪、绵羊和山羊肠衣、盐渍牛小肠、干制猪肠衣、干牛肠衣、干猪和干羊套管肠衣等;用大肠加工的有盐渍牛大肠、盐渍猪大肠头和盐渍猪肥肠等;用食道加工的有干制牛食道和干制羊食道等;用胃加工的主要有:盐渍小羊胃(带奶汁)等;用盲肠加工的有盐渍和干制牛、羊拐头等;用膀胱加工的有盐渍和干制猪膀胱、干制牛膀胱等。

我国肠衣具有加工细致,肠壁坚韧,富有弹性,口径大小适中的特点。肠衣主要用途是做灌制食品的外衣,用于灌制不同类型和风味的食品,用它灌制的香肠、腊肠、火腿、肝肠、香肚等,经过烘、烤、熏、蒸、煎、煮、冷藏等不易破裂,且色鲜味美,能存放较长时间不变质,不走味,携带方便,是人们日常食用的大众化食品。除上述用途外,羊肠衣还能制作外科手术用的缝合线、羽毛球拍、网球拍和乐器上的弦,还可编织鞋面和腰带等。

以猪肠衣最为常用。其加方法有以下几种。

1. 浸泡

将去粪后的鲜小肠浸入水中,肠内灌入清水。一般春秋季水温28℃,冬季33℃,夏季则用凉水,盛夏高温期应加冰。浸泡时间18~24h,水质要求不含矾、硝、碱等物质。

2. 刮肠

将浸泡后的肠衣,取出放在木板上逐根刮制。手工刮制可用竹板或无刃的刮刀,刮去肠内外的脂肪和肠内的黏膜面,刮时用力均匀,避免刮破,一直刮成透明的薄膜状。

3. 灌水

刮光后将自来水龙头插入肠的一端冲洗,并检查有无漏水的破孔或溃疡。不能用的部分割除后,再洗净,然后按每把长短顺理整齐成把。

4. 腌肠

将成把的肠衣散开,用精盐均匀腌渍,一次上盐。一般按每把200m左右长度的肠衣,用盐1.2~1.5kg的比例。腌好后重新扎把,放在竹筛内,4~5个竹筛叠在一起,置于缸或木桶上,使其盐水沥出。经过12h后,当肠衣呈半干半湿状态时,进行缠把。

5. 漂洗

将盐渍后的肠衣,浸于清水中,反复换水洗涤。先洗去肠衣外杂物,然后清水漂浸2h,夏季缩短,冬季可适当延长,但不得过夜。同时进行灌水检查有无破损漏洞,并按肠衣口径大小长短进行分类。最后按每把用精盐0.5kg腌上,待水分沥干后即为成品肠衣。

四、鹅肥肝的加工

鹅肥肝是鹅经专门强制填饲育肥后产生的、重量增加几倍的产品。肥肝质地细嫩,营养丰富,鲜嫩味美,味道独特,被认为是世界上上等的营养品之一。

1. 工艺流程

宰前检验 → 屠宰 → 浸烫 → 脱毛 → 清洗 → 除头、颈、翅和蹼 → 冷却 → 剖腹取肝和去内脏 → 鲜肝分级处理 → 冷藏或冻藏。

2. 操作要点

(1) 冷却:将脱毛后的胴体马上置于5℃温度下冷却18h左右,促进体表干燥;脂肪凝固,内脏变硬,利于剖腹取肝。

(2) 剖腹取肝:将冷却后的肥鹅胴体放在操作台上,从鹅龙骨末端处开始,沿腹中线向下作一纵切口,一直切到泄殖腔前缘。慢慢切开腹膜,把肝脏暴露出来,精心切割,取完整的肝脏。将取出肝脏放入1%盐水中浸泡10min,取出用洁布擦干表面,分级装盘。取肝室的温度应保持在5℃以下。

(3) 分级标准:特级鹅肥肝600~900g;一级鹅肥肝350~600g;二级鹅肥肝250~350g;三级鹅肥肝150~250g;等外肝(瘦肝)150g以下。

(4) 鹅肥肝感官指标:色泽浅黄或粉红色,优质应为玫瑰色;组织状态质地柔软结实,表面光亮,无斑点,无病变,色泽均匀一致。

(5) 保藏与运输:将分级处理后的鹅肥肝,按规定放入塑料盘内。盘的下面铺一层碎冰,在冰上铺一张白纸,放入冷藏箱中,经过72h运输和出售,仍可保证鲜肝的质量和货架期。也可把分级后的肥肝放在-28℃温度下速冻,然后经包装放在零下-20℃~18℃温度下,可保藏2~3个月。

模块三 骨骼和油脂加工

一、骨的利用

骨在动物体中占体重的20%~30%,含有丰富的营养成分,主要为蛋白质、脂肪、矿物质等。利用畜禽动物的骨头,可制成新型的美味食品——骨糊肉和骨味系列食品,包括骨松、骨味素、骨味汁、骨味肉等,骨糊肉可制成烧饼、饺子、香肠、肉丸等食品。

以骨粉为原料产品有补钙肽糜、骨粉方便面、高钙面条等;骨脂加工成肥皂、香皂、日用化妆品和食品添加剂等;骨胶在医药行业用来制丸剂、胶囊,食品上用来制肉冻、酱类及软糖等,还可作微生物的培养基及照相用以及制造膏药、复写纸、木器黏合剂、织物糊黏等;以骨泥为原料的骨类食品有骨泥饼干、高钙米粉等,还可制作肉丸、肉馅、灌制肉肠及汤圆。另外,新鲜骨泥可炒制成骨泥松。

新鲜骨中含有大量水分,并带有残肉、脂肪和结缔组织等,很容易腐败,而其腐败与分解速度、堆放方法和温度、湿度、污染程度等均有密切关系,所以,鲜骨应尽快加工处理,如果不能及时加工,应堆放在低温、空气流通和干燥的场所,并每隔3~5天要翻动1次。堆骨的垛应垫以洁净的垫席。干燥后的骨骼可置于温度较高的地方保存,但也要通风和避免日光照射。寒冷地区,冬季和春季可露天保存,要覆盖好,严防泥沙沾污。

二、骨的综合加工

1. 骨油加工

骨中含有可占骨重10%左右的骨油。骨油可采取三种方法提取:水煮法、蒸汽法和抽提法三种。

(1) 水煮法:将新鲜的骨用清水洗净,并浸出血液,洗涤水温为15℃~20℃,可用滚筒洗涤机洗涤,也可在水池中用流水洗涤30min。

畜骨在蒸煮前需粉碎,将其砸成20cm长短的骨头,以最大限度地提取油脂和缩短熬炼时间,骨块粉碎越小,出油率越高。

将粉碎后的骨块倒入水中加热,水量以浸没骨头为宜,煮沸后使温度保持在70℃~80℃,加热3~4h后,大部分油脂已分离,浮在上层,将浮在上层的油脂撇出,移入其他容器中,静置冷却并除去水分即为骨油,这种方法能提取骨中含油量的50%~60%,用此法提取骨油不宜加热时间过长,以免骨胶溶出。

(2) 蒸汽法:将洗净粉碎后的骨头,放入密封的罐中,通过蒸汽加热,使温度达到105℃~110℃,加热30~60min后,骨头中大部分油脂和胶原均已溶入蒸汽冷却凝水中。此时可从密封罐中将油和胶液汇集在一起,加热静置后,使油分离,如趁热时用牛乳分离机分离油脂,则效果好而且速度快,不致使胶液损失。

(3) 抽提法:将干燥后的碎骨,置于密封罐中,加入溶剂(如轻质汽油、乙醚等)后加热,使油脂溶解在溶剂中,然后使溶剂挥发再回到碎骨中,如此循环提取,分离出油脂。

2. 骨粉加工

骨粉可分为粗制骨粉、蒸制骨粉和胶制骨粉,主要根据骨上所带油脂和有机成分的含量而分类。

(1) 粗制骨粉的加工:将骨碎成小块,置于锅内煮沸3~8h,以除去骨上的脂肪,加工粗制骨粉时,要与前述水煮抽油法相结合,除了可加工骨粉外,还可提出部分骨油和骨胶;蒸煮过的碎骨,沥尽水分并经晾干后,放入干燥室或干燥炉中,以100℃~140℃的温度烘干10~12h,最后用粉碎机将干燥后的骨头磨成粉状即为成品。

(2) 蒸制骨粉的加工:蒸制骨粉是以上述蒸汽法提取骨油后的残渣为原料,经干燥粉碎后即为蒸制骨粉。此骨粉比粗制骨粉蛋白质含量少,但色泽洁白易于消化,没有特殊异味。

3. 骨胶加工

(1) 清洗:把鲜骨粉碎、洗涤,为使洗涤彻底,可用稀亚硫酸溶液处理,漂白脱色好,并有防腐作用。

（2）骨的脱脂：胶液油脂含量直接影响成品质量，应尽量除尽，如水煮时间过长，则影响胶液得收率，故宜用轻质汽油，以抽提法除去骨中的全部油脂。

（3）煮沸：将脱脂的畜骨放入锅中水煮沸，使胶液溶出，煮胶时，每煮数小时取出胶液，如此5～6次即可将胶液全部取出。

（4）浓缩：全部胶液集在一起，加热蒸发除去水分，提高浓度，使冷却后成皮胶状。用真空罐浓缩可提高成品的质量和色泽。

（5）切片、干燥：浓缩的胶液，流入容器使全部形成冻胶，再把冻胶切成薄片干燥，干燥后即为成品。

模块四　畜皮和羽毛加工

一、畜皮的初加工技术

家畜屠宰后剥下的鲜皮，在未经过鞣制以前称"生皮"，在制革学上称"原料皮"。生皮经脱毛鞣制而成的产品叫做"革"，带毛鞣制的产品叫做"毛皮"。

刚从动物胴体上剥下的生皮带有多种微生物，加之鲜皮含水量约占总重量的一半以上，易腐败，而且鲜皮内含有溶酶体，剥下后最初几小时内易发生自溶作用。家畜宰后剥下的鲜皮，如不能及时送往工厂进行加工，易在存放时由于处理不当而发生腐烂变质，造成严重的经济损失。因此，畜皮必须进行初加工，其方法主要分为清理和防腐两道工序。

（一）清理

除去皮上的污泥、粪便、残肉、脂肪、耳朵、蹄、尾、骨、嘴唇等，以防这些东西引起皮张腐烂变质。清理的方法：割去蹄、耳、唇等，再用剥肉机或铲皮刀除去皮上的残肉和脂肪，然后用清水洗涤粘在皮上的脏物及血液等。

（二）防腐

掌握的原则是：降低温度、除去水分、利用防腐物质限制细菌和酶的作用。在生产中可采用的防腐贮藏方法有：

1. 干燥法

在不用食盐或其他防腐剂的情况下，将鲜皮干燥到水分含量为12%～16%。当生皮水分降到15%左右时，就不利于细菌繁殖，可以暂时抑制微生物的活动而达到防腐的目的。一般采用自然干燥，如有大批鲜皮，可用干燥室干燥。干燥时，把鲜皮肉面向外挂在通风的地方，避免在阳光下曝晒，以免温度过高，表面水分散失，造成干燥不均，给细菌的孳生创造条件，还可避免因强光暴晒使皮内层蛋白质发生胶化。干燥后的皮张，可立即进行打包存放。一般生皮经过干燥后,面积减少30%~40%,水分含量为15%左右。

2. 盐腌法

盐腌法是采用干燥食盐或盐水来处理鲜皮,以食盐除去皮内水分,造成高渗环境,抑制细菌生长发育,从而达到防腐目的。此法是防止生皮腐败的既普遍又可靠的方法,不会影响生皮固有的天然质量。只要腌法正确,堆皮适当,盐腌皮可长期保藏。盐腌法分为干腌法和盐水腌法。

(1) 干腌法:将清洁的盐粉直接撒在鲜皮的肉面上。盐的用量为皮重的25%~35%,当铺开生皮时,必须把所有皱褶和弯曲部分拉平,在整个肉面上均匀地撒布食盐,厚的地方多撒。然后在该皮上再放一张生皮,作同样处理,这样层层堆集,叠成高达1.0~1.5m的皮堆,盐腌时间为6~8天。

(2) 盐水腌法:将经过初步处理并沥干水分的鲜皮,称重并按重量分类,然后将皮浸入盛有盐水(食盐的浓度约25%)的水泥池中。经过一昼夜后取出,沥水2天后,进行堆积,堆积时,再撒干盐(干盐量是皮重的25%)。

浸盐时为了保证质量,温度应保持在15℃左右。为了防止盐斑,可在食盐中加入4%的重碳酸钠。

3. 盐干法

盐干法是盐腌和干燥两种方法的结合,即先盐腌再干燥,使皮张水分含量达到20%左右。这种方法的优点是防腐力强,而且避免了生皮干燥时发生硬化断裂等缺陷,这种方法适于炎热地区小型皮类防腐。经过这种方法处理后的生皮,重量减轻50%左右,贮藏的时间可大大延长。

4. 酸盐法

该法是用食盐、氯化铵和铅明矾按一定比例配合成的混合物处理生皮,这种方法是最适于绵羊皮等原料皮的防腐。

混合物的配合比例为:食盐85%、氯化铵7.5%、铅明矾7.5%。方法是:将混合物均匀地撒在毛皮的肉面并稍加搓揉,然后毛面向外折叠成方形,堆积7天左右即可。

(三) 生皮的贮藏

鲜皮经过初步加工后,即应送入仓库中贮藏。贮藏时仓库的条件、皮的堆积和管理等必须严格遵守操作规程,以保证生皮的质量。

1. 仓库的条件

仓库通气良好,力求隔热防潮,室温不超过25℃,相对湿度为65%~70%;库内光线充足,避免阳光直射皮张;库内应留有一定的空余面积,以利于翻堆倒垛。

2. 生皮的入库和堆垛

经过初步加工而且无生虫的皮张即可入库贮藏,常用的方法有铺叠式、鱼形式和小包式等,其中以铺叠式最好。

3. 药物处理

生皮如需长期存放时,为避免虫害,在进库时常用萘处理法防虫。

(四) 毛皮的鞣制

1. 毛皮鞣制的目的

毛皮鞣制的目的是使皮质柔软、蛋白质固定,不至于吸潮和腐烂,坚固耐用,使其适于制造各种生活用品。

2. 毛皮的鞣制方法

毛皮的鞣制方法很多,主要有铬鞣,油鞣、铬铝结合鞣、明矾鞣、甲醛鞣、混合鞣等,但以明矾鞣和混合鞣比较简单而实用。

3. 毛皮鞣制工序

无论采用哪种鞣制方法,其工艺过程都可以分成下列三个工序(图4-2):

准备工序
- 浸水:使原料皮吸水,软化,回复到鲜皮状态
- 削里:除去不用部分,进一步软化
- 脱脂、水洗:除去脂肪,清理表皮、碱液及污物

鞣制工序:明矾鞣、混合鞣等

整理工序
- 染色:媒染、染色
- 加脂:增加毛皮的柔软性和伸展性
- 回潮:便于刮软
- 刮软:使皮板柔软
- 整形及整毛

图4-2 毛皮鞣制工序

(1) 准备工序:鞣制毛皮时,首先要将原料软化,恢复鲜皮状态,除去皮毛加工中不需要的成分(皮下组织、结缔组织、肉渣、肌膜等)。包括如下过程:

① 浸水:对产品质量影响很大,必须严格执行操作方法。浸水目的就是使原料皮恢复到鲜皮状态,除去部分可溶性蛋白质,并除去血污、粪便等杂物。浸水的温度随原料皮的种类而定,一般以15℃～18℃为宜,如在18℃以下皮的软化慢,20℃以上细菌容易繁殖。浸水的时间,一般盐皮或盐干皮,在流水中浸泡5～6h即可。若存放时间很长的干皮或盐干皮,应在浸泡时再加以物理或化学的方法使其软化,浸泡时间可为20～24h。要求皮张不得露出水面,浸软,浸透,均匀一致。浸水要特别注意掌握温度以及浸水时间。利用生皮在碱性水中膨胀的原理,减少生皮浸水时间,抑制细菌繁殖,常在浸水中加入硫化钠、氢氧化钠、氢氧化铵、亚硫酸钠等。氢氧化钠的用量为0.2～0.5g/L,硫化钠用量为0.5～1.0g/L。

② 削里:将浸水软化后的毛皮里面向上铺在半圆木上,用弓形刀刮去附着在肉面上

的脂肪、残肉等,为了不伤害毛根,在刮时可在圆木上先铺一层厚布。削里与下一步的脱脂有密切的关系。若残留脂肪多不利脱脂。用弓形刀刮里面的作用还在于通过挤压,使皮里面的残存脂肪升到皮表面,利于脱脂。

③ 脱脂及水洗毛皮:成品的好坏决定于脱脂是否彻底。在脱脂过程中,应当脱掉脂肪,又不损伤毛皮。采用皂化法较为缓和,其原理就是利用碱与油脂生成肥皂的性能,除去被毛上的油脂。若碱液过浓或利用强碱,能使毛皮的角质蛋白受到破坏,使毛失去光泽变脆。一般使用纯碱,它的碱性较弱,既能除去油脂对毛又无损害。但在配制纯碱液时,浓度也要掌握好,浓度过低不但达不到脱脂的目的,而且产品变硬,并留有动物原有的臭味,对下步鞣制也会带来影响,使皮僵硬而不耐用。

脱脂方法:①配置脱脂液,肥皂3份,碳酸钠1份,水10份;②先将肥皂切片,投入水中煮开溶解,然后加入碳酸钠,溶解后放凉待用;③在容器中加入湿皮重4~5倍的温水(38℃~40℃),在加入上述配制好的脱脂液5%~10%(兔皮、羊皮5%,狗皮10%),然后投入削里的毛皮,充分搅拌,5~10min后重新换一次液,再搅拌,直至脱去毛皮特有的油脂气味,同时脱脂液泡沫不消失为止。

脱脂液也可用洗衣粉(3g/L)、纯碱(0.5g/L)配制,使其加工液与湿皮重成10~12倍的比例,加温到38℃,脱脂搅拌40min,现市面的加酶洗衣粉用起来更好,1升水3g洗衣粉、0.5g纯碱。按规定时间脱脂后的毛皮,应立即水洗,除去肥皂液,洗涤冲洗干净后出皮晾干。

(2) 鞣制工序(以明矾鞣法为例):

① 配制鞣液:明矾4~5份,食盐3~5份,水100份。先用温水将明矾溶解,然后加入剩余的水和食盐,使其混合均匀。

② 原理:明矾在水中溶解后,产生游离硫酸,能使皮中蛋白纤维吸水膨胀。加盐的目的是抑制膨胀,但食盐的添加量要依温度而定,温度低时,可少加食盐,温度高时可多加食盐。一般可按1份明矾加0.7~2份食盐。

③ 鞣制方法:料液比(4~5):1(湿皮重为1时,鞣制液为4~5)。放入容器中,使毛皮充分浸泡在料液中,为了使料液均匀渗入皮质中,要充分搅拌(最好采用转鼓),隔夜以后每天搅拌一次,每次搅拌30min左右,浸泡7~10天鞣制结束。

④ 检查方法:判断是否鞣制好时,可将浸皮取出,皮板向外,毛绒向内迭折,在角部用力压尽水分,若迭折处呈现白色不明,呈绵纸状,证明鞣制结束。如果鞣制时水温低,不仅延长鞣制时间,而且皮质变硬,最好温度保持在30℃左右,鞣制后内面不要用水洗,仅将毛面用水清洗一下即可。用明矾鞣制毛皮洁白而柔软,但缺乏耐水性和耐热性。

(3) 整理工序:

① 染色:毛皮整饰阶段中很重要的一道工序,但并不是所有的毛皮都要染色。紫貂、

水貂、银黑狐、狸子、猞猁等皮天然色泽美观,不需要染色。对那些天然色泽一般化或不为人们喜爱的毛皮则需要通过染色、模拟等技术加以改善、美化。

原料的选择:供毛皮染色的染料应具备良好的溶解性,着色均匀而牢固,不易退色和变色,操作无害、无危险。对染色条件要求不苛刻。常用的染料有酸性染料、金属络合染料、活性染料、氧化染料。

常用的染色方法有以下三种:

浸染法:配好的染液倒进划槽里,并使其达到所需的比例(8~15:1)和温度,然后将毛皮浸入,借助滑轮的搅拌作用,从而得到均匀的染色。

刷染法:用毛刷蘸取染液,从毛皮的头部开始向尾部深刷,将整个毛被均匀刷涂到,刷完染液的毛皮堆置4~6h,然后整理。喷染只是用喷枪将染液喷到毛被上,操作同刷染。

型染法:为了美化毛皮或复制某些动物毛皮的花纹,把具有一定花纹的型板压在毛面上,另一无孔平板附在皮面,在双板紧压的情况下刷染,可以获得各种不同花纹的毛色。

② 加脂:皮中原有的脂肪已在加工中除去,为了使皮纤维周围形成脂肪薄膜保护层,提高皮的柔软性、伸屈性和强度,因此必须加脂。

加脂配方:蓖麻油10份,肥皂10份,水100份。将肥皂切片加水煮沸溶解,再徐徐加入蓖麻油乳化。

加脂方法:将上述加脂液涂抹于半干的毛皮内面,涂布后重叠(内面与内面合),放置一夜使其干燥。

③ 回潮:加脂干燥后的毛皮,皮板很硬,为了便于刮软,必须在内面里适当喷水,这一个过程称为"回潮"。可用毛刷刷,也可用喷雾器喷内面。用明矾鞣制的毛皮,因其缺乏耐水性,最好用明矾鞣液涂布,将涂抹后的毛皮,再内面与内面迭折,用油布或塑料布包裹好,压一石块,放置一夜,使其均匀吸水,然后进行刮软。

④ 刮软:将回潮后的毛皮,铺于半圆木上,毛面向下,用钝刀轻刮内面,使皮纤维长,面积扩大,皮板变柔软。

⑤ 整形及整毛:为了使刮软后的皮板平整,需要进行整形,将毛面向下钉于木板上,进行阴干,避免阳光曝晒,充分阴干后用浮石或砂纸将面磨平,然后从钉板上取下修边。再用梳子梳毛,若破皮应缝好,这就全部完成了。

二、食用猪皮的加工

猪皮是一种蛋白质含量很高的肉制品原料,其蛋白质含量高达26.4%,其中胶原蛋白含量为87.8%,远远高于猪瘦肉的蛋白质含量。以猪皮为原料加工成的五香肘子、皮花肉、皮冻、火腿等肉制品,不但韧性好、色、香、味、口感俱佳,而且对人的皮肤、筋腱、骨骼、毛发都有重要的生理保健作用。所以,近年来以猪皮为原料的食品很快发展起来,对猪皮的需求量也越来越大。但其加工方法必须规范,加工质量尤为重要。

1. 选料

选用经检疫合格的健康猪为原料,不得采用种用公、母猪及患有皮肤病的猪。

2. 烫毛与刮毛

采用良好的脱毛方法可保证猪皮干净卫生,减少毛及毛根残留。为此,通常采用烫池浸烫后再进行脱毛的方法。资料证明,烫池的水温以48℃~60℃为宜,浸烫时间为5~7min。浸烫时应不断翻动胴体,以使各部位受热均匀,严防烫生烫老。用烫毛机烫猪时每档只放一头猪,以免互相挤压,体表受热不均,影响烫毛效果。胴体泡烫充分后迅速进行刮毛,刮毛力求干净。使用打毛机时,机内沐浴水温控制在30℃左右,不伤及皮下脂肪。

3. 剥皮

剥皮前将胴体表面清洗干净,剥皮时避免损伤皮张。因此,通常采用机械剥皮,可使肉皮减少损伤,薄厚均匀,并减少皮下残留。

4. 成型包装

将预冷后的猪皮裁剪成不小于10cm×25cm大小的规格,定量包装(1×20kg或1×25kg),内衬塑料薄膜,外用纸箱包装。

5. 猪皮的保存

在-18℃条件下保存,保持期可达10个月。

加工好的正常猪皮具备以下特点:皮白有光泽,毛孔细而深;去毛彻底,无残留毛、毛根;无皮伤及皮肤病;无皮下组织,去脂干净;成型好;煮熟后具备正常的色、香、味,口感柔软,韧性良好,肉汤透明澄清,冷置后成无色胶冻。

三、羽毛的加工

羽毛是禽类表皮细胞衍生的角质化产物。被覆在体表,质轻而韧,略有弹性,具防水性,有护体、保温、飞翔等功能。另外,羽毛经加工后可制作成羽毛球、羽毛笔、羽毛粉等物品,有较高的经济价值。

(一)羽毛的采集与贮藏

1. 采集

拔毛的方法主要有干拔和湿拔两种,以干拔为佳。但我国大部分地区采取湿拔,湿拔后含水量很大,故需晾干后方能保藏。采集羽毛时应留意以下几点:①各类禽体上所有的都搜集起来,鹅、鸭的绒毛和片毛是羽毛中最有价值的部分,不得遗漏;②羽毛的品格和用途各有不同,因此鸡、鸭、鹅毛不得互相混杂;③拔毛时不得将脚壳、内脏、粪便等混在一起,以保证羽毛品质。

2. 晾晒

羽毛晾晒时应留意以下几点:①应选择避风、阳光充分和干净的地方进行晾晒,防止混入杂质;②将鹅毛、鸭毛分开晾晒,尤其不能混入鸡毛;③避风晾晒,防止被风吹掉;④晒干后要及时收藏,以免被风吹走和夜间被露水淋湿。

3. 贮藏

为了避免羽毛糜烂和虫蛀,贮藏时应留意:①已晒干的羽毛存放在干燥的库内,并要经常检查是否湿润、发霉或发出特殊气味,如有则应重新晾晒;②阴雨天气或大风天气不适于晾晒时,可在室内散开晾晒;③应有专人负责搜集、晾晒、保管等工作。

(二) 羽毛的加工

1. 风选

风选的目的在于除去一部分灰砂、尘土、脚皮及夹杂物。风选时,将羽毛分批倒入摇毛机内,开动鼓风机,风速均匀一致,利用片毛、羽毛、灰砂和脚皮等杂物的比重不同,分别落入承受箱内,分别处理。然后将选出的羽毛,装成大包送往检毛间。

2. 检净

风选后的羽毛,再次检去毛梗和杂毛,并抽样检查,看其含灰量及含绒量等是否合乎规定标准。

3. 并堆

将检净后的羽毛,依据品格成分,进行调整与并堆,使含绒量达到成品标准。

4. 包装

将并堆后的羽毛采样复验,如符合标准,即可倒入打包机内进行打包(每包重约165kg),打包后取出,缝好包头,经过编号过秤等手续后,即为成品。

(三) 羽毛粉的加工

目前,我国羽毛粉的加工普遍采用的方法有高温高压水解法、酶解法和微生物发酵法。其中,酶解法和微生物发酵法通常与水解法相结合。

1. 高温高压水解法

该法根据主要设备及供热方式的不同分为两种:一种是蒸汽高温高压水解法,利用锅炉产生热蒸汽对水解罐中的物料进行加热;另一种是导热油高温高压水解法,利用导热油对水解罐中的物料进行加热。

(1) 蒸汽高温高压水解法:加工设备主要有锅炉、蒸汽水解罐、蒸汽烘干罐、粉碎机等。生产工艺流程如下:

羽毛 → 除杂脱水 → 高温高压水解 → 烘干 → 羽毛粉成品

① 将羽毛清洗除杂、脱水,控制羽毛含水量为25%~35%。如果水分含量太高,则蒸汽用量大;水分太低,则出现水解不均匀,有夹生或烧焦现象。

② 将羽毛投入水解罐中,密闭通蒸汽,蒸汽压力0.45MPa、持续60min 为最佳水解条

件,水解效果最理想。

③ 放料进入烘干,出成品,颜色呈浅褐色,胃蛋白酶消化率可达到65%以上。

由于各地气候及羽毛来源不同,选择的加工参数也不同,如羽绒厂提绒后的鹅(鸭)毛片,羽梗较多且质地坚硬,生产出的羽毛粉蛋白含量可达89%,但加工时蒸汽压力、持续时间都相应延长。

(2) 导热油高温高压水解法:该法的主要加工设备为一轴转夹层罐,夹层内有320号导热油,炉口在机正下方,炉火直接加热外壳,导热油温度能达到300℃,通过导热油均匀地将里外壳加热,将原料加热,原料受热水分逸出变为蒸气,蒸气逐渐产生压力,在中心轴的搅拌下将原料水解蒸熟,水蒸气排完后再运转一定时间,原料即被烘干,然后卸料经粉碎即为成品。导热油水解罐将羽毛粉水解、烘干一次完成,不需要用锅炉,其投资少、成本低、工艺简单、容易操作。但温度和压力难以控制,产品质量不稳定,如果温度过高会出现烧焦,温度过低则出现夹生现象。由于导热油温度过高引起蛋白质严重变性,尤其是对热敏感的半胱氨酸损失最大,赖氨酸和甲硫氨酸也受到不同程度的损失,有的产品胃蛋白酶的消化率不足45%。

2. 酶解-水解法

酶解羽毛粉是将酶解法和水解法相结合而形成的。酶解过程所用的酶制剂为角质蛋白酶,部分企业利用自己培养的高产角质蛋白酶菌种来生产粗酶液,大部分企业直接购买商品角质蛋白酶。酶解-水解法生产工艺流程如下:

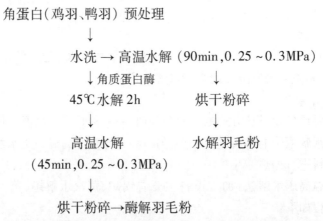

(1) 装料:向羽毛加工罐中添加50%的待加工羽毛原料,控制羽毛含水量达到40%,温度控制在50℃。

(2) 加酶:选用角质蛋白酶,添加量为干羽毛原料量的3‰。用50℃温水将酶粉溶解后加入罐中。

(3)加还原剂:选用焦亚硫酸钠,添加量为干羽毛原料量的8‰,用塑料桶装30kg水,把焦亚硫酸钠加入水中,边加边搅拌,当焦亚硫酸钠溶解后,立即倒入水解罐中。

(4)第1阶段酶解:酶解温度控制在45℃,酶解时间2h。

(5)第2阶段酶解:是在第一阶段酶解结束后,将混合料拌匀,加人剩余的另一半原料,不断搅拌。当继续酶解2h后,羽毛的大部分羽枝断裂,羽梗被软化。

(6)高温水解:将水解罐扣盖密闭,加温加压。当压力达到0.25~0.3MPa(温度120℃~125℃)时开始计时,水解45min。

(7)放料进入烘干罐,冷却,粉碎,检测(消化率、粗蛋白质含量、水分灰分),包装成品。

酶解羽毛粉由于加工温度低,加工时最高温度不超过125℃,其氨基酸基本不会被破坏。经检测饲料中8种必需氨基酸含量均高于普通高温高压水解羽毛粉,改善了羽毛氨基酸的平衡性;酶解羽毛粉的胃蛋白酶消化率可达85%以上,使羽毛粉的营养价值明显提高,产品在市场上价格也提高10%,比较受饲料生产企业的青睐。

3. 微生物发酵法

该法可提高羽毛粉的消化率、氨基酸平衡率及改善适口性,逐渐成为羽毛粉加工的首选方法。分解羽毛粉角质蛋白的微生物在自然界普遍存在,科研人员从长期堆积的羽毛堆中选育出一种以羽毛为碳源和氮源大量生长的地衣芽孢杆菌(BL-1),对水解羽毛粉发酵3天,可使胃蛋白酶消化率提高到90%。

(1)菌种活化培养基:羽毛粉20 g/L,玉米粉10g/L,磷酸氢钾 1g/L,磷酸二氢钾0.4g/L,氯化钠0.4g/L,pH为7.2。

(2)菌种扩培:麸皮40kg,水解羽毛粉60kg,水80kg,搅拌均匀,按2%接入地衣芽孢杆菌的液体菌种,于30℃温度下培养2d。

单元小结

本单元主要学习血液的加工、脏器、骨骼、油脂、畜皮和羽毛的加工技术。

家畜血液约占体重的8%,屠宰后可收集血液占屠宰后畜重的4%~5%。血液干物质含量约为20%,含有丰富的蛋白质、矿物质、维生素和酶类,其中白蛋白、球蛋白、纤维蛋白和血红蛋白约占血液的18%。为了防止血液凝固,保持血液的液体状态,通常使用两种方法:一是在牲畜血液中加抗凝剂:常用的抗凝剂有草酸盐、柠檬酸钠、乙二胺四乙酸(EDTA)、肝素;二是用搅拌方法脱去血液纤维蛋白。牲畜血液富含蛋白质,可以加工成多种血液制品,广泛应用在食品、医药、轻工、饲料工业。血粉是指将家畜的血液凝成块后经高温蒸煮,压除汁液、晾晒、烘干后粉碎而成。血液泡沫剂是用脱纤维蛋白的牲畜血液制得的泡沫剂是褐色透明液体,一经搅动就产生泡沫。泡沫剂是制造泡沫混凝土的原料。牲畜血营养丰富,蛋白质含量高,必需氨基酸齐全,微量元素丰富,具有较高的营养价值,可加工成血豆腐、血肠等供人食用。

畜禽内脏包括脑、心、肝、胰、脾、胆、胃、肠等。国人有偏好食内脏的饮食习惯,也就是将它们直接烹调食用,也可以加工成各种营养丰富的特色食品,但它们更是医药工业中生化制药的重要原料。脏器的主要成分为蛋白质、脂肪、水分及无机盐,此外还含有各种酶类。而空气中的微生物、氧气等都容易使其中的各种养分分解而腐败变质。为保证其有效成分不受破坏,故动物屠宰后应迅速取出内脏,随即进行加工或保藏。

骨一般占动物体重的20%～30%,含有丰富的营养成分,主要为蛋白质、脂肪、矿物质等。利用畜禽动物的骨头,可制成了新型的美味食品——骨糊肉和骨味系列食品,包括骨松、骨味素、骨味汁、骨味肉等食品。利用动物骨骼加工生产骨粉、油脂、骨胶在食品上用来制肉冻、酱类及软糖等。

畜皮不经处理容易腐败变质,其防腐的原则是降低温度、除去水分、利用防腐物质限制细菌和酶的作用。在生产中常用的方法有干燥法、盐腌法、盐干法、酸盐法。毛皮鞣制的目的是使皮质柔软、蛋白质固定,不至于吸潮和腐烂、坚固耐用、使其适于制造各种生活用品。毛皮的鞣制方法主要有铬鞣、油鞣、铬铝结合鞣、明矾鞣、甲醛鞣、混合鞣等,但以明矾鞣和混合鞣比较简单而实用。

羽毛是禽类表皮细胞衍生的角质化产物。拔毛的方法主要有干拔和湿拔两种,以干拔为佳。鹅、鸭的绒毛和片毛是羽毛中最有价值的部分,羽毛经加工后可制作成羽毛球、羽毛笔、羽毛粉等物品,有较高的经济价值。

 单元综合练习

一、选择题

1. 畜体内血液约占体重的 （　　）
   A. 4%　　　　　B. 8%　　　　　C. 18%　　　　　D. 30%
2. 成品血粉在储存时含水量不能超过 （　　）
   A. 14%　　　　B. 10%　　　　C. 8%　　　　　D. 4%
3. 毛皮成品的好坏取决于 （　　）
   A. 脱脂是否彻底　B. 表面是否有盐渍　C. 含水量的多少　D. 色泽
4. 下列不属于皮加工过程中的整理工序的是 （　　）

A. 加脂 　　　 B. 削里 　　　　 C. 回潮 　　　 D. 刮软

5. 用高温高压法加工羽毛粉的过程中,由于导热油温度过高会引起蛋白质严重变性,其中对热敏感且损失最大的氨基酸是 （　　）

A. 半胱氨酸 　 B. 赖氨酸 　　　 C. 甲硫氨酸 　 D. 苏氨酸

6. 下列毛皮脱脂液不宜选用的是 （　　）

A. 肥皂 　　　 B. 纯碱 　　　　 C. 洗衣粉 　　 D. 火碱

二、判断题

1. 用作食用、医疗、饲料添加剂的牲畜血液必须来源于经检疫后确认健康的牲畜。（　　）
2. 加工食用血产品或制取医用血产品时,禁用草酸盐。（　　）
3. 骨一般占动物体重的2%~3%。（　　）
4. 骨粉比粗制骨粉蛋白质含量少。（　　）
5. 猪皮是一种蛋白质含量很高的肉制品原料,其蛋白质含量远远高于猪瘦肉。（　　）
6. 酶解羽毛粉的胃蛋白酶消化率可达85%以上,使羽毛粉的营养价值明显提高。（　　）

三、名词解释

1. 化学保藏　　2. 生皮　　3. 肠衣　　4. 回潮

四、填空题

1. 血浆蛋白质包括_____、_____、_____三种。
2. 常用的抗凝剂有_____、_____、_____和_____等。
3. 畜禽脏器的防腐保藏方法有_____、_____、_____和_____。
4. 骨油的提取方法,通常有_____、_____、_____三种。
5. 骨粉可分为_____、_____、_____三种。
6. 在生产中,畜皮常用的防腐方法有_____、_____、_____和_____。
7. 我国羽毛粉加工普遍采用的方法有_____、_____、_____三种。

五、简答题

1. 简述饲用血粉的生产过程。
2. 简述肠衣加工的工艺过程。

实训指导

实训指导一　蛋的新鲜度与品质检验

目的要求

通过本实验了解蛋的新鲜度和品质指标,掌握禽蛋新鲜度与品质评定的方法。

材料用具

1. 原料

新鲜蛋与陈次蛋数枚、食盐2袋(每组领取10枚,4~6人/组)。

2. 用具

比重计、照蛋器、大烧杯、托盘天平、蛋托、玻璃板、游标卡尺、气室高度测定规尺等。

操作指导

每组学生领取10枚蛋,先在蛋壳上标记编号(1~10号),然后按下列步骤操作。

1. 蛋壳检验

用肉眼观察蛋的形状、色泽、大小、蛋壳的完好性和污染情况。新鲜蛋的蛋壳表面常有一层粉状物(即壳外膜);蛋壳清洁完整,无斑点、无粪污;蛋壳表面平滑无凹凸,蛋形和色泽正常。陈次蛋的蛋壳表面光滑,有光泽,无粉状物,颜色变青白色或暗灰色。

2. 透视检查

利用蛋壳具有可透视性,在灯光下检查蛋内的结构。将蛋的大头放在照蛋器的照蛋孔前,使灯光透过蛋,观察蛋黄的位置、蛋白状况、气室大小;左右旋转移动蛋,观察蛋黄、蛋白是否随之转动。若灯光透视见不到蛋黄的暗影,蛋内呈完全透明,表明浓厚蛋白很多,蛋的质量优良。

气室大小的测定。气室大小可用气室高度和气室底部直径来表示。测定时,先用照蛋器透视找到气室,用笔在蛋壳上标出气室左右边缘位置。将蛋的大头向上置于规尺半圆形切口内,读出气室两端各落在规尺刻度线上的刻度,按下列计算公式计算气室高度:

$$气室高度 = (气室左边高度 + 气室右边高度)/2$$

气室底部直径可用游标卡尺量出。

最新鲜蛋的气室高度小于 3mm,底部直径 10~15mm;普通蛋气室高度不超过 10mm,底部直径 15~25mm;可食蛋气室高度在 10mm 以上,底部直径 30mm 以内。

3. 荧光检验

(1)原理:当蛋用紫外线照射时,蛋的陈鲜可以通过荧光强度的强弱反映出来,新鲜的蛋荧光强度弱,蛋愈陈旧,荧光强度愈强。

(2)检验方法:将蛋放在盘中,在暗室中经紫外线照射,新鲜蛋发深红色荧光,若蛋存放 10~14 天,则发紫色荧光,更陈的蛋则呈淡紫色。

4. 相对密度鉴定

新鲜蛋的相对密度一般为 1.078~1.094,贮藏过程中蛋的相对密度会减轻,因此通过测定蛋的相对密度就可判断其新鲜程度。先配制 11%、10% 和 8% 三种浓度的食盐溶液,用比重计矫正后使其相对密度分别为 1.080、1.073 和 1.060,然后将食盐溶液分别置于大烧杯中,把蛋放入相对密度为 1.080 的盐水中,下沉者为相对密度大于 1.080 的蛋,是新鲜蛋。上浮者转入相对密度为 1.073 的盐水中,若蛋下沉,则其相对密度大于 1.073 小于 1.080,评为普通蛋。若蛋仍上浮,则将其再转入相对密度为 1.060 的盐水中,下沉者为相对密度大于 1.060 小于 1.073 的蛋,是合格蛋,上浮者为陈旧蛋或腐败蛋。

5. 开蛋检验

(1)感官检验:打开蛋后,将其内容物置于玻璃平皿内,观察蛋白与蛋黄的颜色、稠厚程度、有无血斑和肉斑、胚胎是否发育、有无异味等。

(2)蛋黄指数测定:测定时将蛋打在水平的玻璃板上,在蛋白与蛋黄不分离的状态下,用高度游标卡尺量出蛋黄高度,再用普通游标卡尺量出蛋黄宽度。测量时以卡尺刚接触蛋黄膜为宜,且应在 90° 的相互方向上各测两次,求其平均数。

蛋愈陈旧,蛋黄指数愈小。新鲜蛋的蛋黄指数为 0.40 以上,普通蛋的蛋黄指数为 0.35~0.40,合格蛋蛋黄指数为 0.30~0.35。当蛋黄指数达 0.25 时,打开后几乎成散黄蛋。

(3)蛋白哈夫单位的测定:蛋白哈夫单位是反应蛋白存在状况和质量的指标。测定时先将哈夫单位测定仪接通电源,载物台调到水平位置。再取蛋称重(精确到 0.01g),然后打蛋。打蛋后将蛋内容物倒在载物台的玻板上,选距蛋黄 1cm 处,浓厚蛋白最宽的部位作测定点。将照明灯线放入玻板上的蛋液内,逆时针转动调测尺螺旋,使指针慢慢落下。当指针与浓厚蛋白接触时,照明灯亮,立即停止移动调测尺,并读出卡尺上标示的刻度数。

根据蛋白高度与蛋重,按下列公式计算蛋白的哈夫单位。

$$Hu = 100\lg(H - 1.7W^{0.37} + 7.6)$$

式中:Hu 为哈夫单位;H 为蛋白的高度(mm);W 为蛋的重量(g)。

优质蛋哈夫单位在 72 以上,中等蛋哈夫单位为 60~71,劣质蛋哈夫单位为 31~60。

实训作业

根据实训内容和实际操作步骤,写出实习报告,对蛋的品质进行综合测定。填写实训表 1。

实训表 1　蛋的品质综合评定表

检查项目		观察现象(或测定结果)	综合评定 (新鲜蛋、合格蛋、劣质蛋)
蛋壳检验			新鲜蛋: 合格蛋: 劣质蛋:
透视检查			
荧光检验			
密度鉴定			
开蛋检验	感官检验		
	蛋黄指数测定		
	蛋白哈夫单位的测定		

实训指导二　溏心皮蛋加工

目的要求

通过本次实训,掌握溏心皮蛋加工材料的选择、加工工艺及操作要点。

材料用具

1. 原料

鲜鸭蛋、生石灰、纯碱、烧碱、硫酸锌(氧化锌)、食盐、开水、黄泥、红茶末、稻壳、0.5%酚酞指示剂、0.1 mol/L标准HCl溶液等。

2. 用具

陶缸、台秤或杆秤、照蛋器、刮泥刀、搪瓷盆、三角烧瓶、酸式滴定管、滴定架、刻度吸管、胶皮手套、电炉、锅、玻璃棒、温度计、量筒或烧杯等。

操作指导

1. 原料蛋的选择

选择新鲜鸭蛋,按大小分级,便于投料,保证成熟一致。先通过感官鉴别剔除霉蛋、异味蛋、砂壳蛋、破壳蛋等;再用照蛋器照蛋,剔除陈旧蛋;最后,敲蛋听声音,剔除裂纹蛋、薄壳蛋、钢壳蛋。

2. 配料

30枚鸭蛋,水1 500 mL,烧碱(NaOH)63g,食盐52g,红茶30g,硫酸锌4.5g。

方法:将除红茶外的其他辅料放入容器中,红茶加水煮开,浸泡几分钟后,过滤茶渣,趁热将茶汁冲入放辅料的容器中,充分搅拌溶解,冷却至20℃左右待用。

3. 验料——料液的碱度测定

滴定法:用刻度吸管准确吸取4mL料液,加入三角瓶中,加入100mL蒸馏水稀释,再加入10%的$BaCl_2$溶液10mL,摇匀后静止片刻,加入3~5滴0.5%的酚酞指示剂,用0.1 mol/L的标准HCl溶液滴定至粉红色褪去,滴定所消耗标准HCl溶液的毫升数即为料液中NaOH的百分含量。料液中NaOH的浓度一般为4%左右较为适宜,若浓度过高,可加冷开水稀释,浓度过低则加烧碱来调整。

简易法:先取配制好的料液少许置于烧杯中,然后把鲜蛋白放入其中,经15min后观察,如果蛋白凝固、有弹性,则放入碗内观察1h,若蛋白化为稀水,说明料液正常。如果半小时内蛋白即化为稀水,说明料液的浓度过大。如果蛋白不凝固,或虽凝固但过1h不化为稀水,说明料液浓度不足。料液浓度不符合要求时,可加入适量纯碱和生石灰或凉开水进行调整,直至合格。

4. 装缸、灌料

把选好的蛋轻轻放入缸内,装至离缸口15~17cm,蛋横放,上面加盖竹片,防止蛋上浮。然后将调整好碱度的冷凉料液徐徐灌入,将蛋全部淹没,缸口用塑料薄膜扎封。包装好后,将陶缸置于20℃~25℃室内泡制,泡制期间温度应保持基本稳定,陶缸不能移动。

5. 浸泡期检查

灌料后,室温在保持20℃~25℃最适宜,最低不能低于16℃,最高不能超过28℃,在浸泡过程中,通常需要进行三次检查。

第一次检查时间为鲜蛋下缸后第7天。用灯光透视时,蛋黄贴蛋壳一边,类似鲜蛋的红搭壳、黑搭壳,蛋白呈阴暗状,说明凝固良好。剥开,可见蛋已凝固,但颜色未变。如还像鲜蛋一样,说明料性太淡,要及时补料。如整个蛋大部分发黑,说明料性过浓,必须提早出缸。

第二次检查时间为鲜蛋下缸后第14天左右,可以剥壳检查,此时蛋白已经凝固,蛋白表面光洁,褐中带青,全部上色,蛋黄已变成褐绿色。

第三次检查时间为鲜蛋下缸后第20天左右,剥壳检查,蛋白凝固很光洁,不粘壳,呈墨绿色和棕褐色,蛋黄呈绿褐色,蛋黄中线呈淡黄色溏心。若发现有蛋白烂头和粘壳现象,说明料液太浓,必须提早出缸。如发现蛋白软化,不坚实,表示料性较弱,宜推迟出缸时间。

溏心皮蛋成熟时间一般为21~25天。气温较高时,时间可稍短些,气温低时则时间稍长,经检查已成熟的皮蛋可以出缸。

6. 出缸

蛋白凝固坚实有弹性,色泽为茶褐色,蛋黄有1/3~1/2凝固、溏心、颜色不再有鲜蛋的黄色时即可出缸。将皮蛋取出用清水洗净晾干,剔除破、次、劣质皮蛋,具体方法是:

(1) 观:即观察皮蛋的壳色和完整程度,剔除蛋壳黑斑过多和裂纹蛋。

(2) 颠:即将皮蛋放在手中抛颠起数次,好蛋有轻微弹性,反之则无。

(3) 摇:即用手摇法,用拇指、中指捏住皮蛋的两端,在耳边上下摇动,若听不出什么声音则是好蛋,若听到内部有水流撞击的声音,即为水响蛋,若听到只有一端发出水荡声则说明是烂头蛋。

（4）弹：用手指轻弹皮蛋两端，若发出柔软的"特、特"声则为好蛋，若发出比较生硬的"得、得"声即为劣蛋（包括水响蛋、烂头蛋等）。

（5）照：用灯光透视，若照出皮蛋大部分呈青黑色（或墨绿色），蛋的小头呈棕色，而且稳定不动者，即为好蛋。若蛋内有水泡阴影来回转动，即为水响蛋。若蛋内全部呈黄褐色，并有轻微移动现象，即为未成熟的皮蛋。若蛋的小头蛋白过红，即为碱伤蛋。

（6）尝：随机抽取样品皮蛋剥壳检验，先观察外形、色泽、硬度等情况。再用刀纵向剖开蛋，观察其内部的蛋黄、蛋白的色泽、状态。最后用鼻嗅、口尝，评定其气味、滋味。

7. 涂泥包糠

用出缸后的残料加 30%~40% 经干燥、粉碎、过筛后的细黄泥，调成浓厚糨糊状，双手戴上胶皮手套，左手抓稻壳，右手用刮泥刀取 50~60g 料泥放在左手稻壳上同时压平，放皮蛋于泥上，双手揉团捏搓几下即可包好。包好的皮蛋放在缸里或塑料袋内密封贮存。

实训作业

根据实训内容和实际操作步骤，写出实习报告（溏心皮蛋的加工要点、结果分析）。

实训指导三　咸蛋加工

目的要求

通过本次实训，了解咸蛋质量标准和品质评定方法，掌握咸蛋加工的不同方法。

材料用具

1. 原料

鲜鸭蛋数枚、食盐、净水、黄泥、稻草灰（每组领取 20 枚鸭蛋，4~6 人/组）。

2. 用具

陶缸（坛）、台秤或杆秤、照蛋器、电炉、锅、盆、木棒、烧杯等。

操作指导

一、盐水咸蛋

（1）用料配方：鸭蛋1 000枚，食盐12.5kg，水50kg。

（2）加工方法：先根据此配方，计算出实际加工20枚鸭蛋所需要食盐和水的用量，并称量好。先把水烧开，再把食盐放入容器中，倒入开水并搅拌使食盐完全溶解，将盐水冷却至20℃左右待用。挑选壳完好、大小一致的新鲜鸭蛋，将其洗净晾干后，放入陶缸或坛内，然后盖上竹篦，再压上适当重物，缓缓倒入冷却后的食盐水，使蛋全部淹没在盐水中，缸口盖上盖或用塑料薄膜密封。夏季经20~25天，冬季30~40天即可成熟。

二、黄泥咸蛋

（1）用料配方：鲜鸭蛋1 000枚、食盐7.5kg、干黄土6.5kg、水4kg。

（2）加工方法：按照实际加工的鸭蛋数量，计算、称量准备好各种原料。将食盐放在容器内，加开水使其溶解，再加入粉碎过筛后的干黄土，用木棒搅拌，调成糨糊状的泥料。泥料的浓稠程度标准为：取一枚鸭蛋放入泥浆中，若蛋的一半浮在泥浆上面，一半没在泥浆内，表明泥浆的浓稠程度最为合适。将经过检验的合格鸭蛋逐个放在调好的泥浆中，使蛋壳上全部粘满盐泥后，放入缸或塑料袋内，最后将剩余的泥料倒在蛋的上面，加盖或密封。夏季需25~30天，春、秋季需30~40天，即可腌制成熟。

三、草灰咸蛋

（1）用料配方：鲜鸭蛋1 000枚、食盐6kg、干黄土1.5kg、水18kg、稻草灰20kg。

（2）加工方法：先将食盐溶于水中，然后将盐水加入拌料缸内，再将草灰和黄泥分批加入，边加边搅拌，直至全部搅拌均匀，灰浆发黏为止。将检验合格的原料蛋放在灰浆内翻转一下，使蛋壳表面均匀地粘上约2毫米厚灰浆，然后将蛋置于干稻草灰中滚动一圈。裹灰后还要捏灰，用手将灰料紧压在蛋上。捏灰松紧要适宜，滚搓光滑，厚度均匀一致，无凹凸不平或厚薄不均匀现象。捏灰后的蛋点数入缸或塑料袋内密封，置于阴凉通风室内，40~45天即可成熟。

实训作业

根据实训内容和实际操作，写出实习报告（咸蛋的加工方法与步骤）。

实训指导四 卤蛋与五香茶叶蛋加工

目的要求

通过本次实训,掌握卤蛋与五香茶叶蛋的加工方法。

材料用具

1. 原料

鲜鸡蛋数枚,精盐、白糖、料酒、酱油、茶叶、八角、桂皮、甘草、茴香、丁香、水等(每组领取20枚鸡蛋,4~6人/组)。

2. 用具

天平、电炉、烘箱(或烟熏炉)、砂锅、勺子、盆等。

操作指导

1. 卤蛋加工

(1) 配料:20枚鸡蛋,酱油400g,白糖300g,甘草60g,食盐30g,茴香、桂皮各20g,丁香10g,水2kg。

(2) 加工方法:逐个选择品质新鲜、壳完整的鸡蛋,将鸡蛋放入水中洗涤干净,然后放入锅内,加水,用火煮沸后,保持微沸10min左右,待蛋白凝固后,捞出浸入冷水中冷却,使蛋壳与蛋白分离。然后捞出蛋,剥去蛋壳,要连同蛋壳膜一起剥去。

将各种香辛料装入纱布袋中,扎紧袋口。将纱布袋投入加有3kg水锅内,汤煮沸后撇去泡沫,保持微沸5min,待汤液呈酱红色,透出香味后即可。

在沸腾的汤料中加入定量的食盐、味精、白糖、酱油及去壳鸡蛋进行卤制。用文火加热卤制1h左右,使卤汁香味渗入蛋内,然后将鸡蛋连同汤汁一起倒入干净的容器,晾凉后,以4℃~10℃腌制24h。

将腌制后的鸡蛋捞出,放在干燥筛子上,经烘箱或烟熏炉干燥2h。干燥时保持65℃温度和40%的相对湿度,干燥期间应及时调换筛子的位置,以使鸡蛋干燥均匀。

2. 五香茶叶蛋加工

(1) 配料:20枚鸡蛋,酱油80g,食盐30g,茶叶20g,桂皮5g,八角5g,水1kg。

(2) 加工方法：将配料加水煮开后待用。用清水煮鸡蛋至蛋清凝固（中火煮蛋水开后再改小火煮 5min），捞出后用冷水浸 2min，然后轻轻敲碎蛋壳，再放入配料锅中煮 1h，煮时常翻动蛋，保证入味均匀。静置 2h 以上待入味后，便可食用。

注：茶叶要用 80℃～90℃ 的水浸泡 15min，倒掉茶水再将茶叶放进锅里，去其涩味，锅最好使用砂锅或搪瓷锅。

实训作业

根据实训内容和实际操作，写出实习报告。

实训指导五　乳新鲜度检验

目的要求

通过本次实训，掌握原料乳新鲜度检验的方法。

材料用具

1. 材料

牛乳，0.5% 酚酞，0.1mol/L NaOH，68%、70%、72% 酒精，0.05% 刃天青。

2. 用具

试管、150mL 三角瓶、20mL 量筒、20mL 灭菌有塞刻度吸管、10mL 灭菌吸管、2mL 刻度吸管、吸耳球、温度计、酒精灯、25mL 或 50mL 碱式滴定管、水浴锅等。

操作指导

1. 乳的感官检验

正常牛乳应为乳白色或微带黄色，有特殊的乳香味，无异味，组织状态均匀一致，无沉淀和凝块，不黏滑。评定方法如下：

（1）色泽和组织状态检查。将少许乳样倒入培养皿中观察颜色。静置 30min 后将乳倒掉，观察有无沉淀和絮状物。用手指沾乳汁，检查有无黏稠感。

（2）气味的检查。将少许乳样倒入试管中，在酒精灯上加热后，嗅其气味。

（3）滋味的检查。口尝加热后的乳，品尝其滋味。

根据各项感官鉴定,判断乳样是否新鲜。

2. 煮沸试验

(1) 试验原理:牛乳的新鲜度越差,酸度越高,热稳定性越差,加热时越易发生凝固。此法一般不常用,仅在生产前乳酸度较高时,作为补充试验用,以确定牛乳能否使用,以免杀菌时乳凝固。

(2) 操作方法:取乳样 5mL 加入清洁试管中,在酒精灯上加热煮沸 1min 或在沸水浴中保持 5min,然后进行观察。如果发生凝固或产生絮片,表明乳不新鲜,酸度在 20°T 以上或混有初乳。牛乳的酸度与凝固温度的关系见实训表 2。

实训表 2　牛乳的酸度与凝固温度的关系

牛乳的酸度/°T	凝固的条件	牛乳的酸度/°T	凝固的条件
18~22	煮沸时不凝固	50	加热至 40℃时凝固
26~28	煮沸时能凝固	60	22℃时自行凝固
30	加热至 77℃时凝固	65	16℃时自行凝固
40	加热至 65℃时凝固	—	—

3. 酒精试验

(1) 试验原理:乳中蛋白质形成稳定的胶体溶液,当 pH 达到等电点时,发生絮凝。因为酒精的亲水性较强,它可使蛋白质胶粒脱水,造成聚沉,所以酒精浓度越高,pH 越接近等电点,蛋白质越易沉淀。

(2) 操作方法:取清洁试管,加入 1mL 或 2mL 的乳样。加入等量的 68% 酒精溶液,迅速轻轻摇动使其充分混合,观察有无白色絮状物出现。如无白色絮片出现,表明是新鲜乳,其酸度不高于 20°T,称为酒精阴性乳。若有白色絮片出现,表明是酸度较高的不新鲜乳,酸度高于 20°T,称为酒精阳性乳。另外,可用不同浓度的酒精来判断乳的酸度详见实训表 3。

实训表 3　乳的酸度判定

酒精浓度/%	界限酸度(不产生絮片的酸度)
68	20°T 以下
70	19°T 以下
72	18°T 以下

(3) 注意事项:

① 酒精要纯,pH 必须调至中性,使用时间超过 5~10 天的,必须重新调节。

② 牛乳冰冻后也会形成酒精阳性乳,但这种乳热稳定性较高,可作为乳制品原料。

③ 非脂乳固体较高的水牛乳、牦牛乳和羊乳,酒精试验呈阳性反应,但热稳定性不一定差,乳不一定新鲜。因此对这些乳进行酒精试验,应选用低于68%的酒精溶液。由于地区不同,尚无统一标准。

4. 乳酸度的测定

(1) 试验原理:新鲜牛乳的酸度一般为16°T~18°T。在牛乳存放过程中,由于微生物水解乳糖产生乳酸,使乳的酸度升高。因此测定乳的酸度是判定乳新鲜度的重要指标。通常以滴定酸度(°T)表示。

(2) 操作方法:用吸管量取10mL经混匀的牛乳,放入三角瓶中,加入20mL蒸馏水稀释,滴入0.5%酚酞指示剂10滴。摇匀后,以0.1mol/L NaOH溶液滴定,边滴边摇,直至出现微红色且在1min内不消失为止。将所消耗的NaOH毫升数乘以10,即为100mL乳样的滴定酸度。如所用碱液浓度并非精确至0.1mol/L,则可按下列公式计算:

$$滴定酸度(°T) = NaOH 溶液毫升数 \times NaOH 溶液的实际浓度 \times 10$$

(3) 注意事项:

① 使用的0.1mol/L NaOH溶液,应经精密标定后使用,其中不应含有Na_2CO_3,所用蒸馏水应先经煮沸冷却,以去除CO_2。

② 滴定速度越慢,消耗碱液越多,误差也越大。因此,最好在20~30s完成滴定。

③ 乳中有微酸性物质,其离解程度与温度有关,故温度对乳的pH有影响。温度低时滴定酸度偏低,最好在20℃±5℃时滴定为宜。

5. 刃天青试验

(1) 试验原理:刃天青为氧化还原反应的指示剂,加入到正常鲜乳时呈青蓝色。如果乳中有细菌活动时能使刃天青还原,发生如下色变:青蓝色→紫色→红色→白色。故可根据颜色变化程度以及所需要时间,推断乳中细菌数,进而判定乳的质量。

(2) 操作方法:

① 刃天青工作液配制:取100mL分析纯刃天青置于烧杯中,用少量煮沸过的蒸馏水溶解后移入200mL容量瓶中,加水至标线,贮于冰箱中备用。此液含0.05%刃天青,即刃天青基础液。以1份基础液加10份经煮沸过的蒸馏水混合均匀,即为刃天青工作液,储存于茶色瓶中避光保存。

② 吸取10mL乳样于刻度吸管中,加入刃天青工作液1mL,混匀后用灭菌胶塞塞好,但不要塞严。

③ 将试管置于37℃±0.5℃的恒温水浴锅水浴加热。当试管内混合物加热到37℃时(用只加乳样的对照试管测温),将管口塞紧,开始计时,慢慢转动试管(不振荡),使受热均匀,于20min时第一次观察并记录试管内容物的颜色变化;60min时第二次观察并记录

颜色变化情况；根据两次观察结果，按实训表4的项目判定乳的等级质量。

实训表4　乳的等级质量

级别	乳的质量	乳的颜色		每毫升乳中的细菌数
		经过20min	经过60min	
1	良好	—	青蓝色	100万以下
2	合格	青蓝色	蓝紫色	100万~200万
3	不好	蓝紫色	粉红色	200万以上
4	很坏	白色	—	—

实训作业

根据各项检测结果，对被检乳样进行质量评定，并写出实习报告。

实训指导六　乳的掺假检验

目的要求

通过本次实训，掌握常见原料乳掺假的检验方法。

材料用具

1. 材料

牛乳，0.05%酚酞，0.1mol/L硝酸银溶液，10%铬酸钾水溶液、结晶碘、碘化钾。

2. 用具

200mL试管、20mL试管、200~250mL量筒、20mL吸管、5mL吸管、1mL吸管、吸耳球、温度计、比重计。

操作指导

1. 掺水的检验

（1）原理：感官检查时发现乳汁稀薄、色泽发灰的乳，有必要作掺水检验。目前常用的是比重法。牛乳的一般比重为1.028~1.034，其与乳的非脂乳固体的含量百分数成正比。当乳中掺水后,乳中非脂乳固体含量百分数降低,比重也随之变小。当被检乳的比重小于1.028时,便有掺水的可能,且可用比重数值计算掺水百分数。

(2)测定方法:

① 将乳样充分搅拌均匀后,沿量筒壁小心地倒入量筒内2/3处,防止产生泡沫面影响读数。将比重计小心地放入乳中,使其沉入到1.030刻度处,然后任其在乳中自由浮动(避免于量筒壁接触),静止2~3min后进行读数(读取弯月面的下缘)。

② 用温度计测定乳样的温度。

③ 计算乳样的相对密度。乳的密度是指20℃时乳与同容积4℃水的质量之比。如果乳温不是20℃时,需进行校正。在乳温为10℃~25℃时,相对密度随温度降低而升高。温度与20℃相比每升高或降低1℃,乳的相对密度减少或增加0.0002。故校正为实际相对密度时应加或减去0.0002。例如,乳温度为16℃测得相对密度为1.033,则校正为20℃乳的相对密度应为:

$$1.033 - 0.0002 \times (20 - 16) = 1.033 - 0.0008 = 1.0322$$

④ 计算乳样的比重。将求得的乳样相对密度数值加上0.002,即换算为被检乳的比重。与正常乳比重对照,判定掺水与否。

⑤ 用比重换算掺水百分数。按以下公式求出掺水百分数:

掺水量 = (正常乳比重的度数 - 被检乳的度数)/正常乳比重的度数 ×100%

例如,某地区规定正常牛乳的比重为1.030,测得被检乳比重为1.025,则:

$$掺水量 = (30 - 25) \div 30 \times 100\% = 16.7\%$$

2. 掺碱(Na_2CO_3)的检验

(1)原理:鲜乳保藏不好时酸度会升高,加热煮沸时会发生凝固。为了避免被检出高酸度乳,有的不法分子向乳中加碱。感官检查时对颜色发黄、有碱味,口尝有苦涩味的乳应进行掺碱检验。常用玫瑰红酸定性法。

(2)方法:于5mL乳样中加入5mL玫瑰红酸液,摇匀,若乳呈肉桂黄色(棕黄色)为正常,呈玫瑰红色为加碱。加碱越多,玫瑰红色越鲜艳,以正常乳作对照。

3. 掺淀粉的检验

(1)原理:掺水后的牛乳变得稀薄,比重降低。向其中加入淀粉可使乳变稠,增加比重。对有沉淀物的乳,应进行掺淀粉检验。用含碘的碘化钾溶液加入乳中,如呈蓝紫色,则说明其中有淀粉,如颜色无明显变化,则无淀粉。

(2)方法:配制碘液,取碘化钾4g溶于少量蒸馏水中,以此溶液溶解结晶碘2g,待结晶碘完全溶解后,移入100mL容量瓶中,加水至刻度即可。取乳样5mL注入试管中,加入碘溶液2~3滴。乳中有淀粉时,即出现蓝色、紫色或暗红色及其沉淀物。

4. 掺盐的检验

（1）原理：向乳中掺盐可提高乳的比重。口尝有咸味的乳有掺盐的可能，须进行掺盐检验。

（2）方法：取乳样 1mL 于试管中，滴入 10% 铬酸钾 2~3 滴后，再加入 0.1% mol/L 硝酸银 5mL 摇匀，观察溶液颜色。溶液呈黄色者表明掺有食盐，呈棕红色者表明未掺食盐。

实训作业

根据各项检测结果，对被检乳样进行质量评定，并写出实习报告。

实训指导七　乳脂肪的测定

目的要求

通过本次实训，使学生掌握乳脂肪测定的方法。

材料用具

1. 材料

相对密度为 1.820~1.825 的硫酸，相对密度为 0.809 0~0.811 5 的异戊醇，鲜牛乳。

2. 用具

盖勃乳脂计、10mL 硫酸自动吸管、10mL 牛乳吸管、1mL 异戊醇自动吸管、乳脂离心机、乳脂计架、水浴锅、温度计等。

操作指导

1. 将乳脂计置于乳脂计架上，用 10mL 硫酸自动吸管取 10mL 硫酸注入乳脂计中。

2. 用 10mL 牛乳吸管吸取 10mL 混合均匀的乳样，慢慢加入乳脂计内，使乳在硫酸液面上切勿混合。

3. 用 1mL 异戊醇自动吸管吸取 1mL 异戊醇小心注入乳脂计内。

4. 塞紧乳脂计胶塞并用湿毛巾将乳脂计包好，用拇指压住胶塞，塞端向下，使细部硫酸液流到膨大部，用力多次摇动使内容物充分混合。待蛋白质完全溶解，内容物变成褐色后，将乳脂计以塞端向下放入 65℃~70℃ 水浴锅中 4~5min。

5. 取出乳脂计置于离心机中,以 800~1 200 r/min 离心 5min。

6. 再将乳脂计置于 65℃~70℃ 水浴锅中 4~5min,取出后立即读数,即可得到乳脂率。

实训作业

根据检测结果,对被检乳样进行质量评定,写出实训报告。

实训指导八　凝固型酸乳加工

目的要求

使学生学会制作生产凝固型酸乳所用的脱脂乳培养基、母发酵剂和工作发酵剂;掌握凝固型酸乳的工艺流程和操作技能。

材料用具

1. 材料

新鲜牛乳,蔗糖,保加利亚乳杆菌,嗜热链球菌,脱脂乳培养基。

2. 用具

高压灭菌锅,高压均质机,恒温箱,量杯,锅,酸乳杯,塑料盆,电炉,温度计,冰箱,酸度计等。

操作指导

1. 培养基的制备

将脱脂乳用三角瓶和试管分装,置于高压灭菌器中,121℃ 灭菌 15min。

2. 菌种活化与培养

用灭菌后脱脂乳(冷却至 40℃ 左右)将粉状菌种溶解,用接种环接种于装有灭菌乳的三角瓶和试管中,42℃ 恒温培养直至凝固。取出后置于 5℃、24h,再进行第二次、第三次接种培养,使保加利亚乳杆菌与嗜热链球菌的滴定酸度分别达到 110°T 和 90°T 以上。

3. 母发酵剂混合扩大培养

将已活化培养好的菌种以球菌和杆菌之比为 1∶1 的比例混合后,接种于灭菌脱脂乳中恒温培养。按照4%接种量,在42℃左右恒温培养3.5~4h,制备成母发酵剂,备用。

4. 工艺流程

原料乳→配料→预热均质→杀菌→冷却→加发酵剂→装瓶→发酵→冷却与成熟→成品

5. 操作要点

(1) 加糖。原料乳中加入蔗糖5%~7%。

(2) 均质。将原料乳加热至53℃,在20~25MPa下均质处理。

(3) 杀菌。将均质后的原料乳加热至90℃,保持15min。

(4) 冷却。杀菌后迅速冷却至42℃左右。

(5) 接种。球菌与杆菌之比为1∶1,接种量4%。

(6) 培养。接种装瓶后,置于42℃恒温箱培养至凝固,需3~4h。

6. 质量评定

(1) 感官指标。

① 组织状态:凝块均匀细腻,无气泡,允许有少量乳清析出。

② 气味、滋味:具有纯酸乳发酵剂制成的酸牛乳特有的气味和滋味,无酒精发酵味、霉味和其他外来的不良气味。

③ 色泽:色泽均匀一致;乳白色或稍带微黄色。

(2) 微生物指标。大肠菌群数≤90个/100mL,不得有致病菌。

(3) 理化指标。脂肪≥3%,酸度70°T~110°T,全乳固体≥11.5%,汞≤0.01mg/kg,砂糖≥5%。

实训作业

写出凝固型酸乳的制作过程及工艺要求,并对其质量进行综合评定。

实训指导九　腊肉加工

目的要求

通过实训,使学生熟悉腌腊肉制品的加工原理与方法,掌握腊肉的加工操作要点。

材料用具

1. 原料

去骨五花肉。

2. 用具

切肉刀,线绳,案板,盆,烘烤和熏烟设备,真空包装机,台秤等。

操作指导

1. 选料、切坯

精选肥瘦层次分明的去骨五花肉或其他部位的肉,一般用通脊和切去脯的肋部肉,肥瘦比例一般为 5:5 或 4:6,剔除硬骨和软骨,切成长方形肉条,长 38~42cm,宽 2~5cm,厚 1.3~1.8cm,重 0.2~0.25kg 的肉坯条。

2. 洗涤、腌制

将肉坯用温水漂洗干净,除去油和表面浮油,将带皮肥膘的一端用尖刀穿一小孔系上麻绳以便于吊挂。腌制采用湿腌法,按下表中的配方用 10% 清水溶解配料,倒入容器中,然后放入肉条,搅拌均匀,每隔 30min 搅动一次,于 20℃ 下腌制 4~6h。腌制温度越低,腌制时间越长,使肉条充分吸收配料,然后取出肉条,滤干水分。

配料表

名称	肉品	精盐	白砂糖	曲酒	酱油	亚硝酸钠	麻油
用量/kg	100	3	4	2.5	3	0.01	1.5

3. 烘烤

将腌制好的肉条置于温度为 45℃~55℃ 的烤箱内,烘烤时间为 1~3 天。当皮干,瘦肉呈玫瑰红色,肥肉透明或呈乳白色即可。

4. 包装

采用真空包装,包装材料选用不透氧、不透水汽、耐油的塑料复合薄膜袋。腊肉烘烤后,应在通风处冷凉,热气散尽再包装,以免影响包装效果和质量。

(四)注意事项

腊肉因肥膘较多,烘烤温度不能太高,以免脂肪熔化。

实训作业

1. 与市场销售产品对比，比较腊肉成品质量。
2. 写出实训报告。

实训指导十　香肠加工

目的要求

学习中式香肠的生产方法，掌握生产南味香肠的操作技能。

材料用具

1. 材料

瘦肉 80kg，肥肉 20kg，猪小肠衣 300m，精盐 1.8kg，白糖 7.5kg，白酒（50 度）2.0kg，白酱油 5kg，亚硝酸钠 0.01kg，抗坏血酸 0.01kg。

2. 用具

绞肉机，搅拌机，灌肠机，烟熏炉等。

操作指导

1. 原料选择

原料以猪肉为主，要求新鲜。瘦肉以前腿肉为最好，肥膘用背部硬膘为好。瘦肉用有筛孔为 0.4~1.0cm 的筛板的绞肉机绞碎，肥肉切成 0.6~1.0cm^3 大小的肉丁。肥肉丁用温水清洗一次，以除去浮油及杂质，捞起沥干水分待用，肥瘦肉要分别存放。

2. 拌馅与腌制

按选择的配料标准，原料肉和辅料在搅拌机中混合均匀。在 0℃~4℃ 腌制间内腌制 24h 左右。

3. 灌制

用灌肠机把肉馅均匀地灌入肠衣中，要掌握松紧程度，不能过紧或过松。

4. 排气

用排气针扎刺湿肠，排出肠内部空气。

5. 结扎

按品种、规格要求每隔 10～20cm 用细线结扎一次。要求长短一致。

6. 漂洗

将湿肠依次分别挂在竹竿上,用清水冲洗一次除去表面污物。

7. 晾晒和烘烤

将悬挂好的香肠放在日光下曝晒 2～3 天。晚间送入烟熏炉内烘烤,温度保持在 40℃～60℃。一般经过 3 昼夜的烘晒即完成。或直接在烟熏炉中 40℃～60℃ 烘干 24h 即可。

注意事项

1. 烘干时温度不能太高,否则大量出油,颜色发黑。
2. 脂肪丁的大小要均匀一致。

实验结果分析

瘦肉呈红色、枣红色,脂肪呈乳白色,色泽分明,外表有光泽;腊香味纯正浓郁,具有中式香肠(腊肠)固有的风味;滋味鲜美,咸甜适中;外形完整,长短、粗细均匀,表面干爽,呈现收缩后的自然皱纹;含水量 25% 以下。将评定结果填入实训表 5 中。

实训表 5　香肠产品评定记录表

评定项目	标准分值	实际得分	扣分原因或缺陷分析
外观	20		
口感	20		
组织结构	20		
切片性	20		
风味	20		

实训指导十一 烧鸡加工

目的要求

学习酱卤制品的生产方法,掌握生产道口烧鸡的操作技能。

材料用具

1. 材料

100 只鸡(每只重 1.00~1.25kg),食盐 2~3kg,硝酸钠 18g,桂皮 90g,砂仁 15g,草果 30g,良姜 90g,肉豆蔻 15g,白芷 90g,丁香 5g,陈皮 30g,蜂蜜或麦芽糖适量。

2. 用具

煮锅,油炸锅。

操作指导

1. 原料选择

选择重约 1~1.25kg 的当年健康土鸡。

2. 宰杀开剖

采用切断三管法放净血,刀口要小,放入 65℃ 左右的热水中浸烫 2~3min,取出后迅速将毛煺净,从后腹部横开 7~8cm 的切口,掏脏,洗净体腔和口腔。或直接使用外购的白条鸡。

3. 撑鸡造型

把洗净的鸡置于工作台上,腹部朝上,左手按住鸡体,右手持刀切开肋骨,根据鸡的大小,用一束高粱秆放入腹腔内把鸡撑开。再将两腿插入刀口内,两翅交叉插入鸡的口腔,形成两头尖的半圆形造型,再用清水漂洗干净,挂起晾去水分。

4. 油炸

在鸡体表面均匀涂上蜂蜜水或麦芽糖水(水和糖的比例是 2:1),稍沥干后放入 170℃ 左右的植物油中炸制 3~5min,待鸡体呈金黄透红后捞出,沥干油。

5. 煮制

把炸好的鸡平整放入锅内,用纱布包好香料放入鸡的中层(也可加入老汤)。加水浸没鸡体,先用大火烧开,加入辅料。然后改用小火焖煮 2~3h 即可出锅。

6. 出锅

待汤锅稍冷后,小心捞出鸡只,保持鸡身不破不散,即为成品。

注意事项

1. 上色时,要控制好火力,并不断翻拌,防止焦糊。
2. 高温杀菌的温度不能太高,时间不能太长,否则,产品软烂,没有烧鸡应有的嚼劲。

实验结果分析

成品色泽鲜艳,黄里带红,造型美观,鸡体完整,味香独特,肉质酥润,有浓郁的鸡香味。品评结果见实训表6:

实训表6 烧鸡产品评定记录表

评定项目	标准分值	实际得分	扣分原因或缺陷分析
颜色	20		
气味	10		
形状	10		
口感	20		
质地	20		
风味	20		

实训指导十二 酱牛肉加工

目的要求

学习酱卤制品的生产方法,掌握生产酱牛肉的操作技能。

材料用具

1. 材料

新鲜牛肉50kg,食盐1.5kg,面酱5kg,花椒50g,小茴香50g,肉桂50g,砂仁10g,丁香

10g,大蒜0.5kg,葱0.5kg,鲜姜0.5kg。

2. 用具

切肉刀、案板、盆、纱布、注射机、滚揉机、煮锅。

操作指导

1. 原料选择与整理

选用牛前肩或后臂肉,修整后,将其切成0.5~1kg的小块。然后把肉块倒入清水中洗涤干净,同时要把肉块上面覆盖的薄膜去除干净。

2. 配制注射液

按配方混合的香辛料熬制,过滤,料汁冷至30℃左右,加入10kg冰水中,再加入食盐1.5kg,搅拌使其溶化,过滤后备用。

3. 注射滚揉

将注射后的牛肉块放入滚揉机中,以8~10 r/min的转速滚揉。滚揉时的温度应控制在10℃以下,滚揉时间为10h。

4. 煮制

将滚揉后的牛肉块放入82℃~85℃的水中焖煮2.5~3.0h出锅,即为成品。

注意事项

1. 原料肉选用不肥不瘦的新鲜的优质牛肉,肉质不宜过嫩,否则煮后容易松散,不能保持形状。

2. 煮制时锅底和四周应预先垫以竹竿,使肉块不贴锅壁,避免烧焦。

3. 出锅时注意保持完整,用特制的铁铲将肉逐一托出,并将锅内余汤洒在肉上。

实验结果分析

成品为酱色或褐色,外形整齐,组织紧密,咸淡适中,具有酱卤制品特有的风味。评定结果填入实训表7。

实训表7 产品评定记录表

评定项目	标准分值	实际得分	扣分原因或缺陷分析
外观形态	20		
色泽	20		
口感	10		
风味	10		
组织结构	20		
杂质	20		

实训指导十三　肉松加工

目的要求

了解干肉制品加工工艺,掌握肉松的加工方法。

材料用具

1. 原辅料

新鲜瘦肉(猪后腿肉)100kg,精盐1.67kg,酱油7.0kg,白糖11.1kg,50度白酒1.0kg,茴香0.06kg,八角0.06kg,生姜0.28kg,味精0.71kg。

2. 主要设备

剔骨刀,切肉刀,烘炉,煮锅,烘箱,炒松机等。

操作指导

1. 原料肉的处理

选择瘦肉多的后腿为原料,除去腱、膜、脂肪和骨头。顺瘦肉纹路切成3~4cm的方块,清洗干净,沥水备用。

2. 煮制

先把肉放入锅内,加入与肉等量的水,煮沸,按配方加入香料(用纱布包好),继续煮2~3h。

3. 炒压

肉块煮烂后,取出纱布包,改用中火,加入酱油、酒,一边炒一边压碎肉块。然后加入白糖、味精,减小火力,收干肉汤,用小火炒压肉丝至肌纤维松散。

4. 炒松

在炒松阶段,主要目的是为了炒干水分并炒出颜色和香气。炒至颜色由灰棕色转变为金黄色,用手指压挤肉松无汁液渗出即成为具有特殊香味的肉松。

5. 擦松

为了使炒好的肉松进一步蓬松,利用滚筒式擦松机将肌肉纤维拉开,再用振动筛将长短不齐的纤维分开,使产品规格整齐一致。

注意事项

1. 煮制时肉不能煮得过烂,否则成品绒丝短碎。煮制的过程中,不断翻动并撇去浮油。
2. 中火炒压要适时,过早炒压工效最低,而炒压过迟肉太烂,容易粘锅炒糊,造成损失。
3. 炒松时,由于肉松中糖较多,容易黏底起焦,要注意掌握炒松时的火力。

实验结果分析

成品纤维呈绒毛状,蓬松柔软,甜中带咸,口味鲜美,香气浓郁,色泽淡黄或金黄。评定结果填入实训表8。

实训表8　产品评定记录表

评定项目	标准分值	实际得分	扣分原因或缺陷分析
颜色	15		
气味	10		
形状	20		
口感	20		
质地	15		
风味	20		

实训指导十四　肠衣加工

目的要求

通过实训,使学生掌握了肠衣的制作基本过程。

材料用具

1. 原料

新鲜肠衣(猪)。

2. 主要设备

木板,竹板或无刃刮刀,自来水,精盐,缸或木桶,竹筛。

操作指导

1. 原料选择

肠衣是用来制作香肠的外衣。它是猪、牛、羊的小肠加工成的,其中以猪肠衣最为常用。

2. 浸泡

将去粪后的鲜小肠浸入水中,肠内灌入清水。一般春、秋季水温28℃,冬季33℃,夏季则用凉水,盛夏高温期应在水中加冰。浸泡时间18~24h,水质要求不含矾、硝、碱等物质。

3. 刮肠

将浸泡后的肠衣,取出放在木板上逐根刮制。手工刮制可用竹板或无刃的刮刀,刮去肠内外的脂肪和肠内的黏膜面,一直刮成透明的薄膜状。

4. 灌水

刮光后将自来水龙头插入肠的一端冲洗,并检查有无漏水的破孔或溃疡。不能用的部分割除后,再洗净,然后按每把长短顺理整齐成把。

5. 腌肠

将成把的肠衣散开,用精盐均匀腌渍,一次上盐。一般按每把200m左右长度的肠衣用盐1.2~1.5kg的比例。腌好后重新扎把,放在竹筛内,4~5个竹筛叠在一起,置于缸或木桶上,使其盐水沥出。经过12h后,当肠衣呈半干半湿状态时,进行缠把。

6. 漂洗

将盐渍后的肠衣,浸于清水中,反复换水洗涤。先洗去肠衣外杂物,然后清水漂浸2h,夏季缩短,冬季可适当延长。同时进行灌水检查有无破损漏洞,并按肠衣口径大小长短进行分类。最后再用精盐按每把0.5kg腌上,待水分沥干后即为成品肠衣。

品质优良的猪肠衣质地薄韧,透明均匀(羊肠衣以厚为佳);盐肠衣呈浅红色、白色或乳白色;干肠衣多为淡黄色,具有一定香气。

注意事项

1. 刮肠时用力要均匀,避免刮破。
2. 漂洗肠衣不得过夜。

实训作业

对所制得的肠衣进行质量评定,并写出实习报告。

主要参考文献

[1] 罗红霞.畜产品加工技术[M].北京:化学工业出版社,2007.

[2] 王玉田.畜产品加工[M].北京:中国农业出版社,2005.

[3] 杨慧芳,刘铁玲.畜禽水产品加工与保鲜[M].北京:中国农业出版社,2002.

[4] 杨宝进.现代畜产品加工学[M].北京:中国农业大学出版社,2007.

[5] 周光宏.畜产品加工学[M].北京:中国农业出版社,2011.

[6] 马兆瑞,吴晓彤.畜产品加工实验实训教程[M].北京:科学出版社,2009.